高等职业技术教育精品教材

电气控制与
PLC 应用

崔 晶　武 欣　杨会玲 主编

西南交通大学出版社
·成 都·

图书在版编目（CIP）数据

电气控制与PLC应用 / 崔晶，武欣，杨会玲主编. —
成都：西南交通大学出版社，2020.8
ISBN 978-7-5643-7522-5

Ⅰ. ①电… Ⅱ. ①崔… ②武… ③杨… Ⅲ. ①电气控制－职业教育－教材②PLC技术－职业教育－教材 Ⅳ. ①TM571.2②TM571.6

中国版本图书馆CIP数据核字（2020）第142819号

Dianqi Kongzhi yu PLC Yingyong
电气控制与PLC应用

崔　晶　武　欣　杨会玲　主编

责任编辑　何明飞
封面设计　曹天擎

出版发行　西南交通大学出版社
（四川省成都市金牛区二环路北一段111号
西南交通大学创新大厦21楼）
邮政编码　610031
发行部电话　028-87600564　028-87600533
网址　http://www.xnjdcbs.com
印刷　成都蜀通印务有限责任公司

成品尺寸　185 mm × 260 mm
印张　15.75
字数　355千
版次　2020年8月第1版
印次　2020年8月第1次
定价　39.80元
书号　ISBN 978-7-5643-7522-5

课件咨询电话：028-81435775

前言

“电气控制与 PLC 应用”课程主要讲述“电气控制技术”及“PLC 原理与应用”，是高职高专电气自动化、机电一体化等专业的核心课程，技能性要求非常强。本书基于高等院校学生知识结构的要求和就业岗位的特点，遵循理论联系实际原则编写而成。全书按照先学后做、边学边做的原则，理论联系实际，有较强的可操作性，可有效提高学生的理论水平和实践操作技能，具有较强实用价值。

本书分两部分共七章。前两章电气控制技术部分，讲述了低压电器和电气控制电路，以培养学生分析、设计电气控制电路的能力。后五章为可编程控制器部分（其中第六章和第七章以数字教材的形式出现），以西门子公司的 S7-200 系列的可编程控制器为对象，主要讲述了可编程控制器的基本结构、工作原理、基本指令、功能指令、编程方法及安装与维护等方面的知识，并包含了可编程控制器实际应用等方面的相关内容，以及对三菱的 FX2N 系列的指令系统进行了描述，以拓展读者的知识面。

本书在编写思想上，以技术应用为主线，融“教、学、做”为一体，关注学生的就业岗位，注重培养学生的职业能力，注重对技术的应用和实践能力的培养，将课程的理论教学、实践教学、生产实际问题解决融为一体。在内容阐述上，力求简明扼要、层次清晰，采取图文并茂的形式，能用图形说明问题的尽可能用图形来说明，力求通俗易懂，便于理解。在结构编排上，遵循循序渐进、由浅入深的原则，强调实用性和可操作性。在应用方面，贴近岗位，理论内容较少，充分体现以练为主，增加相关技术在生产中的应用实例，引导学生主动学习，适合职业教育。

本书由西安铁路职业技术学院崔晶、武欣、杨会玲担任主编并负责全书的统稿工作，任瑞琪、张笛担任副主编，郑州铁路职业技术学院孟庆波、西安机务段王小峰参与编写，郑州铁路职业技术学院张桂香担任主审。全书共分七章，崔晶编写第一章的第一、二、三、四、五节；杨会玲编写第二章；武欣编写第三章；任瑞琪编写第四章；张笛编写第五、七章；孟庆波编写第六章；王小峰编写第一章的第六节。在本书编写的过程中，相关院校的老师对本书的规划、方案提出了宝贵的建议，在此表示衷心的感谢。书中参阅了大量的著作、文献、论文、专利及互联网资料，在此向相关文献的原作者表示由衷的感谢。

由于编者水平和时间所限，本书难免存在疏漏和不足之处，敬请广大读者批评指正。

编　者

2020 年 5 月

目 录

第一章

常用低压电器

低压电器作为基本器件，被广泛应用于输配电系统和电力拖动系统中，在工农业生产、交通运输和国防工业中起着极其重要的作用。低压电器是电力拖动控制系统中的基本组成元件，控制系统的可靠性、先进性、经济性都与所用的低压电器有着直接的关系。对从事电气技术工作的人员，必须熟练掌握低压电器的结构和应用。本章主要介绍常用低压电器的结构、工作原理、型号、规格、用途及使用方法。

第一节　电器的基本知识

一、电器的定义及分类

1. 电器的定义

凡是自动或手动接通或断开电路以及能实现对电路或非电对象进行切换、控制、保护、检测、变换和调节目的的电气元件统称为电器。工作在交流额定电压 1 200 V 及以下、直流额定电压 1 500 V 及以下的电气设备均称为低压电器。电力拖动自动控制系统中均采用低压电器。

2. 低压电器的作用

（1）控制作用。如电梯轿厢的上下移动，快、慢速自动切换与自动平层。

（2）保护作用。能根据设备的特点，对设备、环境以及人身实行自动保护，如电动机的过热保护、电网的短路保护、漏电保护等。

（3）测量作用。利用仪表及与之相适应的电器，对设备或其他非电参数进行测量，如电流、电压、功率、转速、温度、湿度等。

（4）调节作用。低压电器可对一些电量和非电量进行调整，以满足用户的要求，如柴油机油门的调整、房间温湿度的调节、亮度的自动调节等。

（5）指示作用。利用低压电器的控制、保护等功能，检测出设备运行状况与电气电路工作情况，如绝缘监测、保护掉牌指示等。

（6）转换作用。在用电设备之间转换或对低压电器、控制电路，分时投入运行，以实现功能切换，如励磁装置手动与自动的转换，供电的市电与自备电的切换等。

3. 低压电器的分类

低压电器按控制电路中的作用可分为：

（1）低压配电电器。低压配电电器用于低压配电系统或动力设备中，用来对电能进行输送、分配和保护。主要有刀开关、低压断路器、熔断器、转换开关等。

（2）低压控制器。低压控制器用于拖动及其他控制电路中，对命令现场信号进行分析判断并驱动电器设备进行工作。主要有接触器、继电器、起动器、控制器、主令电器、电磁铁等。

二、低压电器的常用术语

1. 通断时间

通断时间指从电流开始在开关电器一个极流过的瞬时起，到所有极的电弧最终熄灭瞬间为止的时间间隔。

2. 燃弧时间

燃弧时间指电器分断过程中，从触头断开（或熔体熔断）出现电弧的瞬间开始，至电弧完全熄灭为止的时间间隔。

3. 分断能力

分断能力指电器在规定的条件下，能在给定的电压下分断的预期分断电流值。

4. 接通能力

接通能力指开关电器在规定的条件下，能在给定的电压下预期接通电流值。

5. 通断能力

通断能力指开关电器在规定的条件下，能在给定电压下接通和分断的预期电流值。

6. 短路接通能力

短路接通能力指在规定条件下，包括开关电器的出线端短路在内的接通能力。

7. 短路分断能力

短路分断能力指在规定条件下，包括开关电器的出线端短路在内的分断能力。

8. 操作频率

操作频率指开关电器在每小时内可能实现的最高循环操作次数。

9. 通电持续率

通电持续率指电器的有载时间和工作周期之比，常以百分数表示。

10. 电（气）寿命

电（气）寿命指在规定的正常工作条件下，机械开关电器不需要修理或更换零件的负载操作循环次数。

第二节 主令电器

主令电器即控制电路电器，用来接通或断开控制电路，以发出指令或作为程序控制的开关电器。常用的主令电器有按钮、位置开关、万能转换开关和主令控制器等。

一、按 钮

1. 按钮的作用

按钮是一种结构简单、应用广泛、短时接通或断开小电流电路的电器。它不直接控制电路的通断，而是在低压控制电路中，用于手动发布控制指令，故属于手动“主令电器”。

2. 按钮的分类

按钮可分为常开、常闭和复合式等多种形式。在结构形式上有揿钮式、紧急式、钥匙式与旋钮式等。为识别其作用，通常将按钮帽涂以不同的颜色，一般红色表示停止，绿色或黑色表示启动。

3. 按钮的构造及原理

按钮开关一般由按钮帽、复位弹簧、桥式动触点、动合静触点支柱连杆和外壳等部分组成。按钮开关的结构与符号如图 1-1 所示。

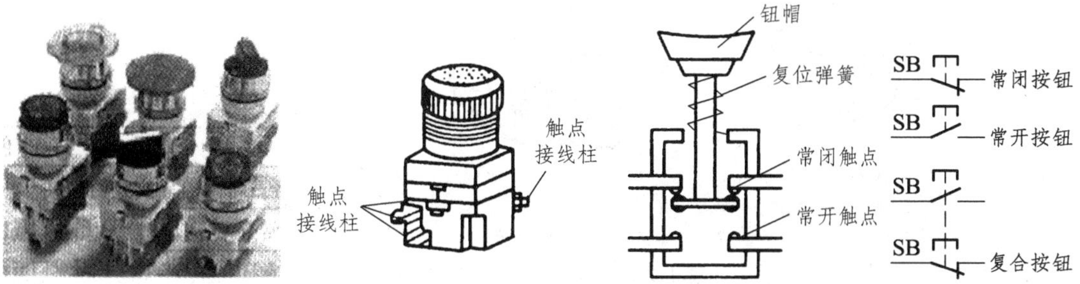

（a）外形　（b）结构　（c）符号

图 1-1　按钮

按钮的工作原理：当按下按钮帽时（用力应大于弹簧的弹力），常开按钮闭合，常闭按钮断开；手抬起时，在弹簧弹力的作用下，触点复位。在复位过程中，先是动合触点分断，然后是动断触点闭合。

二、转换开关

转换开关是多挡位、控制多回路的组合开关，主要用作控制线路的转换及电气测量仪表的转换，也可用于控制小容量异步电动机的启动、停止和正反转。由于触头挡数多、换接线路多、能控制多个回路，适应复杂线路的要求，故又称为万能转换开关。它的结构特点是体积小，触头对数多，接线方式灵活，操作方便。

1. 转换开关的结构与工作原理

转换开关的外形与结构如图 1-2 所示。它是由多节触点组合而成的刀开关。与普通闸刀开关的区别是转换开关用动触片代替闸刀，操作手柄在平行于安装面的平面内可左右转动。开关的 3 对静触头分别装在 3 层绝缘垫板上，并附有接线柱，用于与电源及用电设备相接。动触头是用磷青铜片（或硬紫铜片）和具有良好灭弧性能的绝缘钢纸板铆合而成，并和绝缘垫板一起套在附有手柄的方形绝缘转轴上。手柄和转轴能在平行于安装面的平面内沿顺时针或逆时针方向每次转动 90°，带动 3 个动触头分别与 3 对静触头接触或分离，实现接通或分断电路的目的。开关的顶盖部分是由滑板、凸轮、扭簧和手柄等构成的操作机构。由于采用了扭簧储能，可使触头快速闭合或分断，从而提高了开关的通断能力。

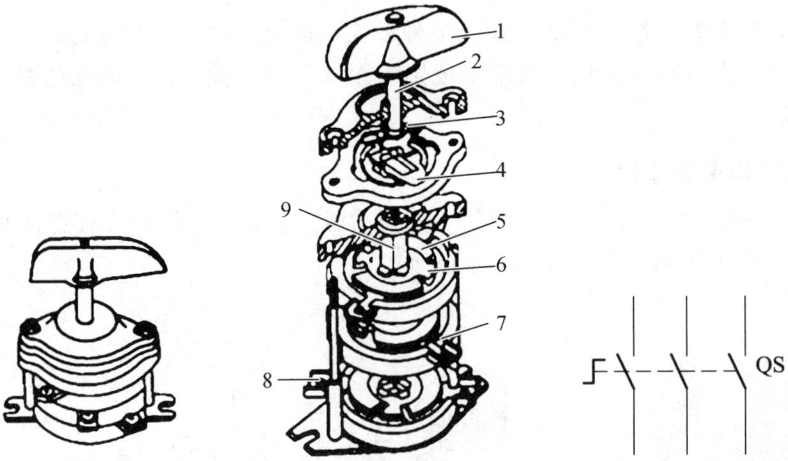

（a）外形　（b）结构　（c）符号

1—手柄；2—转轴；3—弹簧；4—凸轮；5—绝缘垫板；6—动触头；7—静触头；8—接线端子；9—绝缘杆。

图 1-2　HZ10-10/3 型组合开关

2. 转换开关的型号及含义

LW5 系列转换开关的型号及含义如图 1-3 所示。

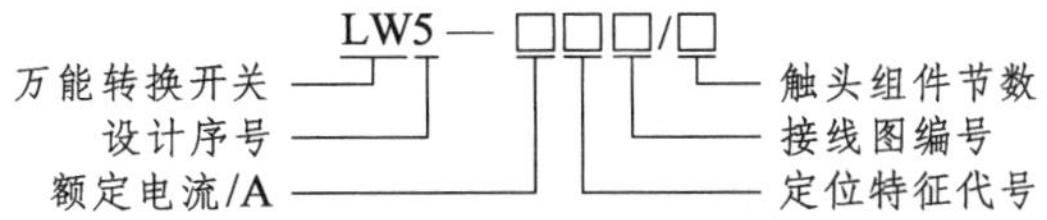

图 1-3　LW5 系列转换开关型号

三、位置开关

位置开关包括行程开关（限位开关）、微动开关、接近开关等。

1. 行程开关

行程开关是用以反映工作机械的行程，发出命令以控制其运动方向和行程大小的开关，主要用于机床、自动生产线和其他机械的限位及程序控制。

（1）行程开关结构及工作原理。

各系列行程开关的基本结构大体相同，都是由触点系统、操作机构和外壳组成。行程开关有直动式、滚轮式和微动式 3 种，常见的有直动式和滚轮式。直动式行程开关实物外形及结构如图 1-4 所示，图形与文字符号如图 1-5 所示。

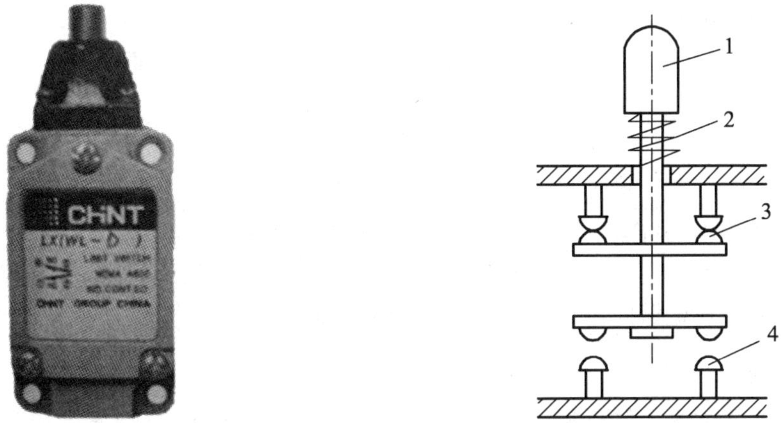

（a）实物外形　　（b）结构示意

1—顶杆；2—弹簧；3—常闭触点；4—常开触点。

图 1-4　直动式行程开关实物外形及结构示意

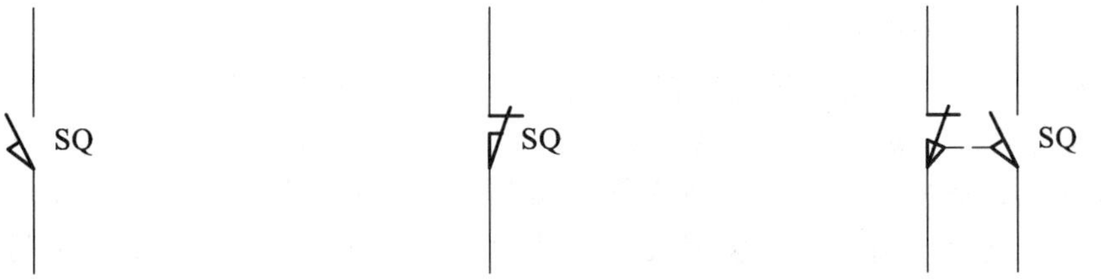

（a）常开触点　　（b）常闭触点　　（c）复合触点

图 1-5　行程开关的图形与文字符号

滚轮式和微动式行程开关实物外形及结构如图 1-6 所示。

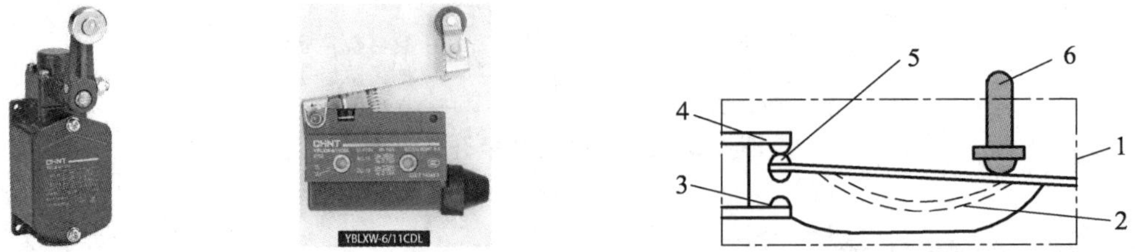

（a）滚轮式　　（b）微动式　　（c）LX31 微动式行程开关结构

1—壳体；2—弓弹片；3—常开触点；4—常闭触点；5—动触点；6—推杆。

图 1-6　滚轮式和微动式行程开关实物外形及结构

当移动速度低于 0.4m/min 时，直动式行程开关触点分断太慢，易拉弧，这时往往选用滚轮式行程开关，滚轮式行程开关由于弹簧的作用，触点动作迅速，适用于移动速度较慢的场合。微动式行程开关的动作迅速、灵敏，行程小，触点容量小，适用于要求动作灵敏的微型设备中。

行程开关动作后，复位方式有自动复位和非自动复位两种。自动复位式是当运动部件的挡铁移开后，在复位弹簧的作用下，行程开关的各部分能自动恢复至原始状态；非自动复位式是当运动部件的挡铁移开后，开关不自动复位，只有运动机械反向移动，挡铁从相反方向碰压另一滚轮时，触头才能复位。

（2）行程开关的型号及含义。

常用的行程开关有 LX19 和 JLXL1 等系列，其型号及含义如图 1-7 所示。

L X 19□—□□□

- L：主令电器
- X：行程开关
- 19：设计序号
- □：K—开启式，无字母表示保护式
- □：0—无滚轮；1—单滚轮；2—双滚轮
- □：0—直动式；1—滚轮装在传动杆内侧；2—滚轮装在传动杆外侧；3—滚轮装在传动杆凹槽或内外各有一个滚轮
- □：1—能自动复位；2—不能自动复位

图 1-7　LX19 系列行程开关型号

行程开关主要根据应用场合所需的触点数、触点形式、操作方式进行选择。

2. 接近开关

接近开关又称为无触点位置开关，是一种非接触型检测开关。它采用了无触点电子结构形式，克服了有触点位置开关可靠性差、使用寿命短和操作频率低的缺点。当运动的物体靠近开关到一定位置时，开关发出信号，实现行程控制、计数及自动控制的作用。它的用途除了行程控制和限位保护外，还可作为检测金属体的存在、高速计数、测速、定位、变换运动方向、检测零件尺寸、液面控制及用作无触点按钮等。

与行程开关相比，接近开关具有定位精度高、工作可靠、寿命长、操作频率高以及能适应恶劣工作环境等优点。但在使用接近开关时，仍要用有触点继电器作为输出器。

接近开关是通过其感应头与被测物体间介质能量的变化来获取信号的。接近开关的种类很多，在此只介绍高频振荡型接近开关的工作原理。当有金属物体靠近一个以一定频率稳定振荡的高频振荡器的感应头附近时，由于感应作用，该物体内部会产生涡流及磁滞损耗，以致振荡回路因电阻增大、能耗增加而使振荡减弱，直至停止振荡。检测电路根据振荡器的工作状态控制输出电路的工作，再由输出信号去控制继电器或其他电器，以达到控制目的。

接近开关的型号及含义如图 1-8 所示。

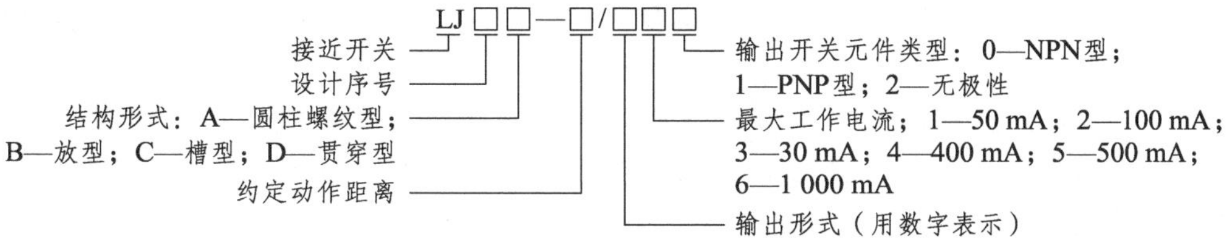

图 1-8　接近开关的型号

四、低压断路器

低压断路器即低压自动空气开关，又称自动空气断路器。它既能带负荷通断电，又能在失压、短路和过负荷时自动跳闸，保护线路和电气设备，是低压配电网络和电力拖动系统中常用的重要保护电器之一。正常条件下，它也可用于不频繁地接通和分断电路及频繁地启动电动机。低压断路器与接触器不同的是接触器允许频繁地接通和分断电路，但不能分断短路电流；低压断路器不仅可分断额定电流、一般故障电流，还能分断短路电流，但单位时间内允许的操作次数较低。

低压断路器具有操作安全、安装使用方便、工作可靠、动作值可调、分断能力较强、兼顾多种保护功能（过载、短路、欠电压保护等）、动作后不需要更换元件等优点，有的低压断路器还带有漏电保护功能，因此得到了广泛应用。

低压断路器按其用途及结构特点可分为万能式（曾称框架式）、塑料外壳式、直流快速式和限流式等。万能式断路器主要用于配电网络的保护开关，而塑料外壳式断路器除用于配电网络的保护开关外，还可用于电动机、照明电路及热电路等的控制开关。

1. 低压断路器的结构和工作原理

低压断路器的工作原理如图 1-9 所示。使用时断路器的三副主触头串联在被控制的三相电路中，按下接通按钮时，外力使锁扣克服反作用弹簧的反力，将固定在锁扣上面的动触头与静触头闭合，并由锁扣锁住搭钩使动静触头保持闭合，开关处于接通状态。

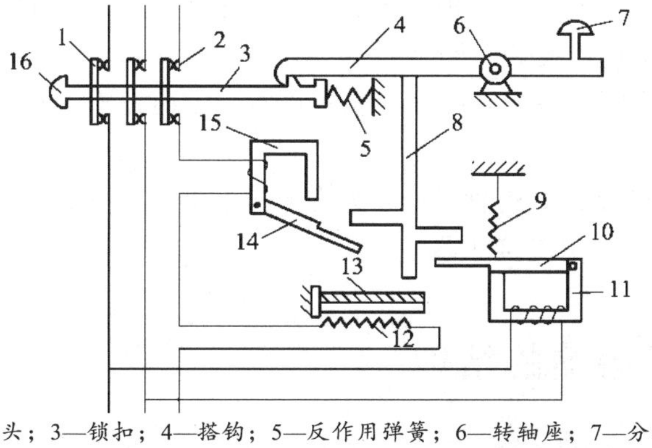

1—动触头；2—静触头；3—锁扣；4—搭钩；5—反作用弹簧；6—转轴座；7—分断按钮；8—杠杆；9—拉力弹簧；10—欠压脱扣器衔铁；11—欠压脱扣器铁心；12—热元件；13 双金属片；14—电磁脱扣器衔铁；15—电磁脱扣器；16—接通按钮。

图 1-9　低压断路器工作原理

当线路发生过载时，过载电流流过热元件产生一定的热量，使双金属片受热向上弯曲，通过杠杆推动搭钩与锁扣脱开，在反作用弹簧的推动下，动、静触头分开，从而切断电路，使用电设备不致因过载而被烧毁。

当线路发生短路故障时，短路电流超过电磁脱扣器的瞬时脱扣整定电流，电磁脱扣器产生足够大的吸力将衔铁吸合，通过杠杆推动搭钩与锁扣分开，从而切断电路，实现短路保护。

欠压脱扣器的动作过程与电磁脱扣器恰好相反。当线路电压正常时，欠压脱扣器的衔铁被吸合，衔铁与杠杆脱离，断路器的主触头能够闭合；当线路上的电压消失或下降到某一数值时，欠压脱扣器的吸力消失或减小到不足以克服拉力弹簧的拉力时，衔铁在拉力弹簧的作用下撞击杠杆，将搭钩顶开，使触头分断。由此可看出，具有欠压脱扣器的断路器在欠压脱扣器两端无电压或电压过低时，不能接通电路。需手动分断电路时，按下分断按钮即可分断电路。

低压断路器在电路图中的符号如图 1-10 所示。

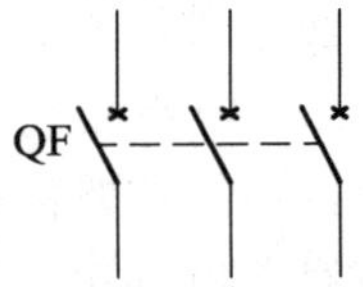

图 1-10　低压断路器在电路图中的符号

2. 低压断路器的选用

（1）断路器的额定电压和额定电流应大于或等于线路、设备的正常工作电压和工作电流。

（2）断路器的极限通断能力大于或等于电路最大短路电流。

（3）欠电压脱扣器的额定电压等于线路的额定电压。

（4）过电流脱扣器的额定电流大于或等于线路的最大负载电流。

第三节　接触器

接触器是一种自动的电磁式开关，适用于远距离频繁地接通或断开交直流主电路及大容量控制电路。其主要控制对象是电动机，也可用于控制其他负载，如电热设备、电焊机以及电容器组等。它不仅能实现远距离自动操作和欠电压释放保护功能，而且具有控制容量大、工作可靠、操作频率高、使用寿命长等优点，因而在电力拖动自动控制线路中被广泛应用。

接触器按主触头通过的电流种类，分为交流接触器和直流接触器两种。在机床电气控制线路中，主要采用的是交流接触器。

一、交流接触器的结构

交流接触器主要由电磁系统、触头系统、灭弧装置及辅助部件等组成。CJ10-20 型交流接触器的结构如图 1-11 所示。

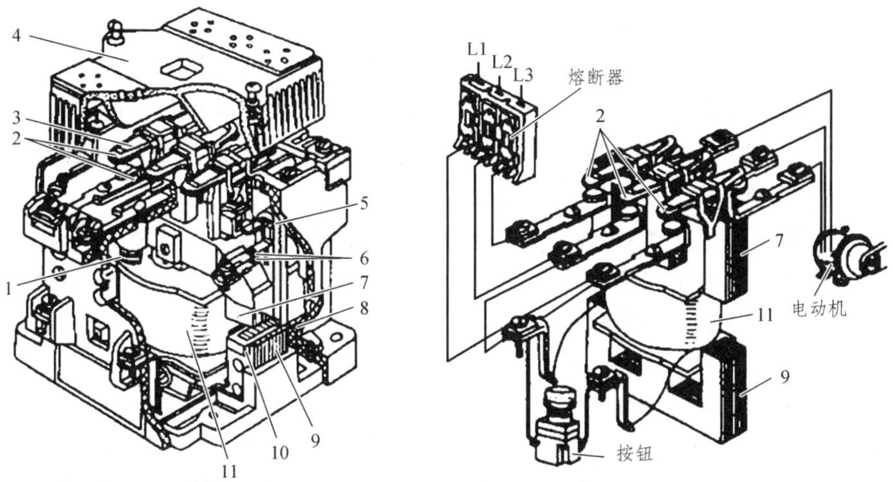

1—反作用弹簧；2—主触头；3—触头压力弹簧；4—灭弧室；5—辅助常闭触头；6—辅助常开触头；7—动铁心；8—缓冲弹簧；9—静铁心；10—短路环；11—线圈。

图 1-11　交流接触器的结构和工作原理

1. 电磁系统

（1）电磁机构的结构形式。

电磁机构由吸引线圈、铁心和衔铁组成，其结构形式按衔铁的运动方式可分为直动式和拍合式。图 1-12 和图 1-13 所示是直动式和拍合式电磁机构的常用结构形式。

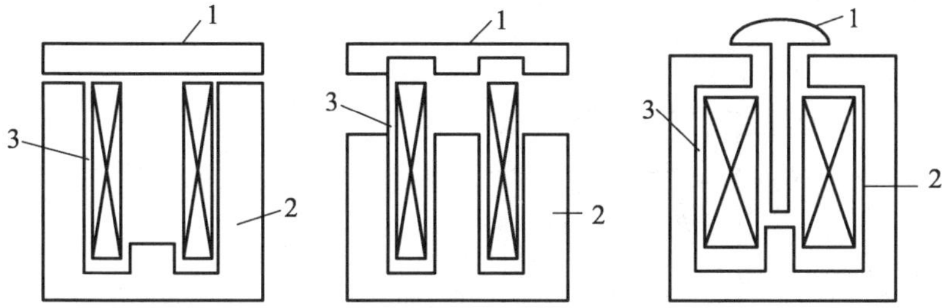

1—衔铁；2—铁心；3—吸引线圈。

图 1-12　直动式电磁机构

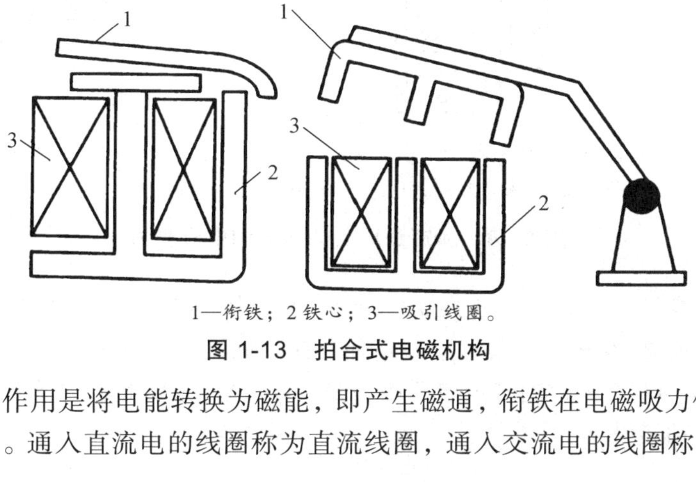

1—衔铁；2 铁心；3—吸引线圈。

图 1-13　拍合式电磁机构

吸引线圈的作用是将电能转换为磁能，即产生磁通，衔铁在电磁吸力作用下产生机械位移使铁心吸合。通入直流电的线圈称为直流线圈，通入交流电的线圈称为交流线圈。直流线圈通电，铁心不会发热，只有线圈发热，因此使线圈与铁心直接接触，易于散热。线圈一般做成无骨架、高而薄的瘦高型，以便线圈自身散热。铁心和衔铁由软钢或工程纯铁制成。对于交流线圈，除线圈发热外，由于铁心中有涡流和磁滞损耗，铁心也会发热。为了改善线圈和铁心的散热情况，在铁心与线圈之间留有散热间隙，而且把线圈做成有骨架的矮胖型。铁心用硅钢片叠成，以减少涡流。

另外，根据线圈在电路中的连接方式可分为串联线圈（即电流线圈）和并联线圈（即电压线圈）。串联线圈串接在线路中，流过的电流对电路的影响大为减少，因此线圈的导线粗、匝数少、阻抗较小。并联线圈并联在线路中，为减少分流作用，需要较大的阻抗，因此线圈的导线细且匝数多。

（2）电磁机构的工作原理。

电磁铁工作时，线圈产生的磁通作用于衔铁，产生电磁吸力，并使衔铁产生机械位移，衔铁复位时复位弹簧将衔铁拉回原位。因此，作用在衔铁上的力有两个：电磁吸力和反力。电磁吸力由电磁机构产生，反力由复位弹簧和触头等产生。电磁机构的工作特性常用吸力特性和反力特性来表达。

（3）交流电磁机构上短路环的作用。

由于单相交流电磁机构上铁心的磁通是交变的，故当磁通为零时，电磁吸力也为零，吸合后的衔铁在反力弹簧的作用下将被拉开，磁通过零后电磁吸力又增大，当吸力大于反力时，衔铁又被吸合。这样，交流电源频率的变化，使衔铁产生强烈振动和噪声，甚至使铁心松散。因此，交流电磁机构铁心端面上都安装一个铜制的短路环，短路环包围铁心端面约 2/3 的面积，如图 1-14 所示。

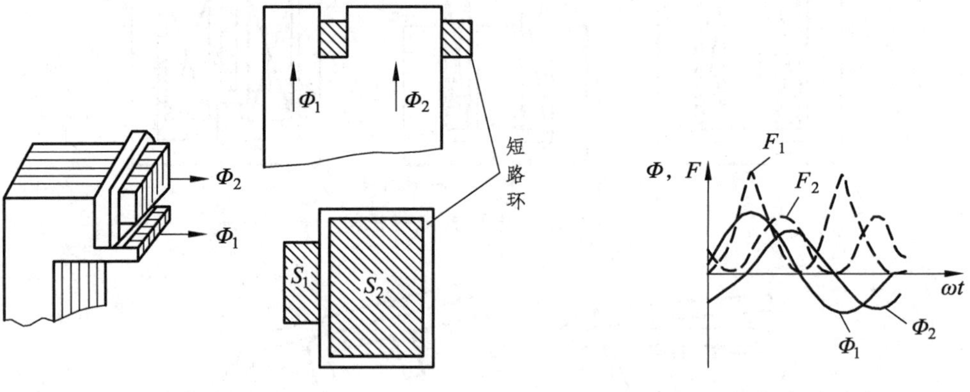

（a）磁通示意　　（b）电磁吸力

1—短路环；2—铁心；3—线圈；4—衔铁。

图 1-14　加短路环后的磁通和电磁吸力

当交变磁通穿过短路环所包围的截面积 S_2 在环中产生涡流时，根据电磁感应定律，此涡流产生的磁通 Φ_2 在相位上落后于短路环外铁心截面 S_1 的磁通 1，由 1 产生的电磁吸力为 F_1、F_2，作用在衔铁上的合成电磁吸力是 F_1+F_2，只要此合力始终大于其反力，衔铁就不会产生振动和噪声。

2. 触头系统

按通断能力划分，交流接触器的触头分为主触头和辅助触头。主触头用来通断电流较大的主电路，一般由三对接触面较大的常开触头组成。辅助触头用以通断电流较小的控制电路，一般由两对常开和两对常闭触头组成。

触点按其原始状态可分为动合触点和动断触点：原始状态时（即线圈未通电）断开，当线圈通电后闭合的触点称为动合触点；原始状态闭合，线圈通电后断开的触点称为动断触点（线圈断电后所有触点复位）。

3. 灭弧装置

交流接触器在断开大电流或高电压电路时，在动、静触头之间会产生很强的电弧。电弧一方面会灼伤触头，减少触头的使用寿命；另一方面会使电路切断时间延长，甚至造成弧光短路或引起火灾事故。为此，必须采用有效的措施进行灭弧，以保证电路和电器元件工作安全可靠。要使电弧熄灭，应设法降低电弧的温度和电场强度。常用的灭弧装置有灭弧罩、灭弧栅和磁吹灭弧装置等。

（1）电动力吹弧。

电动力吹弧如图 1-15 所示。双断点桥式触头在分断时具有电动力吹弧功能。不用任何附加装置，便可使电弧迅速熄灭。这种灭弧方法多用于小容量交流接触器中。

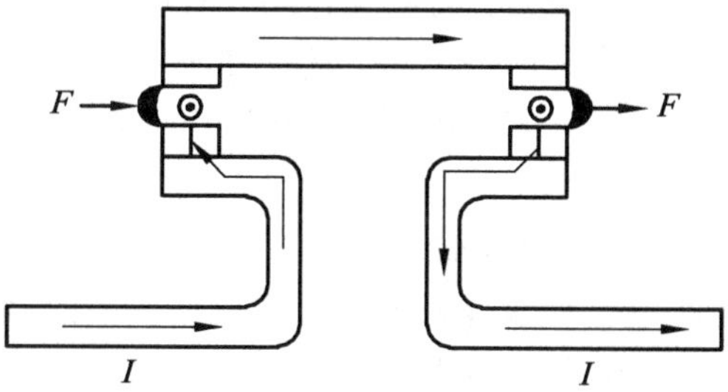

图 1-15 动力吹弧

（2）磁吹灭弧。

在触点电路中串入吹弧线圈，如图 1-16 所示，该线圈产生的磁场由导磁夹板引向触点周围，其方向由右手定则确定（在图 1-16 中用 × 表示）。触点间的电弧所产生的磁场，其方向在图 1-16 中用 ⊙ 和 ⊕ 表示。这两个磁场在电弧下方方向相同（叠加），在弧柱上方方向相反（相减），所以弧柱下方的磁场强于上方的磁场。在下方磁场作用下，电弧受力的方向为 F 所指的方向，在 F 的作用下，电弧被吹离触点，经引弧角引进灭弧罩，使电弧熄灭。

（3）栅片灭弧。

灭弧栅是一组镀铜薄钢片，它们彼此间相互绝缘，如图 1-17 所示。电弧进入栅片被分割成一段段串联的短弧，而栅片就是这些短弧的电极。每两片灭弧片之间都有 150 ~ 250 V 的绝缘强度，使整个灭弧栅的绝缘强度大大加强，以致外加电压无法维持，电弧迅速熄灭。此外，栅片还能吸收电弧热量，使电弧迅速冷却。基于上述原因，电弧进入栅片后就会很快熄灭。由于栅片灭弧装置的灭弧效果在交流时要比直流时强得多，因此在交流电器中常采用栅片灭弧。

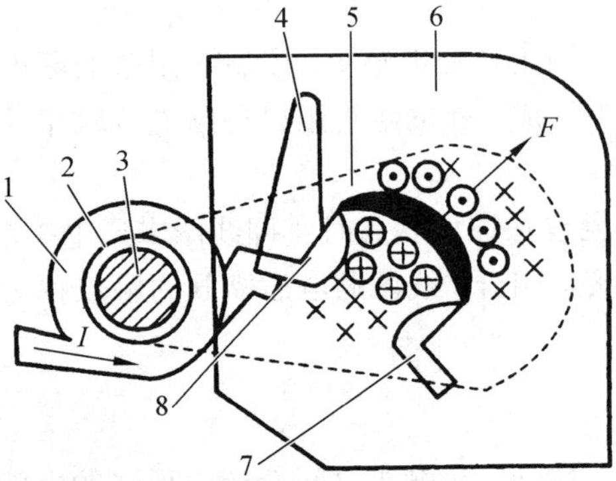

1—磁吹线圈；2—绝缘套；3—铁心；4—引弧角；
5—导磁甲板；6—灭弧罩；7—动触头；8—静触头。

图 1-16 磁吹灭弧

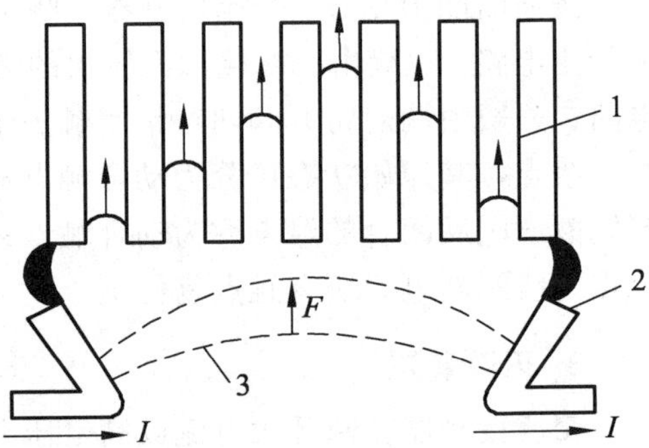

1—灭弧栅片；2—触头；3—电弧。

图 1-17 栅片灭弧

交流接触器的工作原理

交流接触器的工作原理如图 1-11 所示。当接触器的线圈通电后，线圈中流过的电流产生磁场，使铁心产生足够大的吸力，克服反作用弹簧的反作用力，将衔铁吸合，通过传动机构带动三对主触头和辅助常开触头闭合，辅助常闭触头断开。当接触器线圈断电或电压显著下降时，由于电磁吸力消失或过小，衔铁在反作用弹簧力的作用下复位，带动各触头恢复到原始状态。

常用的 CJ10 系列交流接触器在 0.85 ~ 1.05 倍的额定电压下，能保证可靠吸合。电压过高，磁路趋于饱和，线圈电流会显著增大；电压过低，电磁吸力不足，衔铁吸合不上，线圈电流会达到额定电流的十几倍。因此，电压过高或过低都会造成线圈过热而被烧毁。

交流接触器在电路图中的符号如图 1-18 所示。

（a）线圈　（b）主触头　（c）辅助常开触头　（d）辅助常闭触头

图 1-18 接触器的符号

三、 接触器的主要技术参数及选用

1. 接触器的主要技术参数

（1）额定电压。

额定电压是指接触器铭牌上主触头的电压。交流接触器的额定电压一般为 220 V、380 V、660 V 和 1 140 V；直流接触器的额定电压一般为 220 V、440 V 和 660 V。辅助触点的常用额定电压，交流接触器为 380 V，直流接触器为 220 V。

（2）额定电流。

接触器的额定电流是指接触器铭牌上主触头的电流。接触器电流等级为 6 A、10 A、16 A、25 A、40 A、60 A、100 A、160 A、250 A、400 A、600 A、1 000 A、1 600 A、2 500 A 和 4 000 A。

（3）线圈额定电压。

接触器吸引线圈的额定电压交流接触器有 36 V、110 V、117 V、220 V、380 V 等，直流接触器有 24 V、48 V、110 V、220 V、440 V 等。

（4）额定操作频率。

交流接触器的额定操作频率是指接触器在额定工作状态下每小时通、断电路的次数。交流接触器一般为每小时 300 ~ 600 次，直流接触器的额定操作频率比交流接触器的高，可达到每小时 1 200 次

2. 接触器的选用

（1）额定电压的选择：接触器的额定电压不小于负载回路的电压。

（2）额定电流的选择：一般接触器的额定电流不小于被控回路的额定电流。对于电动机负载额定电流可按经验公式计算，即

$$I_C = \frac{P_N \times 10}{kU_N}$$

式中 P_N——额定功率；

U_N——额定电压；

k——经验系数，通常取 k=2.5，若电动机启动频繁，则取 k=2。

吸引线圈的额定电压：吸引线圈的额定电压与所接控制电路的电压一致。此外，接触器的选用还应考虑接触器所控制负载的轻重和负载电流的类型。

四、接触器的常见故障及处理方法

表 1-1 列出了接触器使用时的常见故障、原因及处理方法。

表 1-1　接触器常见故障、原因及处理方法

故障现象	故障原因	处理方法
吸合不上，吸力不足	1. 电源电压过低或波动过大； 2. 操作回路无电源、控制回路主触头接触不良； 3. 线圈技术参数与使用条件不符	1. 调高电源电压； 2. 加操作回路的电源、修理控制触头； 3. 更换线圈
触头不释放或释放缓慢	1. 触头反力弹簧压力过小； 2. 触头熔焊； 3. 机械可动部分被卡住	1. 更换反力弹簧； 2. 排除熔焊故障，修理或更换触头； 3. 排除卡住现象，修理受损零件

续表

故障现象	故障原因	处理方法
线圈过热或烧损	1. 电源电压过低或过高； 2. 线圈的技术参数（电压、通电持续率）与实际使用条件不符	1. 调整电源电压； 2. 更换线圈或接触器
电磁铁（交流）噪声大	1. 电源电压过低； 2. 磁系统歪斜或机械卡滞，使铁心不能吸平； 3. 短路环断裂； 4. 铁心极面磨损过大，不平整	1. 提高操作回路的电压； 2. 排除机械卡滞现象； 3. 调换铁心或短路环； 4. 更换铁心
触头熔焊	1. 过负载使用； 2. 负载侧短路； 3. 触头弹簧压力过小； 4. 触头表面有金属颗粒突起或异物	1. 调换合适的接触器； 2. 排除短路故障，更换触头； 3. 调整触头弹簧压力； 4. 清理触头表面
相间短路	1. 灰尘堆积或有水气、油垢，使绝缘变坏； 2. 接触器零部件损坏（如灭弧罩破裂）	1. 经常清理，保持清洁； 2. 更换损坏零件

第四节　继电器

继电器是一种根据某种输入信号接通或断开小电流电路，实现远距离自动控制和保护的自动控制电路。其输入量可以是电压、电流等电量，也可以是温度、速度、压力等非电量。而输出则是触点的动作或者是电路参数的变化。继电器不直接控制电流较大的主电路，而是通过接触器或其他电器对主电路进行控制。同接触器相比，继电器具有触头分断能力小、结构简单、体积小、质量小、反应灵敏、动作准确、工作可靠等特点。

在电气控制领域中，从家用电器到工农业应用，甚至国民经济各个部门，凡是需要逻辑控制的场合，几乎都需要使用继电器。因此，对继电器的需求千差万别，为了满足各种要求，人们研制生产了各种用途，不同型号和大小的继电器，其分类如表 1-2 所示。

表 1-2　继电器的分类

序号	分类方法	种　类
1	使用范围	控制继电器、保护继电器和通信继电器
2	工作原理	电磁式继电器、感应式继电器、热继电器和机械式继电器、电动式继电器和电子式继电器
3	反应的参数（动作信号）	电流继电器、电压继电器、时间继电器、速度继电器、压力继电器
4	动作时间	瞬时继电器（动作时间小于 0.05 s）、延时继电器（动作时间大于 0.05 s）
5	触点状况	有触点继电器和无触点继电器
6	线圈通入电流的种类	直流继电器和交流继电器

一、电磁式继电器

继电器由感应机构、中间机构和执行机构三部分组成。感应机构反映的是继电器的输入量，并将输入量传递给中间机构，中间机构将它与预定量（即整定值）进行比较，当达到整定值时（过量或欠量），就使执行机构产生输出量，从而接通或分断电路。常用的电磁式继电器有电流继电器、电压继电器和中间继电器。

1. 电磁式继电器的结构及工作原理

电磁式继电器是应用最多的一种继电器，主要由电磁机构和触头系统组成，其原理如图 1-19 所示。由于继电器用于控制电路，故流过触头的电流比较小，不需要灭弧装置。电磁式继电器的电磁机构由线圈 1、铁心 2 和衔铁 7 组成。它的触头一般为桥式触头，有常开和常闭两种形式。另外，为了实现继电器动作参数的改变，继电器一般还具有调节弹簧松紧和改变衔铁打开后气隙大小的装置，如通过调节螺钉 6 来调节弹簧 4 的反作用力的大小，即可调节继电器的动作参数值。

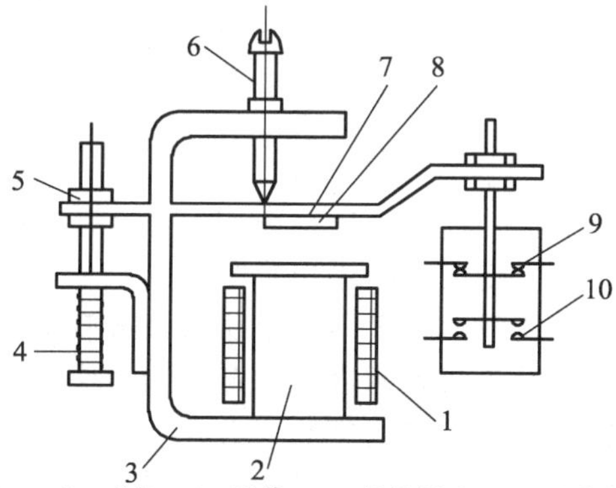

1—线圈；2—铁心；3—磁轭；4—弹簧；5—调节螺母；6—调节螺钉；7—衔铁；
8—非磁性垫片；9—常闭触头；10—常开触头。

图 1-19 磁式继电器原理图

当电路正常工作时，弹簧 4 的反作用力大于电磁吸力，衔铁 7 不动作，若通过线圈 1 的电流超过某一定值时，弹簧 4 的反作用力小于电磁吸力，衔铁 7 吸合，这时常闭触头 9 断开，常开触头 10 闭合，从而实现电路控制。电磁式继电器的电气符号如图 1-20 所示。

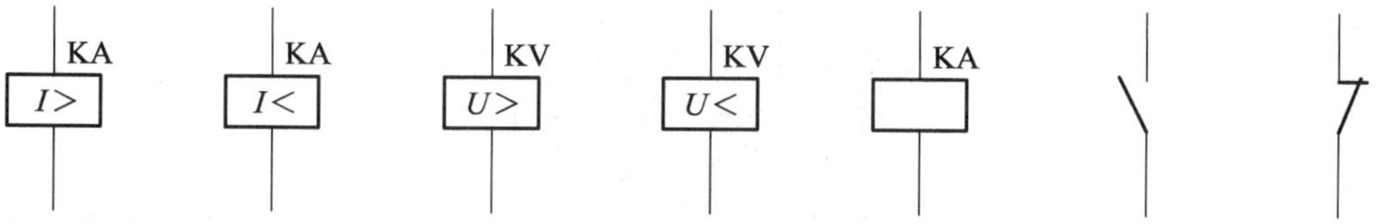

（a）过电流　（b）欠电流　（c）过电压　（d）欠电压　（e）中间　（f）常开触头　（g）常闭触头

图 1-20 电磁式继电器的电气符号

2. 电流继电器

电磁式电流继电器主要用于过载及短路保护，反映的是电流信号。在使用时，电磁式电流继电器的线圈和负载串联，其线圈匝数少、导线粗、阻抗小。由于线圈上的压降很小，不会影响负载电路的电流。常用的电磁式电流继电器有欠电流继电器和过电流继电器两种。电路正常工作时，欠电流继电器的衔铁是吸合的，其常开触头闭合，常闭触头断开。当电路电流减小到某一整定值以下时，欠电流继电器衔铁释放，控制电路失电，对电路起欠电流保护作用。欠电流继电器的吸引电流为线圈额定电流的 30%～65%，释放电流为线圈额定电流的 10%～20%。

电路正常工作时，过电流继电器不动作，当电路中电流超过某一整定值时，过电流继电器衔铁吸合，触头系统动作，控制电路失电，从而控制接触器及时分断电路，对电路起过流保护作用。电流继电器的整定值通常为 1.1～4 倍额定电流。

3. 电压继电器

电压继电器的结构与电磁式电流继电器相似，不同的是电磁式电压继电器反映的是电压信号。它的线圈为并联的电压线圈，因此匝数多、导线细、阻抗大。按吸合电压的大小，电磁式电压继电器可分为过电压继电器和欠电压继电器。

过电压继电器用于电路的过电压保护，当被保护电路的电压正常工作时，衔铁释放；当被保护电路的电压达到过电压继电器的整定值（额定电压的 110%～115%）时，衔铁吸合，触头系统动作，控制电路失电，从而保护电路。

欠电压继电器用于电路的欠电压保护，当被保护电路的电压正常工作时，衔铁吸合；当被保护电路的电压降至欠电压继电器的释放整定值时，衔铁释放，触头系统复位，控制接触器及时分断被保护电路。欠电压继电器在电路电压为额定电压的 40%～70%时释放。

4. 中间继电器

电磁式中间继电器实质上也是一种电压继电器。它触头对数多且容量较大（额定电流 5～10 A），可以将一个输入信号变成多个输出信号或将信号放大（即增大触头容量）。电磁式中间继电器的主要用途是当其他继电器的触头数量或触头容量不够时，可借助电磁式中间继电器来扩大它们的触头数量或触头容量，起到信号中转的作用。

电磁式中间继电器体积小，动作灵敏度高，并在 10 A 以下电路中可代替接触器起控制作用。通常依据被控制电路的电压等级，触头的数目、种类及容量来选用中间继电器。目前，国内常用电磁式中间继电器有 JZ7、JZ8、JZ14、JZ15、JZ17 等系列。

JZ7 系列中间继电器的结构如图 1-21 所示。它由线圈、静铁心、衔铁、触头系统、反

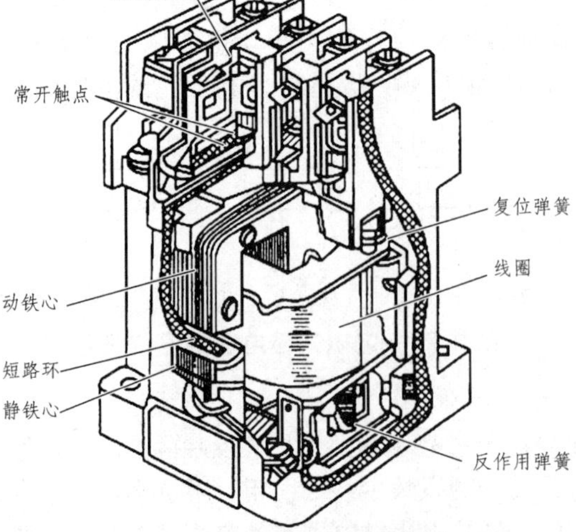

图 1-21　中间继电器的结构

作用弹簧、复位弹簧等组成，触头共有 8 对，没有主辅之分，可以组成 8 对常开、4 对常开 4 对常闭或 6 对常开 2 对常闭三种形式，多用于交流控制电路。

二、时间继电器

时间继电器是一种利用电磁原理或机械动作原理实现触头延时接通或断开的电器。时间继电器主要作为辅助电气元件用于各种电气保护及自动装置中，使被控元件达到所需要的延时效果，应用十分广泛。时间继电器种类很多，按其动作原理可分为电磁式、空气阻尼式、电动式、电子式等几种类型。按延时方式可分为通电延时型与断电延时型两种。本小节主要介绍空气阻尼式时间继电器和电子式时间继电器。

1. JS7-A 系列空气阻尼式时间继电器

空气阻尼式时间继电器又称气囊式时间继电器，它是利用气囊中的空气通过小孔节流的原理来获得延时动作的。根据触头延时的特点，可分为通电延时动作型和断电延时复位型两种。

（1）结构。

JS7-A 系列时间继电器的外形和结构如图 1-22 所示，它主要由以下几部分组成：

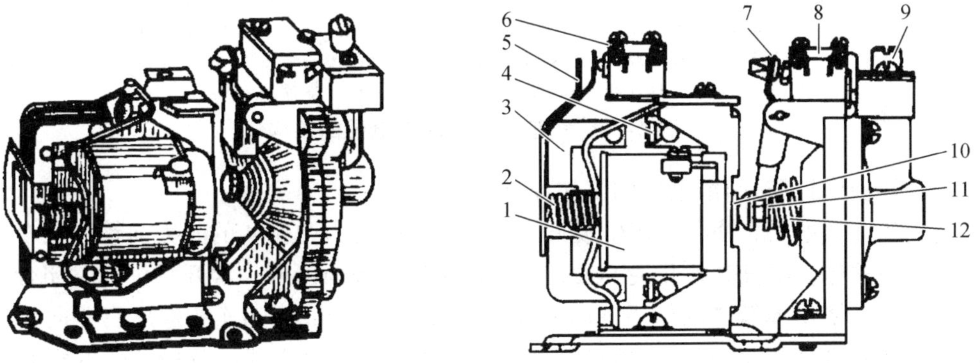

（a）外形　　（b）结构

1—线圈；2—反力弹簧；3—衔铁；4—铁心；5—弹簧片；6—瞬时触头；7—杠杆；8—延时触头；9—调节螺钉；10—推杆；11—活塞杆；12—宝塔型弹簧。

图 1-22　JS7-A 系列时间继电器的外形与结构

① 电磁系统——由线圈、铁心和衔铁组成。

② 触头系统——包括两对瞬时触头（一常开、一常闭）和两对延时触头（一常开、一常闭），瞬时触头和延时触头分别是两个微动开关的触头。

③ 空气室——为一空腔，由橡皮膜、活塞等组成。橡皮膜可随空气的增减而移动，顶部的调节螺钉可调节延时时间。

④ 传动机构——由推杆、活塞杆、杠杆及各种类型的弹簧等组成。

⑤ 基座——用金属板制成，用以固定电磁机构和气室。

（2）工作原理。

JS7-A 系列时间继电器的工作原理如图 1-23 所示。其中，图 1-23（a）所示为通电延时型，图 1-23（b）所示为断电延时型。

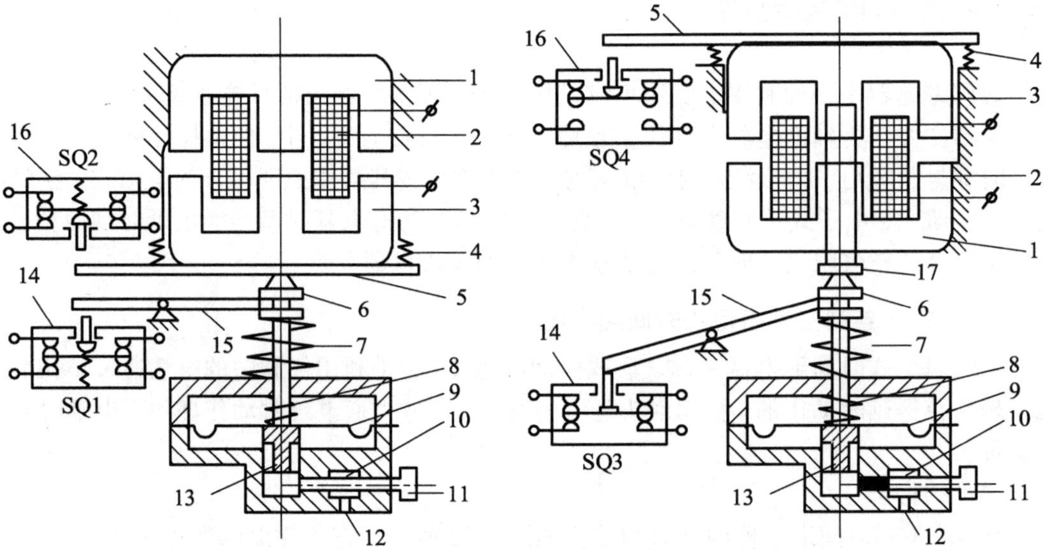

（a）通电延时型　　　　（b）断电延时型

1—铁心；2—线圈；3—衔铁；4—反力弹簧；5—推板；6—活塞杆；7—宝塔型弹簧；
8—弱弹簧；9—橡皮膜；10—螺旋；11—调节螺钉；12—进气孔；13—活塞；
14，16—微动开关；15—杠杆；17—推杆

图 1-23　气阻尼式时间继电器的结构

① 通电延时型时间继电器的工作原理。

当线圈 2 通电后，铁心 1 产生吸力，衔铁 3 克服反力弹簧 4 的阻力与铁心吸合，带动推板 5 立即动作，压合微动开关 SQ2，使其常闭触头瞬时断开，常开触头瞬时闭合。同时活塞杆 6 在宝塔形弹簧 7 的作用下向上移动，带动与活塞 13 相连的橡皮膜 9 向上运动，运动的速度受进气孔 12 进气速度的限制。这时橡皮膜下面形成空气较稀薄的空间，与橡皮膜上面的空气形成压力差，对活塞的移动产生阻尼作用。活塞杆带动杠杆 15 只能缓慢地移动。经过一段时间，活塞才完成全部行程而压动微动开关 SQl，使其常闭触头断开，常开触头闭合。由于从线圈通电到触头动作需延时一段时间，因此 SQl 的两对触头分别被称为延时闭合瞬时断开的常开触头和延时断开瞬时闭合的常闭触头。当线圈 2 断电时，衔铁 3 在反力弹簧 4 的作用下，通过活塞杆 6 将活塞推向下端，这时橡皮膜 9 下方腔内的空气通过橡皮膜 9、弱弹簧 8 和活塞 13 局部所形成的单向阀迅速从橡皮膜上方的气室缝隙中排掉，使微动开关 SQ1、SQ2 的各对触头均瞬时复位。这种时间继电器延时时间的长短取决于进气的快慢，旋动调节螺钉 11 可调节进气孔的大小，即可达到调节延时时间长短的目的。JS7-A 系列时间继电器的延时有 0.4 ~ 60 s 和 0.4 ~ 180 s 两种。

② 断电延时型时间继电器。

JS7-A 系列断电延时型和通电延时型时间继电器的组成元件是通用的。如果将通电延

时型时间继电器的电磁机构翻转 180°安装即成为断电延时型时间继电器。其工作原理读者可自行分析。

空气阻尼式时间继电器的优点是延时范围较大（0.4 ~ 180 s），且不受电压和频率波动的影响；可以做成通电和断电两种延时形式；结构简单、寿命长、价格低。其缺点是延时误差大，难以精确地整定延时值，且延时值易受周围环境温度、尘埃等的影响。因此，对延时精度要求较高的场合不宜采用。

2. 电子式时间继电器

电子式时间继电器也称为半导体时间继电器，具有机械结构简单、延时范围广、精度高、消耗功率小、调整方便及寿命长等优点，其应用越来越广泛。电子式时间继电器按结构分为阻容式和数字式两类；按延时方式分为通电延时型、断电延时型及带瞬动触点的通电延时型。常用的 JS20 系列电子式时间继电器是全国推广的统一设计产品，适用于交流 50 Hz、电压 380 V 及以下或直流 110 V 及以下的控制电路，作为时间控制元件，按预定的时间延时，周期性地接通或分断电路。

（1）结构。

JS20 系列时间继电器的外形及接线如图 1-24 所示。

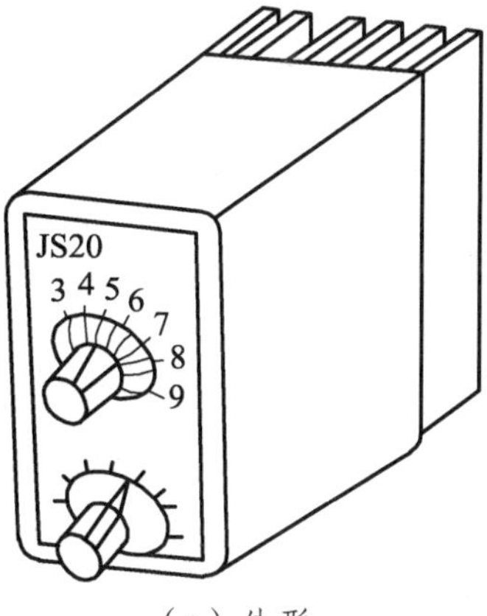

（a）外形

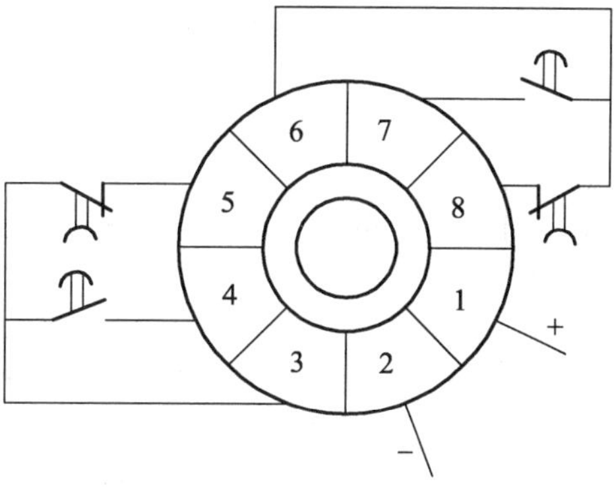

（b）接线示意

图 1-24　JS20 系列时间继电器的外形与接线

（2）工作原理。

JS20 系列通电延时型时间继电器的线路如图 1-25 所示。它由电源、电容充放电电路、电压鉴别电路、输出和指示电路五部分组成。电源接通后经整流滤波和稳压后的直流电经过 RP1 和 R2 向电容 C2 充电。当场效应管 V6 的栅源电压 U_{gs} 低于夹断电压 U_p 时，V6 截止，因而 V7、V8 也处于截止状态。随着充电的不断进行，电容 C2 的电位按指数规律上升，当满足 U_{gs} 高于 U_p 时，V6 导通，V7、V8 也导通，中间继电器 KA 吸合，输出延时信号。同时电容 C2 通过 R8 和 KA 的常开触头放电，为下次动作做好准备。当切断电源时，继电器 KA 释放，电路恢复原始状态，等待下次动作。调节 RP1 和 RP2 即可调整延时时间。

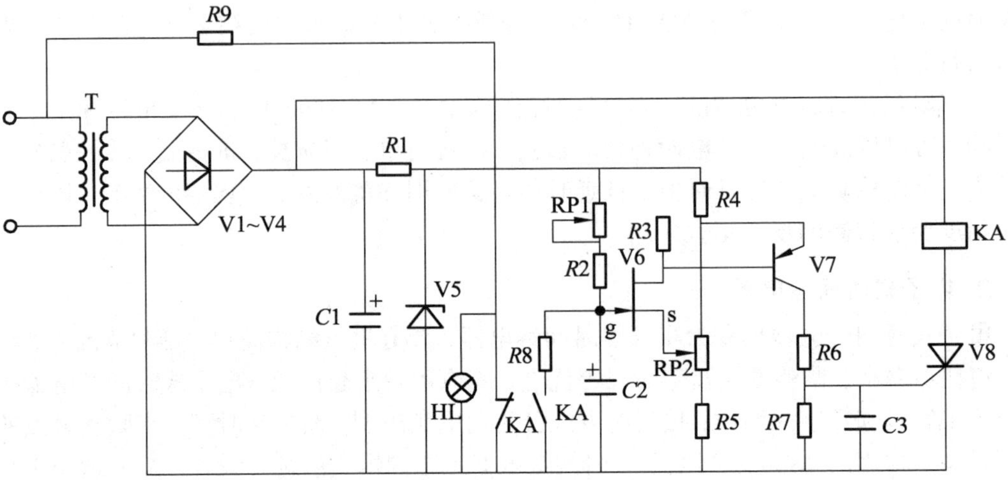

图 1-25　JS20 系列通电延时型继电器的电路

电子式时间继电器适用于以下场合：

① 当电磁式时间继电器不能满足要求时。

② 当要求的延时精度较高时。

③ 控制回路相互协调需要无触点输出时。

时间继电器在电路图中的符号如图 1-26 所示。

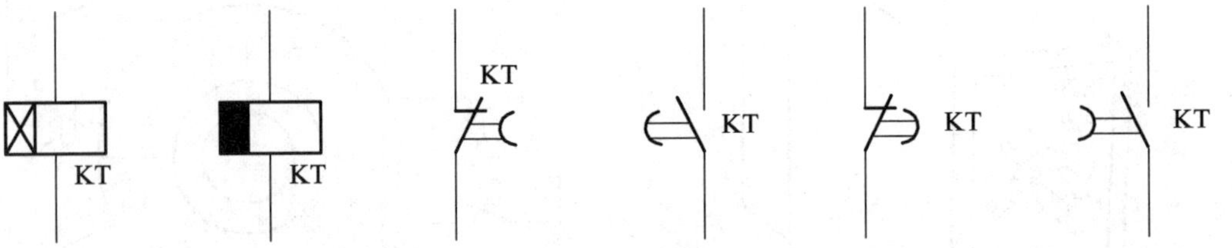

（a）通电延时线圈　（b）断电延时线圈　（c）通电延时闭合触头　（d）通电延时断开触头　（e）断电延时闭合触头　（f）断电延时断开触头

图 1-26　时间继电器的电气符号

三、热继电器

热继电器是利用电流的热效应原理来工作的保护电器，主要用于电动机的过载保护及对其他电气设备发热状态的控制。

1. 热继电器的工作原理

热继电器的测量元件通常采用双金属片，由两种具有不同线膨胀系数的金属片以机械碾压方法形成一体。主动层采用膨胀系数较高的铁镍铬合金，被动层采用膨胀系数很低的铁镍合金。当双金属片受热后将向被动层方向弯曲，当弯曲到一定程度时，通过动作机构使触头动作。图 1-27 所示为热继电器动作原理，发热元件 2 通电发热后，双金属片 1 受热向左弯曲，使推动导板 3 向左发生一定的运动，电流越大，执行机构的运动幅度也越大。当电流大到一定程度时，执行机构发生跃变，即触头发生动作从而切断主电路。

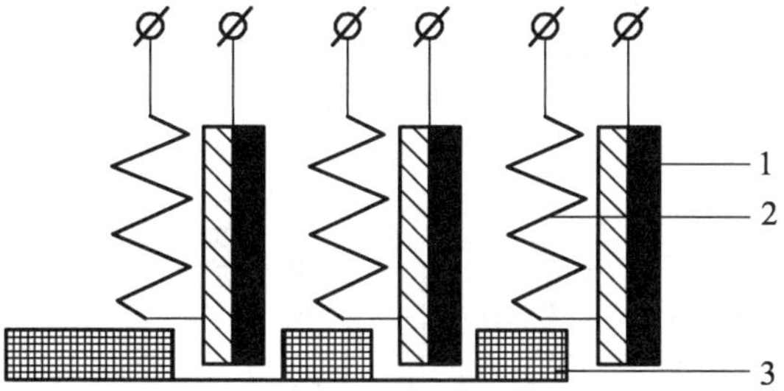

1—主双金属片；2—发热元件；3—导板。

图 1-27　热继电器动作原理

电源切除后，双金属片逐渐冷却恢复原位，于是动触头在失去作用力的情况下靠弹簧的弹性自行恢复。这种热继电器也可采用手动复位，以防止故障排除前设备带故障再次投入运行。

2. 带断相保护的热继电器

在三相异步电动机的电路中，热继电器有两相和三相两种结构。三相结构中又分为带断相保护装置和不带断相保护装置两种。三相异步电动机的电源或绕组断相是导致电动机过热烧毁的主要原因之一。断相后，若外加负载不变，由于电动机转矩减小，则绕组中的电流就会增大，将使电动机烧毁。普通结构的热继电器能否对电动机进行断相保护，取决于电动机绕组的接线方式。

对于定子绕组 Y 形连接的电动机而言，若运行中发生断相，通过另外两相的电流会增大，而流过热继电器的电流就是流过电动机绕组的电流，普通结构的热继电器都可以对此做出反应。而绕组接成△形连接的电动机，若运行中发生断相，流过热继电器的电流与流过电动机非故障相的电流的增加比例不同。在这种情况下，电动机非故障相流过的电流可能超过其额定电流，而流过热继电器的电流却未超过热继电器的整定值，热继电器不动作，但电动机的绕组可能因此而烧坏。

为了对定子绕组采用△形连接的电动机实行断相保护，必须采用三相结构带断相保护装置的热继电器。JR16 系列中部分热继电器带有差动式断相保护装置，结构及工作原理如图 1-28 所示。图 1-28（a）所示为未通电时的位置；图 1-28（b）所示为三相均通有额定电流时的情况，此时三相主双金属片均匀受热，同时向左弯曲，内、外导板一起平行左移一段距离但未超过临界位置，触点不动作；图 1-28（c）所示为三相均过载时，三相主双金属片均受热向左弯曲，推动外导板并带动内导板一起左移，超过临界位置，通过动作机构使动断触点断开，从而切断控制回路，达到保护电动机的目的；图 1-28（d）所示为电动机在运行中发生一相（如 W 相）断路故障时的情况，此时该相主双金属片逐渐冷却，向右移动，并带动内导板同时右移，这样内导板和外导板产生了差动放大作用，通过杠杆的放大作用是继电器迅速动作，切断控制电路，使电动机得到保护。

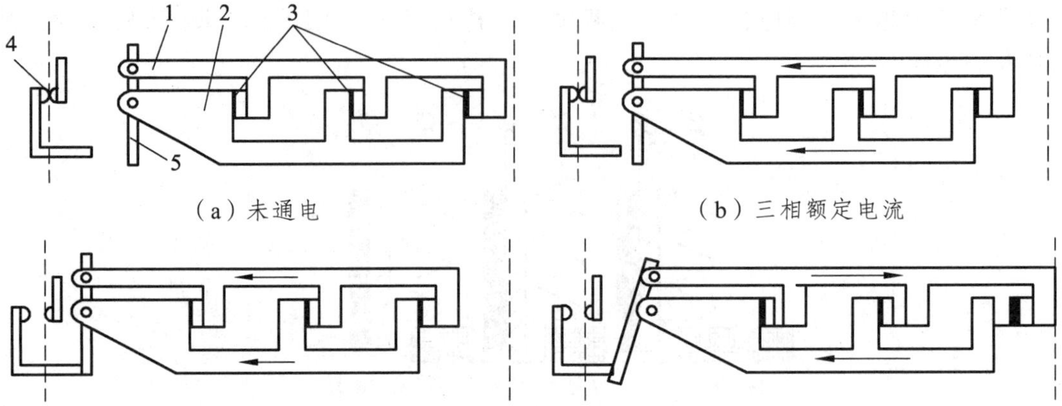

（a）未通电　（b）三相额定电流

（c）三相同时过载　（d）一相断相

1—上导板；2—下导板；3—金属片；4—动断触点；5—杠杆。

图 1-28　断相保护的热继电器

由于热继电器主双金属片受热膨胀的热惯性及动作机构传递信号的惰性原因，热继电器从电动机过载到触点动作需要一定的时间，因此热继电器不能作为短路保护。但也正是这个热惯性和机械惰性，保证了热继电器在电动机启动和短时过载时不会动作，从而满足了电动机的运行要求。热继电器在电路图中的符号如图 1-29 所示。

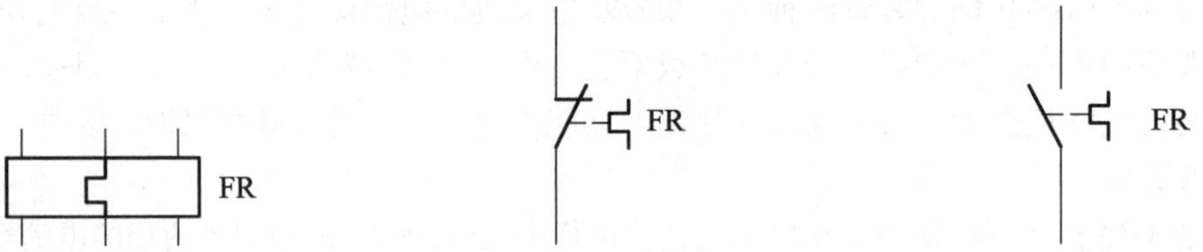

（a）驱动器件　（b）常闭触点　（c）常开触点

图 1-29　热继电器的电气符号

3. 热继电器的选择原则

热继电器主要用于电动机的过载保护，使用中应考虑电动机的特性、负载性质、启动情况、工作环境等因素，具体应按以下几个方面来选择。

（1）热继电器的型号及热元件的额定电流等级应根据电动机的额定电流来确定。热元件的额定电流应大于或略大于被保护电动机的额定电流。

（2）△连接的电动机应选用带断相保护装置的三相结构形式的热继电器；Y 形连接的电动机可选用两相或三相结构形式的热继电器。

（3）双金属片热继电器一般用于轻载或不频繁启动的过载保护。对于重载或频繁启动的电动机，应选用过电流继电器或能反映绕组实际温度的温度继电器来进行保护，不宜选用双金属片热继电器，因为电动机在运行过程中不断重复升温，热继电器双金属片的温升跟不上电动机绕组的温升，所以电动机得不到可靠的过载保护。

4. 热继电器的常见故障及处理方法

热继电器的常见故障及处理方法如表 1-3 所示。

表 1-3　热继电器的常见故障及处理方法

故障现象	可能的原因	处理方法
热元件烧断	1. 负载短路电流过大； 2. 操作频率高	1. 排除故障更换热继电器； 2. 更换合适参数的热继电器
热继电器不动作	1. 热继电器的额定电流选用不合适； 2. 整定值偏大； 3. 动作触头接触不良； 4. 热元件烧断或脱焊； 5. 动作机构卡住； 6. 导板脱出	1. 按保护容量合理选用； 2. 合理调整整定值； 3. 消除触头接触不良因素； 4. 更换热继电器； 5. 消除卡住因素； 6. 重新放入并调速
热继电器不稳定，时快时慢	1. 热继电器内部机构某些部件松动； 2. 在检修中弯折了双金属片； 3. 通电电流波动太大，或接线螺钉松动	1. 将松动部件紧固； 2. 用两倍电流预试几次或将双金属片拆下来热处理以去除内应力； 3. 检查电源电压或拧紧接线螺钉
热继电器动作太快	1. 整定值偏小； 2. 电动机启动时间过长； 3. 连接导线太细； 4. 操作频率过高； 5. 使用场合有强烈冲击和振动； 6. 可逆转换频繁； 7. 安装热继电器处与电动机环境温度差太大	1. 合理调整整定值； 2. 按启动时间要求，选择具有合适的可返回时间的热继电器或在启动过程中将热继电器短接； 3. 选用标准导线； 4. 更换合适的型号； 5. 选用可防振动冲击的热继电器或采取防振动措施； 6. 改用其他保护措施； 7. 按两地温差情况配置适当的热继电器
主电路不同	1. 热元件烧断； 2. 接线螺钉松动或脱落	1. 更换热继电器或热元件； 2. 紧固接线螺钉
控制电路不同	1. 触头烧坏或弹性消失； 2. 可调整旋钮到不合适的位置； 3. 热继电器动作后未复位	1. 更换触头或簧片； 2. 调整旋钮或螺钉； 3. 按动复位按钮

四、其他继电器

1. 速度继电器

速度继电器属非电量的继电器，是将电动机的速度信号经输入比较机构变为触点输出信号。

速度继电器的实物外形及结构如图 1-30 所示。工作时，速度继电器的转轴 10 与电动机转子机械连接，随电动机旋转而旋转，形成旋转磁场，切割定子导杆 8，产生的电磁力使定子随转子方向转动，电动机旋转方向不同，定子 9 的转动方向也不同，定子带动杠杆 7 动作，再通过返回杠杆 6 的作用带动触点动作，随着电动机速度的提高，定子偏转角度到一定值时，在杠杆的作用下，一方面使继电器触点动作，另一方面压缩反力弹簧 2，所以当电磁力大于弹簧力时，速度继电器动作；当速度低于一定值，电磁力小于弹簧力时，速度继电器释放。调节螺钉 1 的松紧来调整动作速度值，一般动作速度为 140 r/min，复位速度为 100 r/min。速度继电器的图形与文字符号如图 1-31 所示。

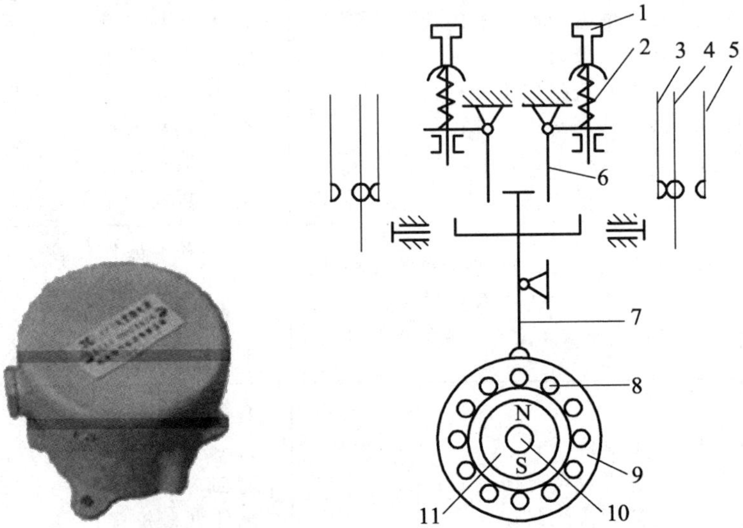

1—螺钉；2—反力弹簧；3—常闭触点；4—动触点；5—常开触点；6—返回杠杆；7—杠杆；8—定子导杆；9—定子；10—转轴；11—转子。

图 1-30　速度继电器的实物外形及结构

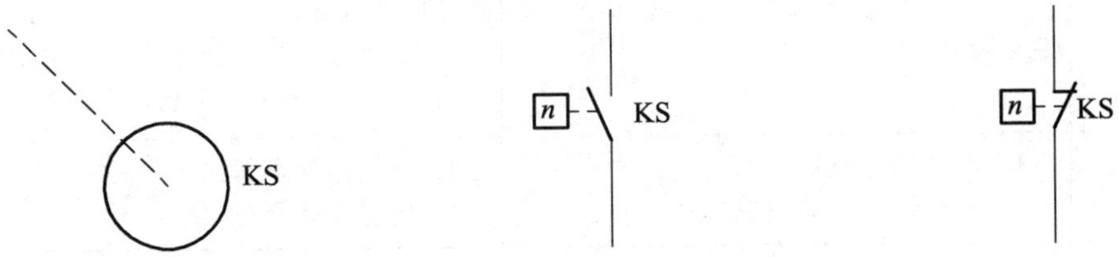

（a）转子　（b）常开触点　（c）常闭触点

图 1-31　速度继电器的图形与文字符号

2. 压力继电器

压力继电器经常用于机械设备的液压或气压控制系统中，它能根据压力源压力的变化情况决定触点的断开或闭合，以便对机械设备提供某种保护或控制。

压力继电器的结构原理如图 1-32（a）所示。它主要由缓冲器、橡皮薄膜、顶杆、压缩弹簧、调节螺母和微动开关等组成。微动开关和顶端的距离一般大于 0.2 mm。压力继电器装在油路（气路或水路）的分支管路中。当管路压力超过整定值时，通过缓冲器和橡皮膜顶起顶杆，推动微动开关动作，使触点动作。当管路中的压力低于整定值时，顶杆脱离微动开关，微动开关的触点复位。

压力继电器的调整非常方便，只要放松或拧紧螺母即可改变控制压力。压力继电器在电路图中的符号如图 1-32（b）所示。

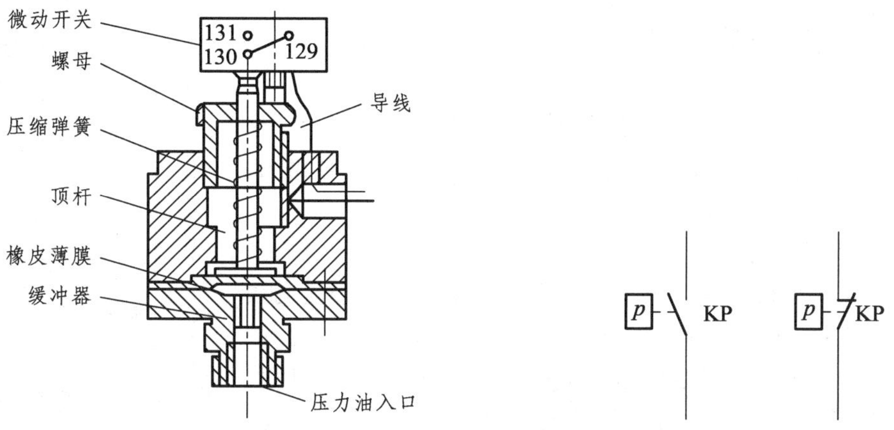

（a）结构原理　　（b）符号

图 1-32　压力继电器

3. 固态继电器

固态继电器是一种新型无触头继电器，简称为 SSR。因其断开和闭合均无触头、无火花，故又称为无触头开关。它是利用信号光耦合方式使控制回路与负载回路之间没有任何电磁关系，实现了电磁隔离。固态继电器为四端组件，其中两个为输入端，两个为输出端，中间采用隔离元件，实现输入与输出的隔离。

固态继电器种类较多，按负载电源类型不同可分为直流型和交流型固态继电器。其中直流型是以晶体管作为开关元件；交流型则以可控硅作为开关元件。按隔离方式不同可分为光电耦合隔离和磁隔离。常用的固态继电器有 DJ 系列。

4. 温度继电器

温度继电器是按温度原则工作的继电器。温度继电器主要用于交流 50 Hz、380 V 及以下各种自动控制电路中，可对电机、整流元件、变压器、轴承等实现过热保护。温度继电器有接触式和环境温度感应式两种形式。接触式温度继电器可供电机、电器设备中作保护和温度控制之用，其热敏电阻器直接埋置在被检测部位，当被保护设备达到规定温度值时，该继电器立即工作，达到切断电源保护设备安全的目的；环境温度感应式温度继电器主要用于电子仪器和控制设备中作为控制和保护之用，其内部的双金属片受环境温度的影响而膨胀弯曲，从而使触头迅速动作，达到接通或断开电路的目的。温度继电器一般做成密封式，体积小、质量小。常见的温度继电器产品有 JW4 型半导体等。

第五节　开关电器

低压开关电器主要用作电源的隔离、线路的保护与控制。多数用作机床电路的电源开关和局部照明电路的控制开关，有时也可用来直接控制小容量电动机的启动、停止和正反转。

一、刀开关

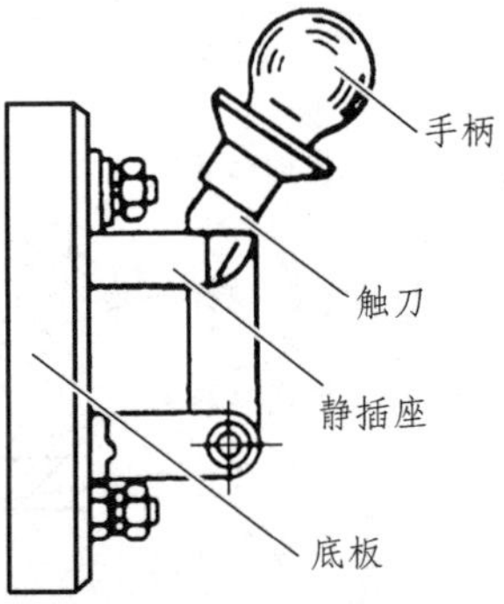

图 1-33　刀开关的典型结构

刀开关又称闸刀开关，是一种结构最简单、应用最广泛的手动电器。在低压电路中，作为不频繁接通和分断电路用，或用来将电路与电源隔离。

图 1-33 所示为刀开关的典型结构。它由操作手柄、触刀、静插座和绝缘底板组成。推动手柄来实现触刀插入插座与脱离插座的控制，来达到接通电路和分断电路的要求。刀开关的种类很多，按刀的极数可分为单极、双极和三极，其图形表示符号如图 1-34 所示。按刀的转换方向可分为单掷和双掷；按灭弧情况可分为带灭弧罩和不带灭弧罩；按接线方式可分为板前接线式和板后接线式，在此只介绍在电力拖动控制线路中最常用的由刀开关和熔断器组合而成的负荷开关。负荷开关分为开启式负荷开关和封闭式负荷开关两种。

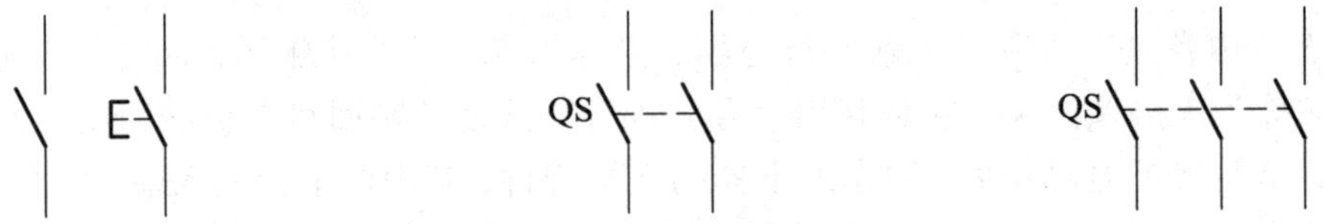

（a）单极　（b）双极　（c）三极

图 1-34　开关的符号

1. 开启式负荷开关

开启式负荷开关又称为瓷底胶盖刀开关，简称闸刀开关。生产中常用的是 HK 系列开启式负荷开关，适用于照明、电热设备及小容量电动机控制线路中，供手动不频繁地接通和分断电路，并起短路保护作用。

HK 系列负荷开关由刀开关和熔断器组合而成，结构如图 1-35（a）所示。开关的瓷底座上装有进线座、静触头、熔体、出线座和带瓷质手柄的刀式动触头，上面盖有胶盖以防止操作时触及带电体或分断时产生的电弧飞出伤人。开启式负荷开关在电路图中的符号如图 1-35（b）所示。

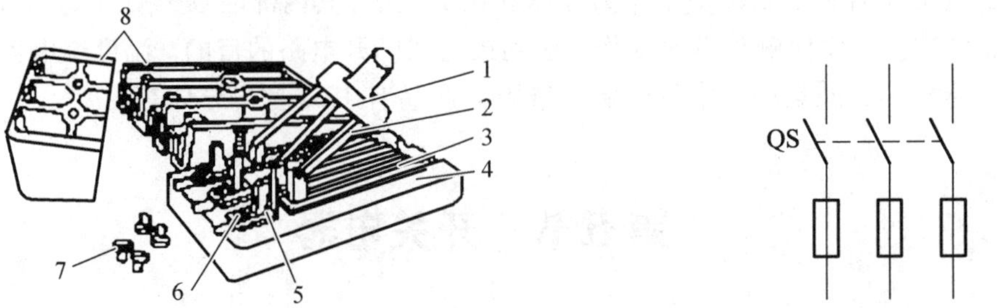

（a）结构　（b）符号

1—瓷质手柄；2—动触头；3—出线座；4—瓷底座；5—静触头；
6—进线座；7—胶盖紧固螺钉；8—胶盖。

图 1-35　HK 系列开启式负荷开关

2. 封闭式负荷开关

封闭式负荷开关是在开启式负荷开关的基础上改进设计的一种开关。它的灭弧性能、操作性能、通断能力和安全防护性能都优于开启式负荷开关。因其外壳多为铸铁或用薄钢板冲压而成，故俗称铁壳开关。可用于手动不频繁地接通和断开带负载的电路以及作为线路末端的短路保护，也可用于控制 15 kW 以下的交流电动机不频繁地直接启动和停止。

常用的封闭式负荷开关有 HH3、HH4 系列，其中 HH4 系列为全国统一设计产品，它的结构如图 1-36 所示。它主要由触头及灭弧系统、熔断器及操作机构等三部分组成。三把闸刀固定在一根绝缘方轴上，由手柄完成分、合闸的操作。在操作机构中，手柄转轴与底座之间装有速动弹簧，使刀开关的接通与断开速度与手柄操作速度无关。配用的熔断器，额定电流在 60 A 以下者为瓷插式熔断器，额定电流为 100 A 及以上者为无填料封闭管式熔断器。封闭式负荷开关的操作机构有两个特点：一是采用了储能合闸方式，利用一根弹簧使开关的分合速度与手柄操作速度无关，这既改善了开关的灭弧性能，又能防止触头停滞在中间位置，从而提高开关的通断能力，延长其使用寿命；二是操作机构上装有机械连锁，它可以保证开关合闸时不能打开防护铁盖，而当打开防护铁盖时，不能将开关合闸。这样既有助于充分发挥外壳的防护作用，又保证了更换熔断器等操作的安全。封闭式负荷开关在电路图中的符号与开启式负荷开关相同。

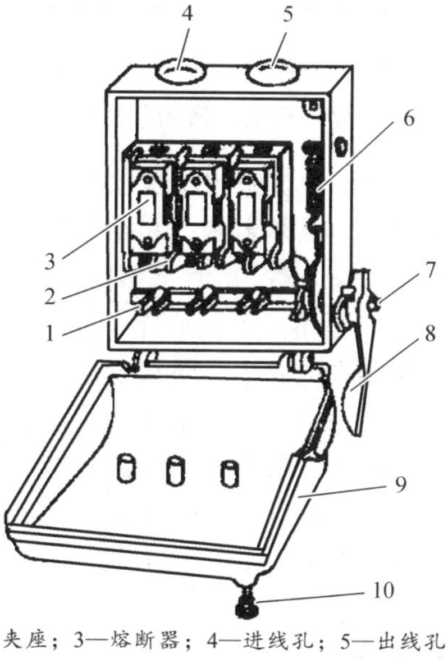

1—动触刀；2—静夹座；3—熔断器；4—进线孔；5—出线孔；6—速断弹簧；7—转轴；8—手柄；9—开关盖；10—开关盖锁紧螺栓。

图 1-36　HH 系列封闭式负荷开关

二、低压断路器

低压断路器的介绍详见本章第二节。

第六节　熔断器

熔断器是一种当电流超过规定值一定时间后，以它本身产生的热量使熔体熔化而分断电路的电器。广泛应用于低压配电系统和控制系统及用电设备中作短路和过电流保护。

一、熔断器的结构和工作原理

熔断器一般由熔断体和底座组成。熔断体主要包括熔体、填料（有的没有填料）、熔管、触刀、盖板、熔断指示器等部件。有填料密闭管式熔断器结构如图 1-37 所示。

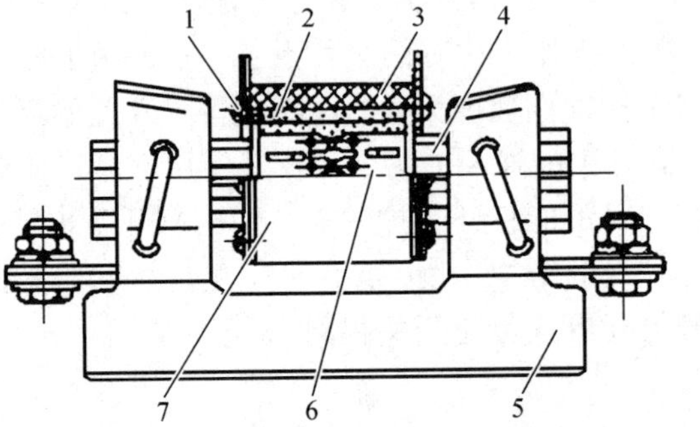

1—熔断指示器；2—石英砂填料；3—熔管；4—触刀；5—底座；6—熔体；7—熔断体。

图 1-37　有填料密闭管式熔断器

熔体是熔断器的主要组成部分，常被做成丝状、片状或栅状。熔体的材料通常有两种，一种是由铅、铅锡合金或锌等低熔点材料制成，多用于小电流电路；另一种是由银、铜等较高熔点的金属制成，多用于大电流电路。熔管是熔体的保护外壳，用耐热绝缘材料制成，在熔体熔断时兼有灭弧作用。熔座是熔断器的底座，作用是固定熔管和外接引线。

熔断器接入电路时，熔体串接在电路中，负载电流流经熔体，当电路发生短路或过电流时，通过熔体的电流使其发热，当达到熔体金属熔化温度时就会自行熔断，其间伴随着燃弧和熄弧过程，随之切断故障电路，起到保护作用。当电路正常工作时，熔体在额定电流下不应熔断，所以其最小熔化电流必须大于额定电流。目前，广泛应用的填料是石英砂，它既是灭弧介质又能起到帮助熔体散热的作用。

二、常用的低压熔断器

熔断器按结构形式分为半封闭插入式、无填料封闭管式、有填料封闭管式和自复式 4 类。

1. RC1A 系列插入式熔断器（瓷插式熔断器）

RC1A 插入式熔断器是将熔丝用螺丝固定在瓷盖上，然后插入底座，它由瓷座、瓷盖、动触头、静触头及熔丝 5 部分组成，其结构如图 1-38 所示。

RC1A 系列插入式熔断器结构简单，更换方便，价格低廉。一般在交流 50 Hz、额定电压 380 V 及以下、额定电流 200 A 及以下的低压线路末端或分支电路中，作为电气设备的短路保护及一定程度的过载保护元件。现在这种系列的熔断器已趋于淘汰。

2. RL1 系列螺旋式熔断器

RL1 系列螺旋式熔断器属于有填料封闭管式，其外形和结构如图 1-39 所示。它主要由瓷帽、熔断管、瓷套、上接线座、下接线座及瓷座等部分组成。

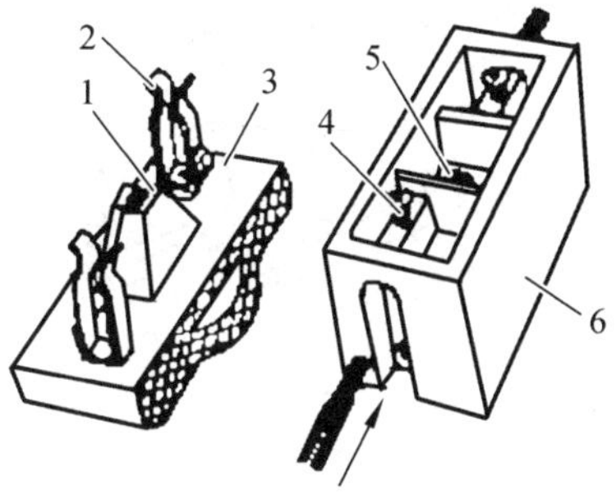

1—熔丝；2—动触头；3—瓷盖；4—空腔；5—静触头 6—瓷座。

图 1-38　RC1A 系列插入式熔断器

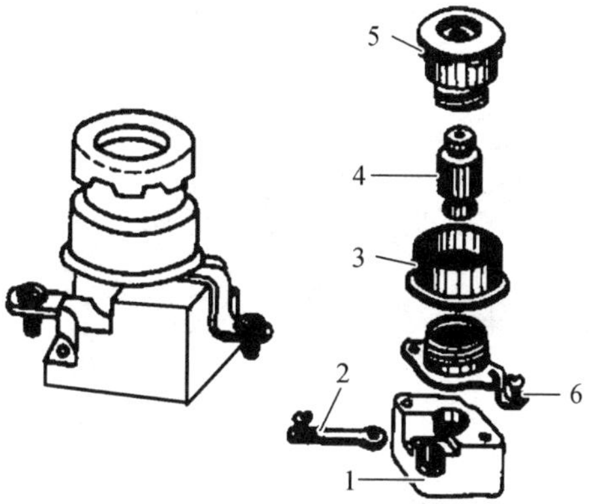

1—瓷座；2—下接线座；3—瓷套；4—熔断管；5—瓷帽；6—上接线座。

图 1-39　RL1 系列螺旋式熔断器

RL1 系列螺旋式熔断器的分断能力较强，结构紧凑，体积小，安装面积小，更换熔体方便，工作安全可靠，并且熔丝熔断后有明显指示，因此广泛应用于控制箱、配电屏、机床设备及振动较大的场合，在交流额定电压 500 V、额定电流 200 A 及以下的电路中，作为短路保护器件。

3. RM10 系列无填料封闭管式熔断器

RM10 系列无填料封闭管式熔断器主要由纤维管、变截面的锌熔片、夹头及夹座等部分组成。RM10 型熔断器的外形与结构如图 1-40 所示。

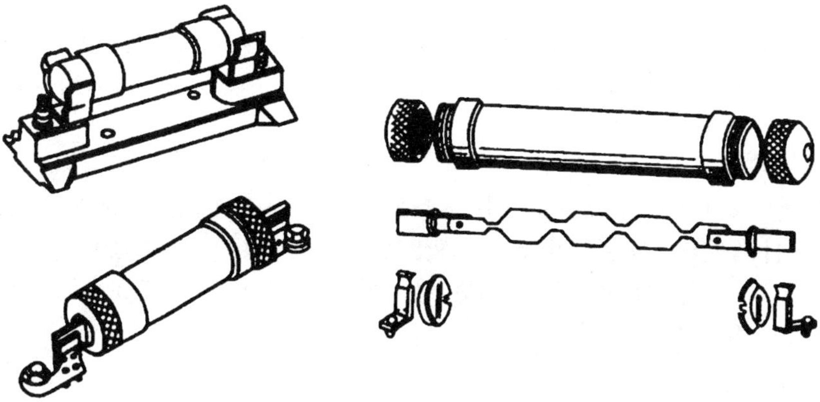

（a）外形　　（b）结构

图 1-40　RM10 系列无填料封闭管式熔断器

RM10 系列无填料封闭管式熔断器适用于交流 50 Hz、额定电压 380 V 或直流额定电压 440 V 及以下电压等级的动力网络和成套配电设备中，作为导线、电缆及较大容量电气设备的短路和连续过载保护元件。

4. RT0 系列有填料封闭管式熔断器

RT10 系列有填料封闭管式熔断器主要由瓷熔管、栅状铜熔体和触头底座等部分组成，其外形与结构如图 1-41 所示。当熔体熔断后，可使用配备的专用绝缘手柄在带电的情况下更换熔管，装取方便，安全可靠。

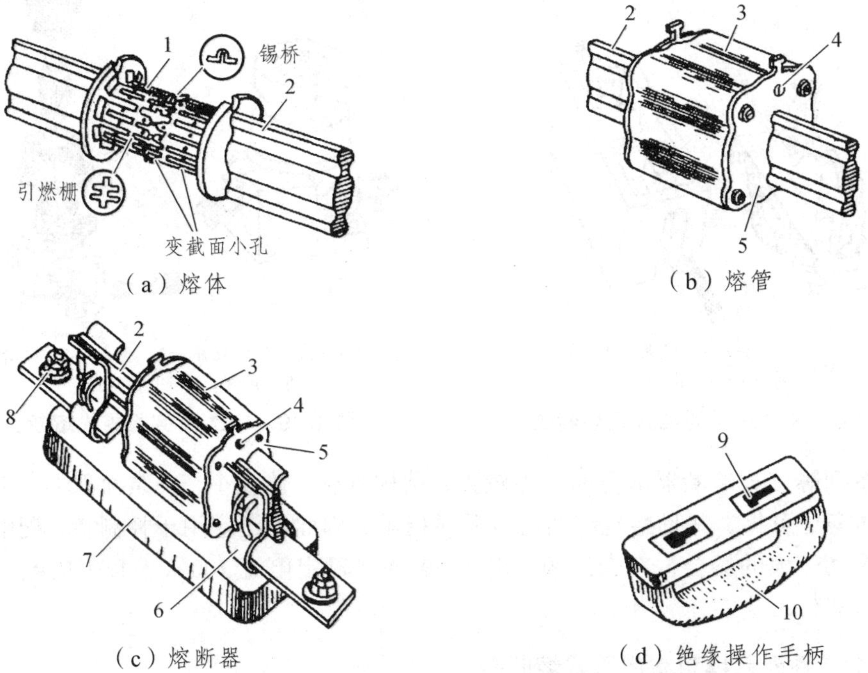

1—栅状铜熔体；2—触刀；3—瓷熔管；4—熔断指示器；5—端面盖板；6—弹性触座；7—底座；8—接线端子；9—扣眼；10—绝缘拉手手柄。

图 1-41　RT0 系列有填料封闭管式熔断器

RT0 系列有填料封闭管式熔断器是一种大分断能力的熔断器，广泛用于短路电流较大的电力输配电系统中，作为电缆、导线和电气设备的短路保护及导线、电缆的过载保护元件。

5. 快速熔断器

快速熔断器又叫半导体器件保护用熔断器，主要用于硅元件变流装置内部的短路保护。由于硅元件的过载能力差，因此要求短路保护元件应具有快速动作的特征。快速熔断器能满足这个要求，且结构简单，使用方便，动作灵敏可靠，因而得到了广泛应用。快速熔断器的典型结构如图 1-42 所示。

6. 自复式熔断器

常用熔断器的熔体一旦熔断，必须更换新的熔体，这就给使用带来不便，而且延缓了供电时间。近年来，出现重复使用一定次数的自复式熔断器。

自复式熔断器是一种限流电器，其本身不具备分断能力，但是和断路器串联使用时，可以提高断路器的分断能力，可以多次使用。其结构如图 1-43 所示。

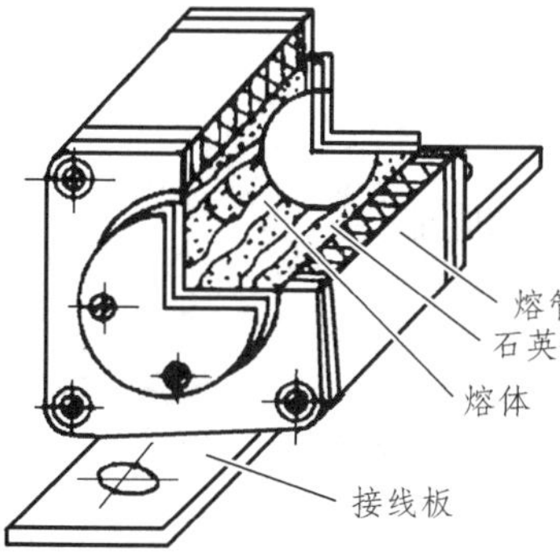

图 1-42　快速熔断器的典型结构

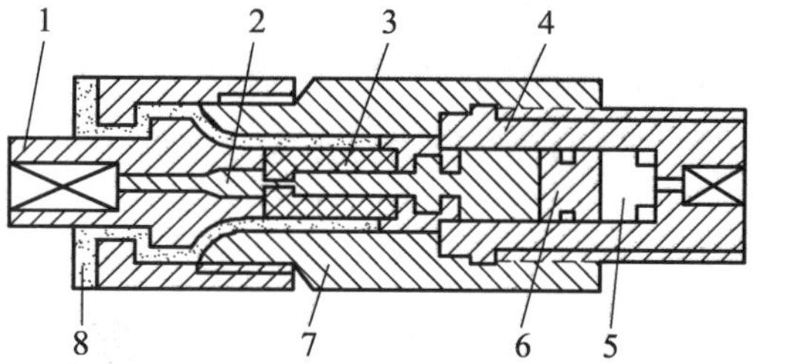

1，4—电流端子；2—熔体；3—绝缘管；5—氩气；6—活塞；7—不锈钢套；8—填充剂。

图 1-43　自复式熔断器结构

自复式熔断器的熔体是应用非线性电阻元件（如金属钠等）制成，在常温下是固体，电阻值较小。在短路电流产生的高温下，熔体气化，阻值剧增，即瞬间呈现高阻状态，从而能将故障电流限制在较小的范围内。

在正常情况下，电流从电流端子 1 通过绝缘管 3 细孔中的金属钠到电流端子 4 上，形成电流通路。当发生故障时，因故障电流使金属钠急剧发热而气化，形成高温高压的高电阻状态。从而极大地限制了故障电流的增加，此时活塞 6 在高温下压缩氩气 5。当故障电流切除后，金属钠温度下降，活塞在压缩氩气的作用下恢复到原来的位置。使钠恢复并凝固成固体，电阻也将为原值，供再次使用。一个额定电流为 100 A 的自复熔断器，在 100 kA 故障电流时，其限流电流仅为 16 kA。

可见，与其说自复式熔断器是一种熔断器，还不如说它是一个非线性电阻，因为它熔而不断，不能真正分断电路，但它具有限流作用显著、动作时间短、动作后不需更换熔体等优点。各种熔断器在电路图中的符号如图 1-44 所示。

图 1-44　熔断器的符号

三、熔断器的选择

1. 熔断器类型的选择

根据使用环境和负载性质选择适当类型的熔断器。

2. 熔体额定电流的选择

熔体的额定电流大小与负载的大小及性质有关。

（1）对阻性负载的短路电流保护应使熔断器的熔体额定电流等于或略大于负载的额定电流。

（2）对电动机负载，应考虑冲击电流的影响：在电动机的功率较大而实际负载较小时，熔体额定电流可适当小些，小到电动机启动时熔体不熔断为准。

3. 熔断器额定电压和额定电流的选择

熔断器的额定电压必须等于或大于线路的额定电压；熔断器的额定电流必须等于或大于所装熔体的额定电流。

4. 熔断器的分断能力的选择

熔断器的分断能力必须大于电路中可能出现的最大故障电流。

复习思考题

一、填空题

1. 接触器是一种自动的_______开关，适用于远距离频繁地____________交直流主电路及_________电路。

2. 接触器按主触头通过的电流种类，分为_________和_________两种。在机床电气控制线路中，主要采用的是_________。

3. 触点按其原始状态可分为_____触点和______触点。

4. 交流接触器主要由________、______、灭弧装置及辅助部件等组成。

5. 继电器是一种根据某种输入信号接通或断开_______电路，实现_______自动控制和保护的自动控制电路。

6. 在电气控制领域中，凡是需要逻辑控制的场合，几乎都需要使用_________，按使用范围分为___________、__________和___________。

7. 按钮可分为常开、常闭和___________等各种形式。在结构形式上有揿钮式、_______式、钥匙式与_________式等。

二、简答题

1. 什么是电器？电器按用途分为哪些类别？

2. 低压电器的常用术语包括哪几种？

3. 交流接触器电磁系统的电磁机构的结构中的铁心用硅钢片叠成，有什么作用？

4. 交流接触器在断开大电流或高电压电路时，在动、静触头之间会产生什么？它有什么危害？应该采用哪些措施？

5. 接触器与继电器的主要区别有哪些？

6. 简述 JS20 系列通电延时型继电器的工作原理。

7. 电子式时间继电器适用于哪些场合？

8. 简述速度继电器的功能和原理。

9. 什么是开关器件？主要有哪几种？

10. 熔断器的主要功能是什么？如何选择熔断器？

11. 简述低压断路器的工作原理。

12. 画出下列电气元件的图形符号，并标出其文字符号。

（1）熔断器；（2）热继电器的常闭触点；（3）时间继电器的常开延时闭合触点；（4）时间继电器的常闭延时断开触点；（5）热继电器的热元件；（6）接触器的线圈；（7）中间继电器的线圈；（8）断路器。

第二章

典型电气控制电路

各种生产机械的运行形式多种多样，不管是简单还是复杂，都是由电动机拖动，通过不同的控制电路实现其运动的控制。而不管多么复杂的控制电路都是由最基本的控制环节组成。因此，掌握控制线路最基本的控制环节是熟练分析电气控制线路工作原理的关键。

第一节　电气控制电路概述

电气控制系统是由许多电器元件按照一定要求连接而成的。随着科学技术的发展，系统和设备越来越复杂，功能越来越完善。人们对操作和维修却要求越来越简单、易行。因此，需要将电气控制系统中的各个电器元件及其连接用一定图形表示出来，这种图就是电气控制系统图，它主要有电气原理图、电气安装接线图、电器元件布置图三种。用于表示工作原理的称为电气原理图；表示元件实际布置的称为电器元件布置图；反映电器元件实际安装位置和接线关系的称为电气安装接线图。在图中使用不同的图形符号表示各种电器设备，用不同的文字符号表示电器元件的名称。

一、电气原理图

电气原理图是指用国家标准规定的图形符号和文字符号代表各种元件，依据控制要求和各电器的动作原理，用线条代表导线连接关系。它按电气元件的实际位置来画所有电气元件的导电部件和接线端子，但不反映电气元件的尺寸及安装方式。绘制电气原理图必须遵守的国家标准有《电气简图用图形符号》《电气技术用文件的编制》《电气技术中的文字符号制订通则》《电器设备接线端子和特定导线线端的识别及应用字母数字系统的通则》等。

绘制电气原理图应遵循以下原则：

（1）电气控制电路一般分为主电路和辅助电路。辅助电路又可分为控制电路、信号电路、照明电路和保护电路等。

主电路是指从电源到电动机的大电流通过的电路，其中电源电路用水平线绘制，受电动力设备及其保护电器支路应垂直于电源电路画出。

控制电路、照明电路、信号电路及保护电路等应垂直地绘于两条水平电源线之间。耗能元件的一端应直接连接在电位低的一端，控制触点连接在上方水平线和耗能元件之间。

不论主电路还是辅助电路，各元件一般应按动作顺序从上到下，从左到右依次排列，电路可以水平布置也可以垂直布置。

（2）在电气原理图中，所有电气元件的图形、文字符号接线端子标记必须采用国家规定的统一标准。

（3）采用电气元件展开图的画法。同一电气元件的各部分可以不画在一起，但需用同一文字符号标出。若有多个同一种类的电气元件，可在文字符号后加上数字序号，如KM1、KM2。

（4）在原理图中，所有电器按自然状态画出。所有按钮、触点均按电器没有通电或没有外力操作，触点没有动作的原始状态画出。

（5）在原理图中，有直接电联系的十字交叉导线连接点，要用黑圆点表示。无直接电联系的十字交叉导线连接点或有直接电联系的丁字交叉导线连接点不画黑圆点。

（6）在原理图上将图分成若干个图区，并标明该区电路的用途和作用。在继电器、接触器线圈下方列出触点表，说明线圈和触点的从属关系。

图 2-1 所示为某车床的电气原理图。

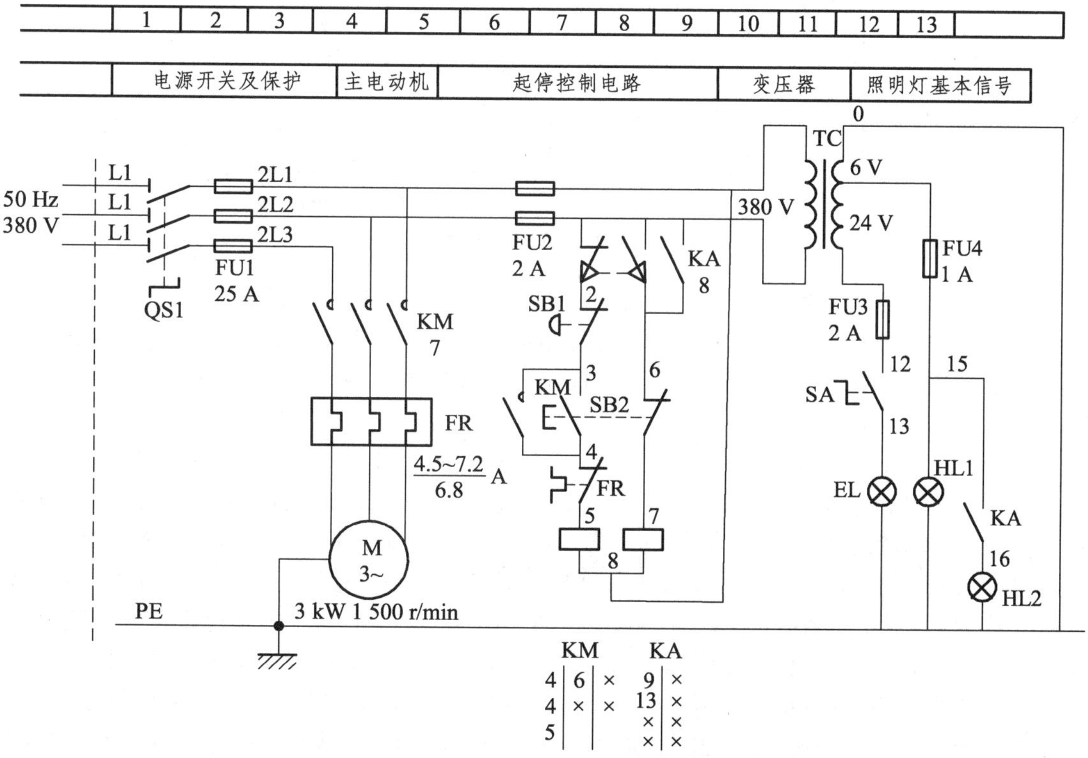

图 2-1　某机床电气原理图

二、电气安装接线图

电气控制线路安装接线图，是为了安装电气设备和电器元件进行配线或检修电器故障服务的。电气设备安装图按电器元件的实际安装位置和接线绘制，根据电器元件布置最合理、连接导线最经济等原则来安排。它为电气设备、电器元件之间的配线及检修电气故障等提供了必要的依据。

在电气安装接线图中显示出电气设备中各元件的空间位置和接线情况，可在安装或检修时对照原理图使用。图 2-2 是根据图 2-1 绘制的接线图。它表示机床电气设备各个单元之间的接线关系，并标注出外部接线所需的数据。

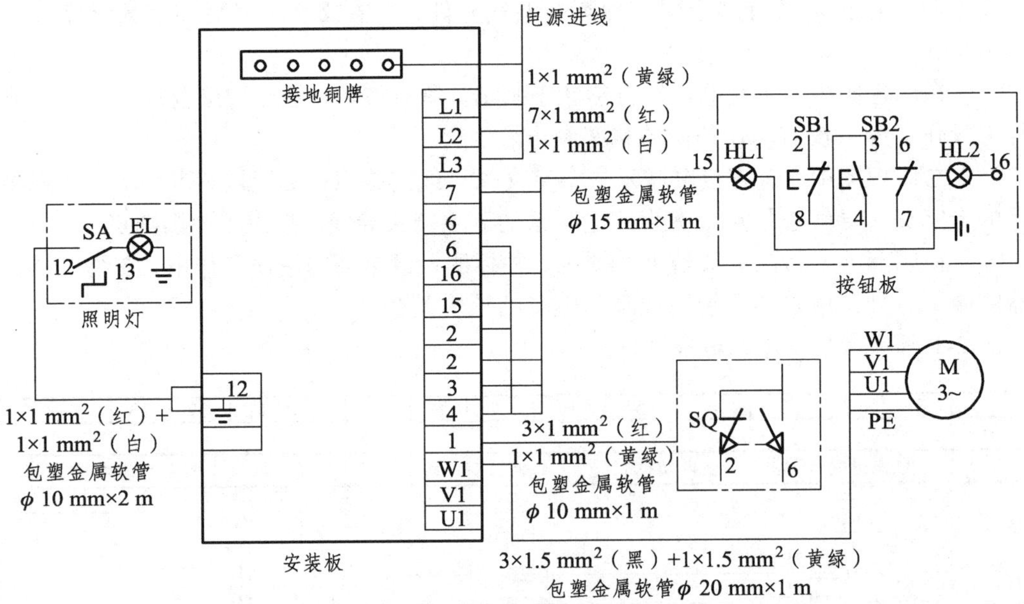

图 2-2 某机床电气接线图

根据机床设备的接线图就可以进行机床电气设备的总装接线。图中中心线框中部件的接线可根据电气原理图进行。对某些较为复杂的电气设备，电气安装板上元件较多时，还可画出安装板的接线图。对于简单设备，仅画出接线图就可以了。实际工作中，接线图常与电气原理图结合起来使用。

图 2-2 表明了该电气设备中电源进线、按钮板、照明灯、行程开关、电动机与机床安装板接线端之间的连接关系，也标注了所采用的包塑金属软管的直径和长度、连接导线的根数、截面积及颜色。如按钮板与电气安装板的连接，按钮板上有 SB1、SB2、HL1 及 HL2 四个元件。根据图 2-1 电气原理图，SB1 与 SB2 有一端相连为“3”，HL1 与 HL2 有一端相连为“地”。其余的 2、3、4、6、7、15、16 通过 $7\times1\ \text{mm}^2$ 的红色线接到安装板上相应的接线端，与安装板上的元件相连。黄绿双色线是接到接地铜排上的。所采用的包塑金属软管的直径为 15 mm 长度为 1 m。其他元件与安装板的连接关系这里不再赘述。

电气安装接线图与电气原理图有很大区别。电气原理图以表明电气设备、装置和控制元件之间的相互控制关系为出发点，以明确分析电路工作过程为目标。而电气安装接线图是以表明电气设备、装置和控制元件的具体接线为出发点，以接线方便、布线合理为目标。

在阅读电气安装接线图时，还应该注意以下几点：

（1）在电气安装接线图中，电气设备、装置和电器元件均按照国家规定的电气图形符号绘出，而不考虑其真实结构。各电器元件的图形符号、文字符号等均与电气原理图一致。

（2）电气安装接线图必须标明每条线所接的具体位置，每条线都有具体明确的线号。

（3）每个电气设备、装置和电器元件都有明确的位置，并应与实际安装位置一致，而且将每个电器元件的不同部件都画在一起，常用虚线框起来。例如，一个接触器是将其线圈、主触头、辅助触头都绘制在一起，并用虚线框起来。有的电器元件用实线框图表示出来，其内部结构全部略去，而只画出外部接线。例如，在半导体集成电路图中只画出集成块的外部接线，而在实线框内只标出电器元件的型号。

（4）不在同一控制箱和同一配电板上的各电器元件的连接是经接线端子板连接的，电气互联关系以线束表示，连接导线应标明导线参数（型号、规格、数量、截面积和颜色等），一般不标注实际走线途径。各电器元件的文字符号及端子板编号应与电路图一致，并按电路图和穿线管尺寸的接线进行连接。对于同一控制箱或同一块配电板上的各电器元件之间的导线连接，可直接连接。

（5）走线相同的多根导线可用单线表示。

（6）用连续的实线表示端子之间实际存在的导线。当穿越图面的连接线较长时，可将其中断，并在中断处加注相应的标记。

三、电器元件布置图

电器元件布置图主要是用来表明电气设备上所有电动机、电器元件的实际位置。为电气控制设备的制造、安装、维修提供必要的资料。一般包括生产设备上的操纵台、操纵箱、电气柜、电动机的位置图，电气柜内电器元件的布置图，操纵台、操纵箱上各元件的布置图等。在电器元件布置图中，机械设备的轮廓线用细实线或点画线表示，所有可见的和需要表达清楚的电器元件、设备，用粗实线绘出其简单的外形轮廓，也可以用线框表示，不必画出实际图形或图形符号，但图中各电器元件的文字符号应与电气原理图和电器元件清单上的文字符号相同。各电器元件的安装位置是由机械设备的结构和工作要求决定的，如电动机要和被拖动的机械部件在一起，行程开关应放在要取运行信号的地方，操纵元件放在操纵方便的地方，一般电器元件放在控制框内。

第二节　电气联锁方法及其表示方法

一、常用的电气联锁方法

电气联锁种类较多，主要有串联联锁、并联联锁、自持联锁、延时联锁和经济电阻线路等。

1. 串联联锁

在某电器的工作线圈前串联若干其他电器的联锁称为串联联锁。如图 2-3 所示，在继电器 J 的线圈电路中串有 a、b、c 三个电器的联锁，其中 a、b 为常开联锁，c 为常闭联锁。该电路要求在 a、b 两电器处于吸合状态，而 c 电器处于释放状态时，继电器 J 才能得电吸合，而 a、b、c 三个电器中任一个不符合上述工作状态时，继电器 J 即失电而释放。

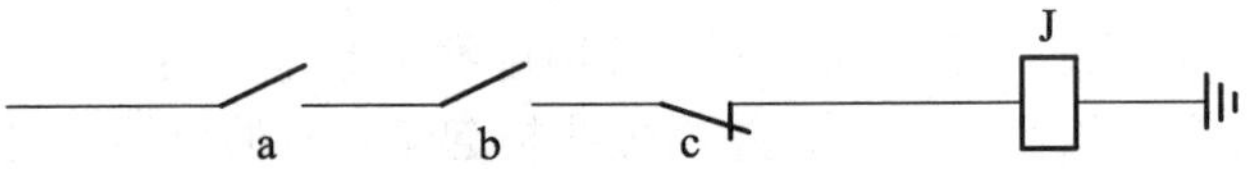

图 2-3　串联联锁

串联联锁是由多个条件来使一个电器通电，而其中任一条件的消失使电器线圈失电。在电路中凡要求满足多个条件才能接通另一电路的环节一般采用串联联锁电路。但串联联锁越多，可靠性越低，因此应尽量减少串联联锁的数量。

2. 并联联锁

在某个电器工作线圈前并联若干其他电器的联锁称为并联联锁。如图 2-4 所示，在继电器 J 的线圈前并联有 a、b、c 三个电器的联锁，其中 a、b 为常开联锁，c 为常闭联锁。该电路要求在 a、b 两电器处于释放状态，而 c 电器处于吸合状态时，继电器 J 的线圈不通电而使其处于释放状态，而 a、b、c 三个电器中任一个不符合上述工作状态时，继电器 J 得电而吸合。

并联联锁是多个条件中的任一条件构成则该电器工作线圈得电，而只有全部条件消失该电器线圈才能失电。这种联锁方法对电器动作顺序没有固定要求，电路中常用这种联锁作为双重供电线路以保证重要电路供电的可靠性。另外，对于保护电器及显示电器也采用此种联锁方法。

3. 自持联锁

在某些电器工作线圈前的电路中并联有该电器本身的常开联锁，这个联锁称为自持联锁，如图 2-5 所示。

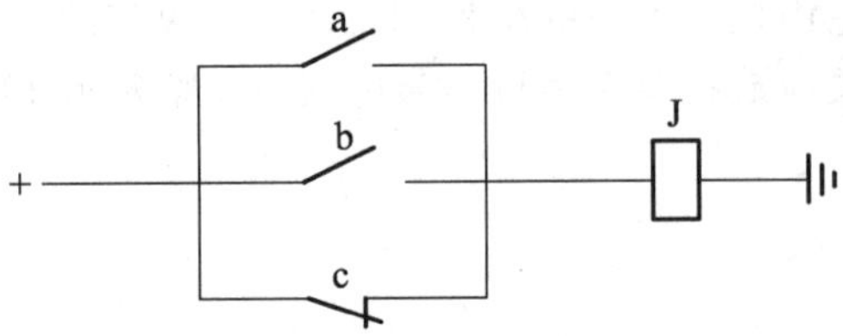

图 2-4　并联联锁

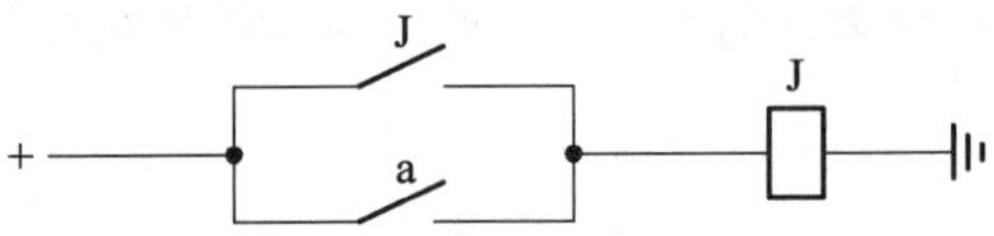

图 2-5　自持联锁

图中在继电器 J 线圈的电路中并有 a、J 的常开联锁，当 a 电器处于吸合状态时常开联锁闭合，继电器 J 线圈得电，该继电器吸合，其常开联锁闭合。此后，即使 a 电器释放，继电器 J 的线圈仍由自身的常开联锁供电保持吸合状态。只有在其常开联锁以外的电路断开时，继电器 J 的线圈才会失电。

这种电路的特点是电器吸合时需要一定的条件，在电器吸合后这种条件可能消失，但电器此时仍能保持吸合状态，只有在电路其他部分断开时，该电器才能释放。自持联锁用于电器工作的条件构成后可能又消失，但又需要在构成条件消失后，必须保持该电器持续工作的场合。

4. 延时联锁

延时联锁是指电器的线圈得电、失电与其联锁动作不同步，其符号如图 2-6 所示。

（a）延时闭合正联锁　（b）延时断开正联锁　（c）延时闭合反联锁　（d）延时断开反联锁

图 2-6　延时联锁

实现延时的方法有很多种，图 2-7 所示为在电器的工作线圈旁并联一电容，在线圈断电后，电容通过电器线圈放电，从而使电器延时释放。

5. 经济电阻线路

为了使接触器或继电器可靠吸合，同时又提高自身的返回系数，即提高电器动作的灵敏度，可在电器工作线圈的控制电路中接入电阻，构成经济电阻电路，如图 2-8 所示。

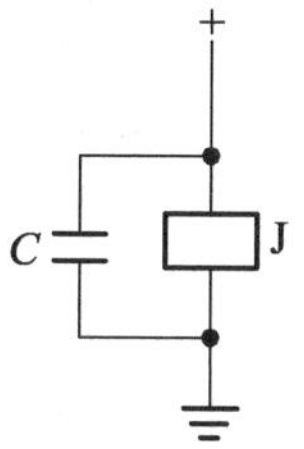

图 2-7　并联电容的延时作用

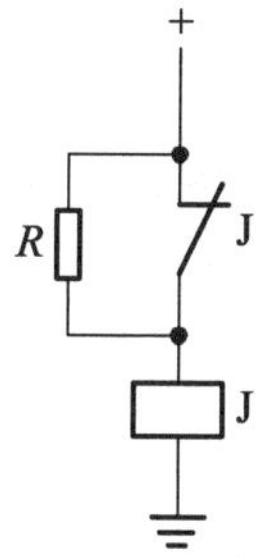

图 2-8　经济电阻线路

在继电器闭合瞬间，经济电阻被电器本身的常闭联锁短路，使继电器的安匝数得以提高，继电器可靠吸合。在继电器吸合后，其常闭联锁打开，经济电阻接入电路中，使流过继电器的电流减小，从而使继电器返回系数有所提高。

二、迁电电路及其保护

某一电器或支路在某一时刻本不应该有电，却通过其他支路窜电到该支路，这种窜电电路称为迁电电路。迁电电路会引起电器的误动作，破坏电器动作的逻辑关系，造成电路工作紊乱。迁电电路产生的原因主要是设计时考虑不周，在多条控制电路组合时产生。在机车运用或检修中接错线也可能形成迁电电路。

防止迂电电路的主要方法是在电路中串入防迂电二极管，利用二极管的单向导电性来满足要求，在日常检查中需注意二极管是否被击穿。

第三节　三相笼型异步电动机直接启动控制电路

电动机接通电源后由静止状态逐渐加速到稳定运行状态的过程称为电动机的启动。电动机的启动分为直接启动和降压启动两种方法。直接启动是指启动时加在电动机定子绕组上的线电压为额定电压。直接启动的线路简单，安装维护方便，当电动机容量较小时，应优先采用直接启动。一般规定，在现代电网容量较大的情况下，电动机功率在 10 kW 以下的，允许直接启动；超过 10 kW 的，电动机应采用降压启动。

一、手动控制电路

手动直接启动可通用操纵刀开关、转换开关或断路器等控制电动机的启动和停止，图 2-9 所示为电动机启动、运行的几种手动控制方式。这几种启动电路只有主启动电路，没有控制电路，所以无法实现自动控制。

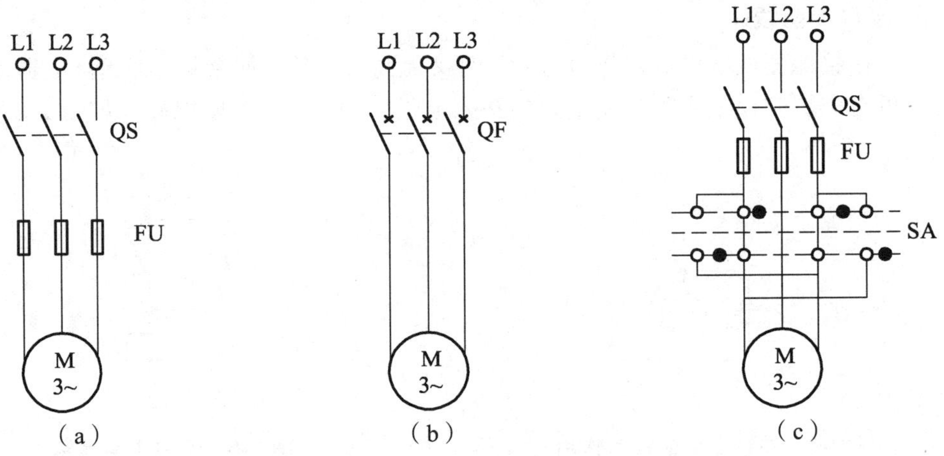

图 2-9　电动机手动启动电路

图 2-9（a）所示为刀开关控制电动机启停电路。若为胶盖闸刀开关，由于其断流能力低，所控制的电动机功率不能超过 5.5 kW。若采用铁壳开关控制，由于其灭弧能力较强、动作迅速，因此可用于控制 28 kW 以下的电动机的直接启动。

图 2-9（b）所示为断路器控制电动机启停电路。断路器除具有手动操作功能外，在电路出现故障时还能通过脱扣器实现自动保护功能。可通过合理选用带脱扣器的断路器以实现对电动机的各种保护，如用带有电流脱扣器和热脱扣器的断路器除能实现手动接通和断开电路外，还能对电路进行短路和过载保护。

图 2-9（c）所示为组合开关控制电动机正、反转电路。组合开关由于无灭弧装置，因此所控制电动机的功率也不能超过 5.5 kW，且正、反向转换时速度不能太快，以免引起大的反接制动电流，影响电器的使用寿命。

对容量较小、启动不频繁的电动机来说，手动控制是经济方便的启动控制方法。但在容量较大、启动频繁的场合，使用这种方法既不方便，也不安全。因此，目前广泛采用按钮与接触器来控制电动机的运转。

二、接触器控制的直接启动控制电路

1. 单相连续运行直接启动控制电路

接触器控制的电动机单相启动控制电气原理如图 2-10 所示。电路图分为主电路和控制电路两部分。主电路有接触器的主触点接通或断开三相交流电源，它所流过的电流为电动机的电流；控制电路由按钮和接触器辅助触点等组成，用来控制接触器线圈的通电和断电，可通过小电流，实现对主电路的控制。

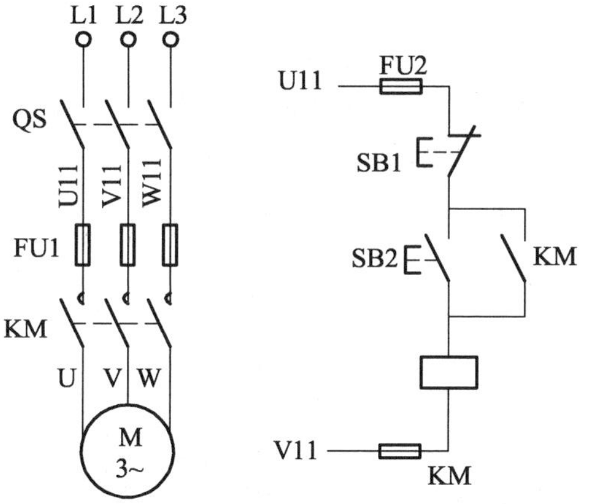

图 2-10　接触器控制的电动机单相启动控制电气原理图

启动：按下启动按钮SB2 → KM因线圈通电吸合 →
→ KM常开辅助点闭合（进行自锁）
→ KM主触点闭合 → 电动机M运转

这时松开 SB2，接触器 KM 的线圈因能通过和 SB2 并联的自锁触点（已处于闭合状态）而继续通电，电动机 M 保持运转。

停止：按下停止按钮SB1 → KM因线圈断电而释放 →
→ KM常开辅助点断开（解除自锁）
→ KM主触点断开 → 电动机M停转

这种当启动按钮松开后，控制电路仍能自动保持接通的线路，叫作具有自锁（或自保）的控制线路。与启动按钮 SB2 并联的 KM 的常开辅助触点叫作自锁（或自保）触点。

在图 2-10 中，使线圈得电电动机启动的按钮 SB2 称为启动按钮；使线圈断电电动机停止的按钮 SB1 称为停止按钮；通过接触器自身辅助动合触点保证线圈继续通电的电路称为自锁电路，起自锁作用的辅助动合触点称为自锁触点。

电路所具有的保护环节：

（1）熔断器 FU 作为电路的短路保护。

（2）欠电压保护和失电压保护。欠电压保护和失电压保护是由接触器本身的电磁机构来实现的。当电源电压下降时，运行中的电动机的电流就会上升，电压下降越严重电流上升也越严重，严重时会烧坏电动机。在具有自锁的控制线路中，当电动机运转时，电源电压降低到较低（一般在工作电压的 85%以下）时，接触器线圈的磁通则变得很弱，电磁吸力不足，动铁心在反作用弹簧的作用下释放，自锁触点断开，失去自锁，同时主触点也断开，电动机停转，得到了保护。遇到电源临时停电，在恢复供电时，如果未加防范措施而让电动机自行启动，很容易造成设备或人身事故。采用自锁控制的线路，由于自锁触点和主触点在停电时已一起断开，控制电路和主电路都不会自行接通，所以在恢复供电时，如果没有按下启动按钮，电动机就不会自行启动。

失压和欠压保护作用是按钮-接触器控制连续运行的控制线路的一个重要特点。

2. 点动与连续运行控制线路

电气设备工作时需要连续运行，有时还需要点动调整，如车刀与工件位置的调整，这就需要用电动机点动与连续运行控制电路来完成，图 2-11 所示是几种常用的可点动控制的电路。点动控制是指按下按钮时，电动机通电启动、运行，松开按钮电动机就断电、停止。

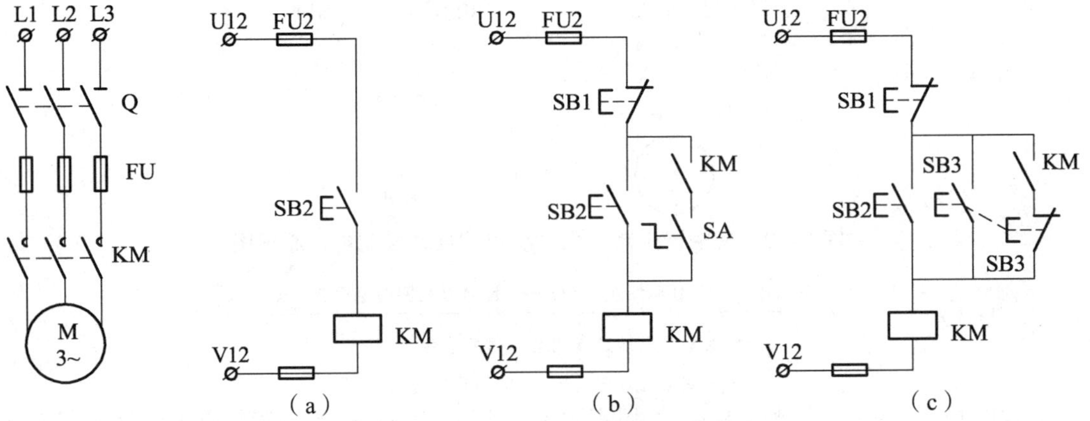

图 2-11　点动与连续控制线路

当采用图 2-11（a）所示控制电路时，由于电动机只有点动控制，运行时间较短，主电路不需要接热继电器。图 2-11（b）、（c）电路既有点动控制又有连续控制。图 2-11（b）将转换开关 SA 接通时，自锁电路有效，电路为连续控制；转换开关 SA 打开时，自锁电路被断开，电路为点动控制。图 2-11（c）中 SB2 为连续控制的启动按钮，SB3 为点动控制的按钮。按下 SB3 时，其动断触点断开，切断了自锁回路，然后动合触点接通，使 KM 线圈通电；松开 SB3 时，动合触点先断开，KM 线圈断电后，SB3 的动断触点才接通。

3. 电动机正、反转运行控制电路

电气设备的运动部件往往要求实现正、反两个方向的运动，这就要求拖动电动机能正、反向旋转。从电动机原理可知，改变电动机三相电源的相序即可改变电动机的旋转方向。而改变三相电源的相序只需要任意调换电源的两根进线。所以可逆运行控制线路实质上是两个相反的单向运行线路。但是为了避免误动作而引起电源的相间短路，在这两个相反方向的单向运行线路中加设了必要的互锁环节，如图 2-12 所示。

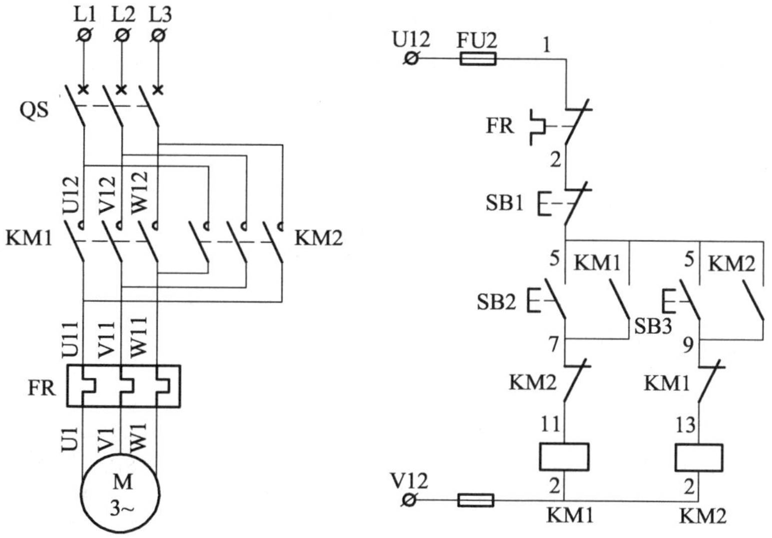

（a）　　（b）

图 2-12　具有互锁的电动机正、反转控制电路

线路要求接触器 KM1 和 KM2 不能同时通电，否则，它们的主触点同时闭合，将造成 L1、L3 两相电源短路。为此，在接触器 KM1 和 KM2 线圈各自的支路中相互串联了对方的一副常闭辅助触点，以保证接触器 KM1 和 KM2 不会同时通电。KM1 与 KM2 的这两副常闭辅助触点在线路中所起的作用称为互锁（或联锁），这两副触点叫作互锁触点（或联锁触点）。

接触器联锁正反转控制线路动作原理如下：

合上 QS，

正转控制：

按下SB2 → KM1因线圈通电而吸合 →
- → KM1常开自锁触点闭合
- → KM1主触点闭合 → 电动机M正转
- → KM1常闭触点断开，实现互锁（切断反转控制电路）

反转控制：

先按下SB1 → KM1因线圈断电而释放 →
- → KM1自锁触点断开
- → KM1主触点断开 → 电动机M停转
- → KM1互锁触点恢复闭合

再按下SB3 → KM2因线圈通电而吸合 →
- → KM2常开自锁触点闭合
- → KM2主触点闭合 → 电动机M反转
- → KM2常闭触点断开，实现互锁（切断正转控制电路）

电动机正反转控制的一种典型线路，但这种线路要改变电动机的转向时，必须先按停止按钮 SB1，再按反转按钮 SB3，才能使电动机反转，因此，此电路只能构成“正—停—反”的操作顺序。

4. 按钮联锁正反转控制线路

生产实际中为了提高劳动生产率，减少辅助工时，要求直接实现正反转的变换控制。

即操作顺序为“正—反—停”。由于电动机正转的时候，按下反转按钮时必须先断开正转接触器线圈的线路，待正转接触器释放后再接通反转接触器，为此采用两个复合按钮来实现。把图 2-12 接触器互锁正反转控制线路中接触器 KM1 与 KM2 的常闭互锁触点去掉，换上复合按钮 SB2 与 SB3 的常闭触点，同样能起到防止线圈 KM1 与 KM2 同时通电的作用，实现联锁，其控制线路如图 2-13 所示。

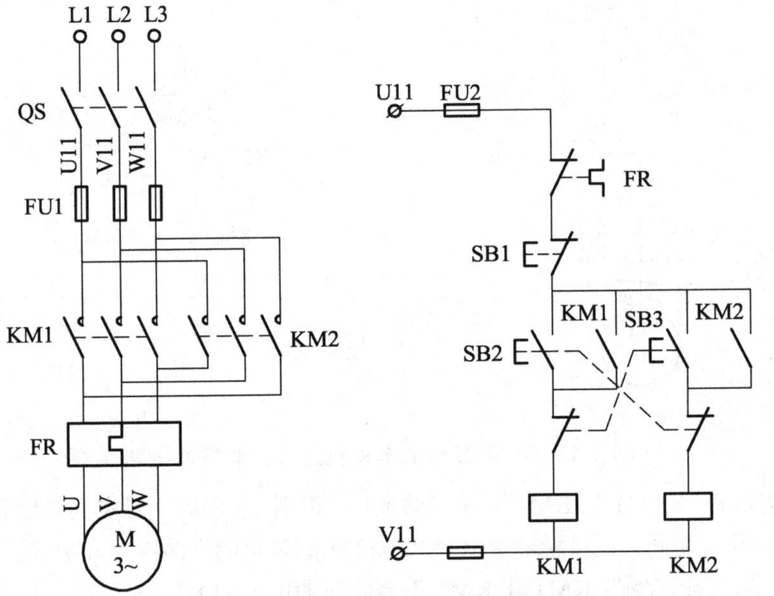

图 2-13　按钮连锁正反转控制线路

该线路的工作原理与接触器互锁正反转控制线路相似。它的特点是当需要改变电动机的转向时，只要直接按下反转按钮 SB3 就行了，不必先按停止按钮 SB1。这是因为，如果电动机已按正转方向运转时，KM1 线圈是通电的。如果按下按钮 SB3，它串在 KM1 线圈回路中的常闭触点首先断开，相当于按下停止按钮 SB1 的作用。这时，KM1 线圈断电，使电动机断电停转。随后，SB3 的常开触点闭合，接通 KM2 线圈回路，使电动机反向旋转。同样，当电动机已反向旋转时，按下 SB2，则 KM2 线圈先断电，KM1 线圈后通电，电动机就先停转后正转。这种线路是利用复合按钮动作时，总是常闭触点先断开，常开触点后闭合的特点来保证 KM1 与 KM2 线圈不会同时通电，由此实现电动机正反转的联锁控制。

这种线路操作虽方便，但是容易产生短路故障。例如，当 KM1 主触点发生熔焊或有杂物卡住时，即使其线圈断电，主触点也可能分断不开。此时，若按下 SB3，KM2 线圈通电，其主触点闭合，这就发生了 KM1 和 KM2 的主触点同时闭合的情况，必然使电源两相短路。因此，单靠复合按钮联锁线路还不够安全。

5. 按钮接触器双重联锁正反转控制线路

把图 2-12 和图 2-13 线路的优点结合起来，就组成了图 2-14 所示的具有双重联锁的正反转控制线路。这类线路既有接触器的互锁，又有按钮的互锁，操作方便、安全可靠，广泛应用于电力拖动控制系统。

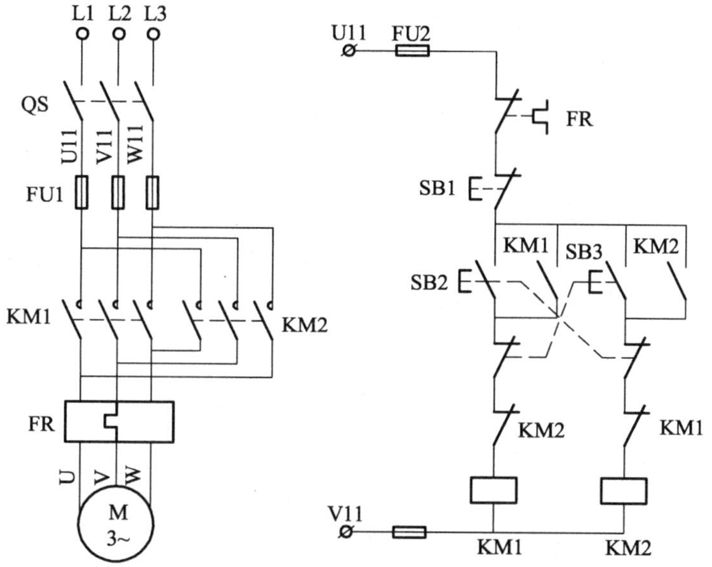

图 2-14 按钮接触器双重连锁控制线路

第四节 三相笼型异步电动机降压启动控制电路

降压启动是指将电源电压适当降低后，再加到定子绕组上进行启动，当电动机转速上升后，再将电源电压恢复至额定值。降压启动的启动电流一般为额定电流的 2～4 倍。有时为了减小和限制启动时对机械设备的冲击，即使能直接启动的电动机，也改用降低电压的启动方法。一般容量大于 10 kW 的三相笼型异步电动机是否可以采用直接启动，可根据下面的经验公式来判定：

$$\frac{I_q}{I_N} \leqslant \frac{3}{4} + \frac{\text{电源变压器的容量 (kVA)}}{4 \times \text{电动机的额定功率(kW)}} \tag{2-1}$$

式中 I_q——电动机的启动电流（A）；

I_N——电动机的额定电流（A）。

凡不满足上述条件的，均应采用降压启动。降压启动又称为减压启动。

三相电动机常用的降压启动方法有定子绕组串联电阻启动，Y-△启动，自耦变压器降压启动等。

一、定子绕组串电阻降压启动控制电路

电动机启动时在三相定子电路中串接电阻，串入的电阻起降压限流作用，使电动机定子绕组电压降低，启动结束后再将电阻短接，使电动机在额定电压下稳定运行。这种启动

方式不受电动机接线形式的限制，设备简单，因而在中小型生产机械中应用广泛。在机床线路中也常用这种串电阻降压的方式限制点动及制动时的电流。

定子绕组串电阻降压启动控制线路有手动接触器控制及时间继电器自动控制等几种形式。

1. 手动接触器控制线路

图 2-15 所示为手动接触器控制的串联电阻降压启动控制线路。由控制电路可以看出，接触器 KM1 和 KM2 是按顺序工作的，其工作原理如下：

先合上电源开关 QS。

（1）减压启动。

按一下启动按钮SB2 → KM1因线圈通电而吸合
→ KM1主触点闭合 → 电动机M串电阻降压启动
→ KM1自锁触点闭合

（2）全压运行。

当电动机转速接近额度值时，进行以下操作。

按一下启动按钮SB3 → KM2因线圈通电而吸合
→ KM2主触点闭合（*R*被短接）→ 电动机全压运行
→ KM2自锁触点闭合

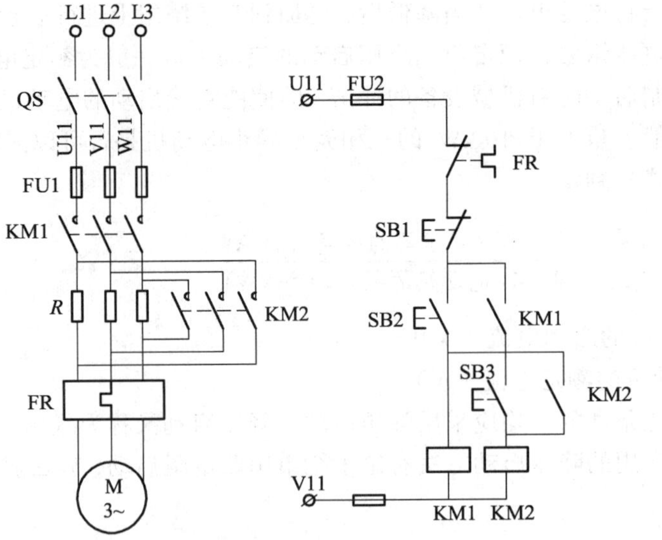

（a）　　　　（b）

图 2-15　手动接触器控制的串联电阻降压启动控制线路

该电路的缺点是，启动到全压运行是靠操作人员掌握，很不方便。若由于某种原因导致 KM2 不能动作时，启动电阻不能被短接，电动机将长期在低电压下运行，严重时将烧毁电动机。因此，应对此电路进行改进，如加互锁或信号电路。

2. 自动切除电阻的控制电路

电气控制电路中需要自动实现电路的切换时常使用时间继电器，此种控制称为时间控制原则。图 2-16 所示是使用时间继电器实现从降压至全压自动切换的控制电路，且时间可调。但图 2-16（b）所示电路在电动机运行时，接触器 KM1、KM2 和时间继电器 KT1 线圈都通电，消耗功率。为了避免这一缺点，可改进为图 2-16（c）所示电路。电路的控制过程如下：

先合上电源开关 QS。

按下SB2 → KM1线圈通电 →
- KM1主触点闭合 → 电动机M串电阻启动
- KM1常开辅助触点闭合 → KT线圈通电 →
  - KT常开瞬时动作触点闭合自锁
  - KT常开延时闭合触点延时闭合 →

→ KM2线圈通电 →
- KM2主触点闭合 → 电动机M全压运行
- KM2自锁触点闭合
- KM2常闭触点断开 → KM1线圈通电 →
  - KM1主触点断开
  - KM1常开辅助触点断开 → KT释放

这样，在电动机启动后，只有 KM2 得电使之正常运行。

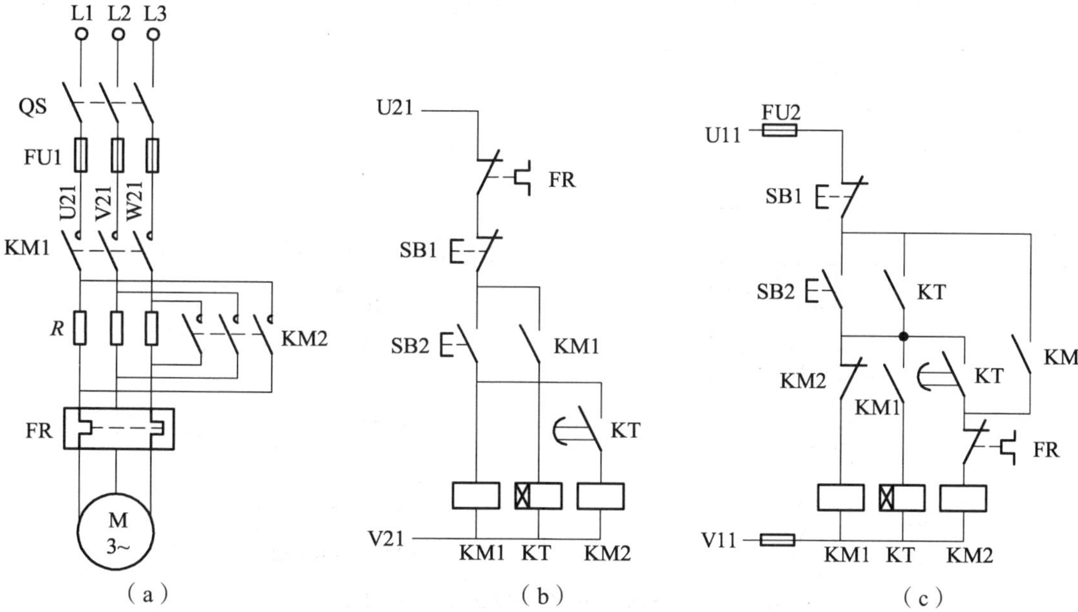

图 2-16 时间继电器控制的串电阻降压启动控制线路

该电路在正常运行时只保留 KM2 通电，使电路可靠性增加，能量损耗减小，显然比图 2-16（b）要合理。电路中时间继电器的延时时间根据电动机启动时间的长短进行调整。由于启动时间的长短与负载大小有关，负载越大，启动时间越长。负载经常变换的电动机，若对启动时间控制要求较高，需要经常调整时间继电器的整定值，就显得很不方便。

二、Y-△降压启动控制线路

凡是正常运行时定子绕组△连接的三相异步电动机，都可采用 Y-△降压启动。启动时定子绕组先接成 Y 形，由于每相绕组的电压下降为正常工作电压的，故启动电流下降为全压启动的 1/3。当转速接近一定值时，电动机定子绕组改接成△，进入正常运行。此种降压方式简便、经济，可用于操作较频繁的场合，但其启动转矩只有全压启动时的 1/3。

1. 手动控制电路

采用按钮控制的手动 Y-△减压启动控制线路如图 2-17 所示。电路的控制过程如下：先合上电源开关 QS，按下启动按钮 SB2→KM、KM_Y 线圈同时通电→KM 主触头接通电源、KM_Y 辅助触点自锁；KM_Y 主触点将电动机三相绕组尾端短接，电动机 Y 启动→电动机转速上升至一定值时，按下 SB3→KM_Y 线圈断电→KM_Y 主触点断开、KM_Y 辅助动断触点闭合，为 $KM_\triangle$ 线圈通电做好准备，同时 SB3 按钮动合触点闭合→$KM_\triangle$ 线圈通电自锁→$KM_\triangle$ 主触点闭合，电动机△运行；$KM_\triangle$ 辅助动断触点断开，使 KM_Y 线圈不能通电。

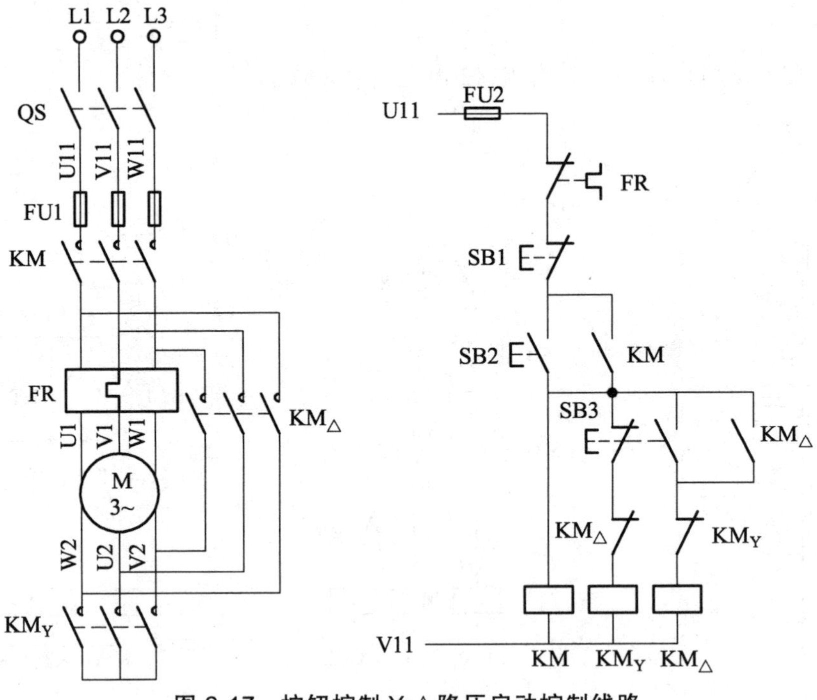

图 2-17　按钮控制 Y-△降压启动控制线路

这种运动线路由启动到全压运行，需要两次按动按钮，不太方便，并且切换时间也不易准确掌握。为了克服上述缺点，可采用时间继电器自动切换控制的 Y-△启动线路。

2. 自动控制线路

图 2-18 所示为 3 个接触器和 1 个时间继电器的按时间原则控制的电动机的 Y-△降压启动控制电路。电路的控制过程如下：

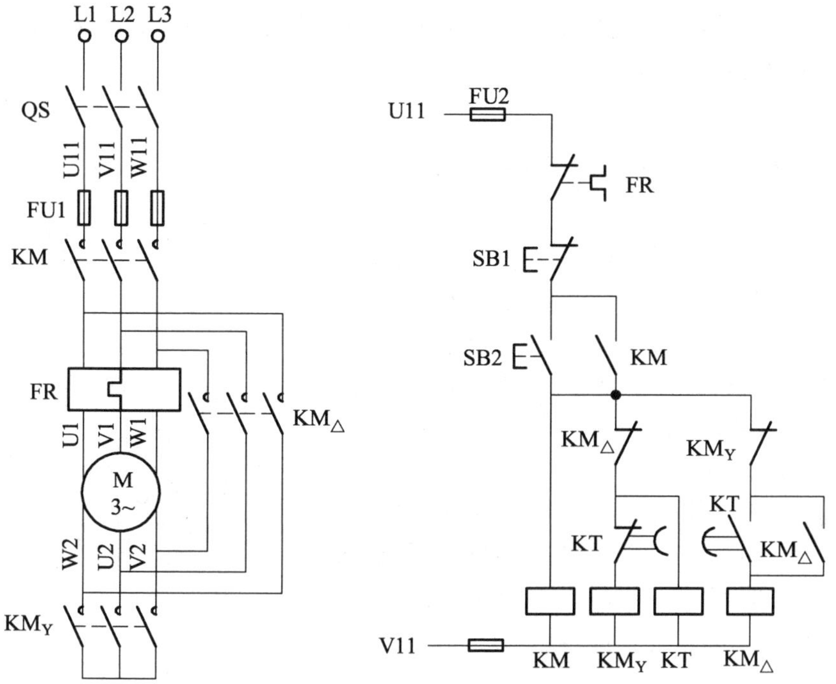

图 2-18　自动 Y-△降压启动控制线路

工作原理如下：

先合上电源开关 QS。

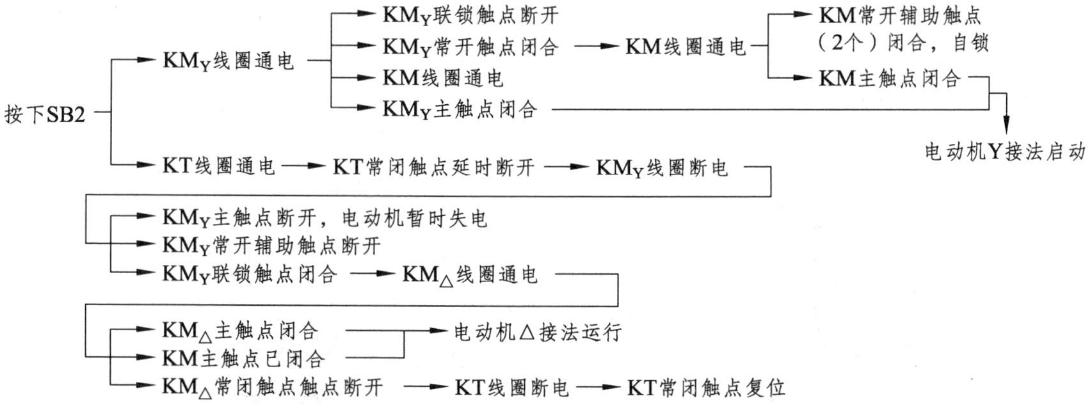

以上三个接触器控制的电路适合控制功率 13 kW 以上的电动机，对 13 kW 以下的电动机的控制可以采用两个接触器实现，此时主回路中 KM_Y 主触点其中一对直接用导线接通，另外两对用 $KM_{\triangle}$的辅助动断触点代替。在实现控制时必须注意：由于辅助触点允许断开的电流较小，因此，从 Y 切换至△时，必须让 KM 主触点断开，使电动机断开电源后，才能使 $KM_{\triangle}$通电，主触点闭合，电动机接成△。最后再由 KM 通电，使电动机再次接通电源。

电动机采用 Y-△降压启动的电路简单、成本低。但由于启动时启动电流降低为直接启动时的 1/3，启动转矩也降为直接启动转矩的 1/3。因此，这种方法仅仅适合于电动机轻载或空载启动的场合。

三、自耦变压器降压启动控制线路

自耦变压器降压启动是利用自耦变压器来降低启动时加在电动机定子绕组上的电压，达到限制启动电流的目的。当电动机启动后，转速上升到接近一定值时，短接自耦变压器，电动机进入全电压运行。采用自耦变压器降压启动时，由于用于电动机降压启动的自耦变压器通常有 3 个不同的中间抽头（匝数比一般为 65%、73%、85%），使用不同的中间抽头，可以获得不同的限流效果和启动转矩等级，因此有较大的选择余地，常用于大容量的电动机。自耦变压器启动可分为手动控制和自动控制两种。

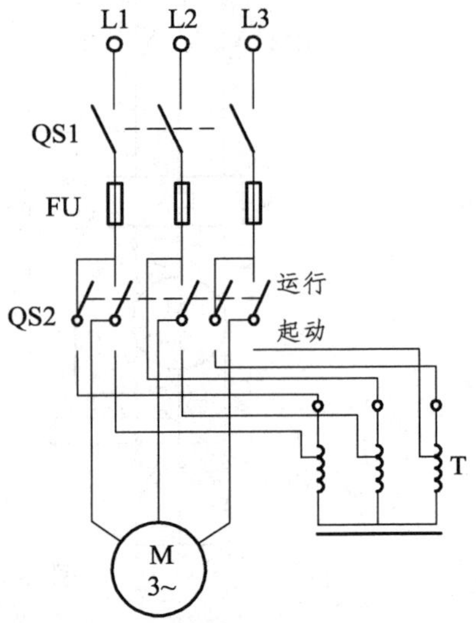

图 2-19 自耦变压器减压启动原理

1. 手动控制自耦变压器降压启动控制线路

启动原理如图 2-19 所示。电动机启动时，合上电源开关 QS1，将开关 QS2 扳向“启动”位置，使电源加到自耦变压器 T 上，电动机定子绕组与抽头连接，得到的电压是自耦变压器的二次电压，电动机进入减压启动阶段。启动完毕，再将 QS2 迅速扳向“运行”位置，自耦变压器便被脱开，使电动机直接与电源相接，电动机在全压下正常运行。

时间继电器控制自耦变压器降压启动控制线路如图 2-20 所示。

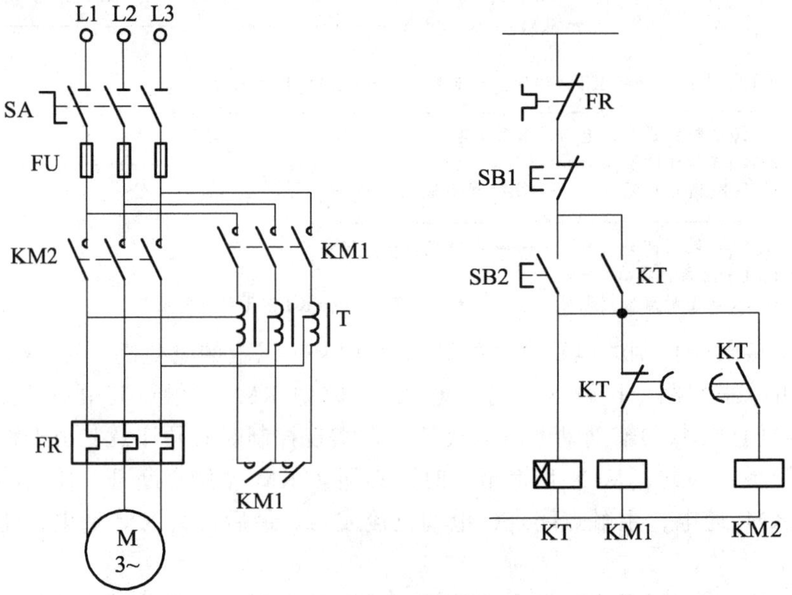

图 2-20 时间继电器控制自耦变压器降压启动控制线路

电动机启动时，合上电源开关，按下启动按钮 SB2，使接触器 KM1 的线圈和时间继电器的线圈通电，KT 瞬时动作的常开触头闭合自锁，接触器 KM1 主触头闭合将电动机定子绕组经自耦变压器接至电源开始降压启动。时间继电器经过一定延时后，其延时常闭触头打开，使接触器 KM1 线圈断电，KM1 主触头断开，从而将自耦变压器从电网上切除；其延时常开触头随即闭合，使接触器 KM2 线圈通电，于是电动机直接接到电网上运行，完成了整个启动过程。

一般工厂常有的自耦变压器启动方法是采用成品的补偿降压启动器。这种补偿降压启动器分手动和自动操作两种形式。手动操作的补偿器有 QJ3、QJ5 等型号，自动操作的有 XJ01、CTZ 系列等。

2. 用按钮接触器手动控制启动补偿器降压启动

图 2-21 所示为按钮接触器控制启动补偿器减压启动线路。工作原理如下：

先合上电源开关 QS，降压启动：按下启动按钮 SB2→KM1、KM2 线圈通电，KM2 自锁触点闭合自锁。主电路中 KM1、KM2 主触点闭合，电动机进入自耦变压器降压启动→转速上升至一定值时，按下按钮 SB3→中间继电器 KA 线圈得电，辅助动断触点断开，KM1 线圈断电；KM1 辅助动合触点断开，使 KM2 线圈断电。KM1 辅助动断触点闭合，与已闭合的 KA 辅助动合触点一起使 KM3 线圈通电且自锁，电动机进入全压运行。

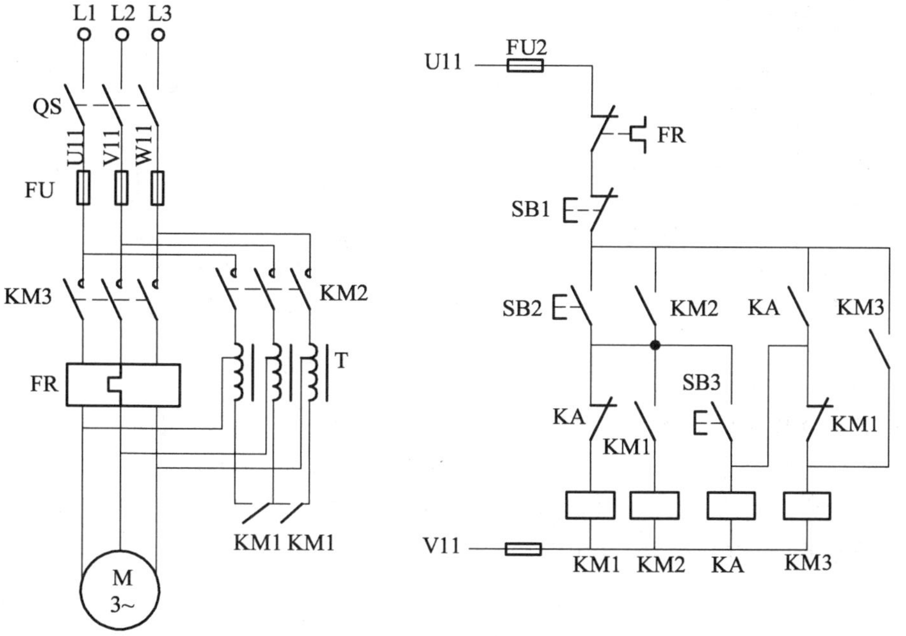

图 2-21　按钮接触器控制补偿器降压启动线路

该控制线路的优点是若启动时误按 SB3，接触器 KM3 线圈不会通电，避免了电动机直接启动；启动完毕后，接触器 KM1、KM2 均断电，即使接触器 KM3 出现故障无法闭合时，也不会使电动机在低压下运行。该控制线路的缺点是每次启动需按两次按钮，操作不便，且间隔时间也不能准确掌握。

3. 自动控制启动补偿器降压启动

在许多需要自动控制的场合，常采用时间继电器自动控制的补偿器降压启动。XJ01系列自动启动补偿器是目前广泛应用的自动控制启动补偿器，图 2-22 是其中一种自动补偿器的控制线路。工作原理如下：先合上电源开关 QS，按下启动按钮 SB3→KM1、KT线圈得电，KM1 自锁触点闭合；主电路中 KM1 主触点闭合，电动机接入自耦变压器降压启动→电动机转速上升到一定值后，此时时间继电器 KT 结束延时→KT 动合触点延时闭合，中间继电器 KA 得电自锁→KA 辅助动断触点断开，KM1 断电→KA 辅助动合触点闭合，KM1 辅助动断触点闭合→KM2 线圈得电，电动机进入全压运行。SB1、SB2 为两个异地控制的停止按钮。

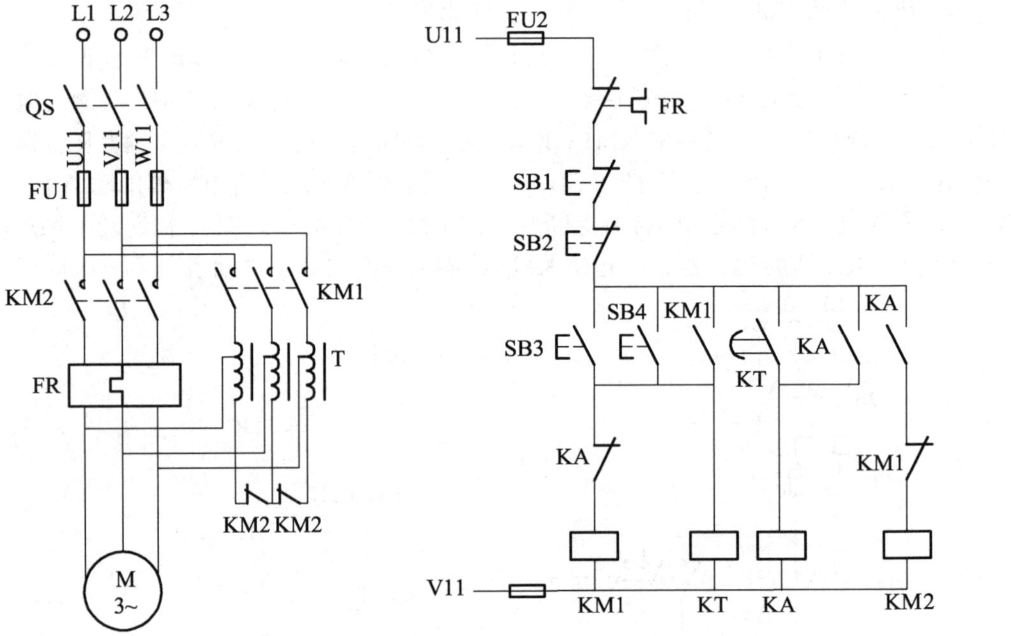

图 2-22　补偿器降压启动自动控制线路

自耦变压器降压启动比 Y-△降压启动的启动转矩大，并且可用抽头调节自耦变压器的变比以改变启动电流和启动转矩的大小。这种降压启动的缺点是需要一个庞大的自耦变压器，且不允许频繁启动。这种降压启动方法适用于 220/380 V、△-Y 接法容量较大而不能用 Y-△方法启动的电动机的降压启动。

四、延边△降压启动控制线路

采用 Y-△降压启动方法，可以在不增加专用启动设备的条件下实现减压启动，简单方便，但由于启动转矩较小，只适用于空载和轻载的状态下启动，使应用受到一定的限制。延边△减压启动是一种既不用增加启动设备，又能得到较高启动转矩的启动方法。它适用于定子绕组为特殊设计的异步电动机，这种电动机的定子绕组一般有 9 个出线端，如图 2-23 所示。

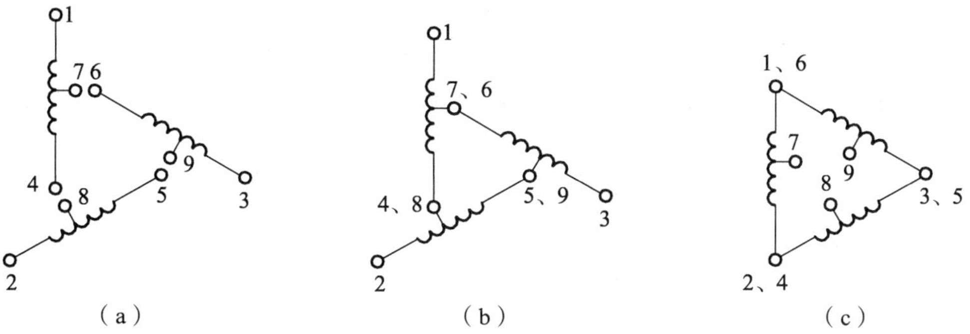

图 2-23　延边△启动电动机抽头连接方式

启动时，把定子三相绕组的一部分接成△，另一部分接成 Y，使整个绕组接成如图 2-23（b）所示的电路。由于该电路像一个△的三边延长以后的图形，所以称为延边△启动电路。从图 2-23（b）中可以看出，Y 接法部分的绕组，既是各相定子绕组的一部分，同时又兼作另一相定子绕组的降压绕组。其优点是在 1、2、3 端子接入三相 380 V 电源时，每相绕组上所承受的电压比△接法时的相电压要低，比 Y 接法时的相电压要高，启动转矩也大于 Y-△减压启动时的转矩。接成延边△时每相绕组的相电压、启动电流和启动转矩的大小，是根据每相绕组的两部分阻抗的比例（称为抽头比）的改变而变化的。在实际应用中，可根据不同的使用要求，选用不同的抽头比进行降压启动，待电动机启动运转以后，再将绕组接成△，如图 2-23（c）所示，使电动机在额定电压下正常运行。

三相笼型异步电动机定子绕组接成延边△降压启动的控制线路如图 2-24 所示。工作原理如下：

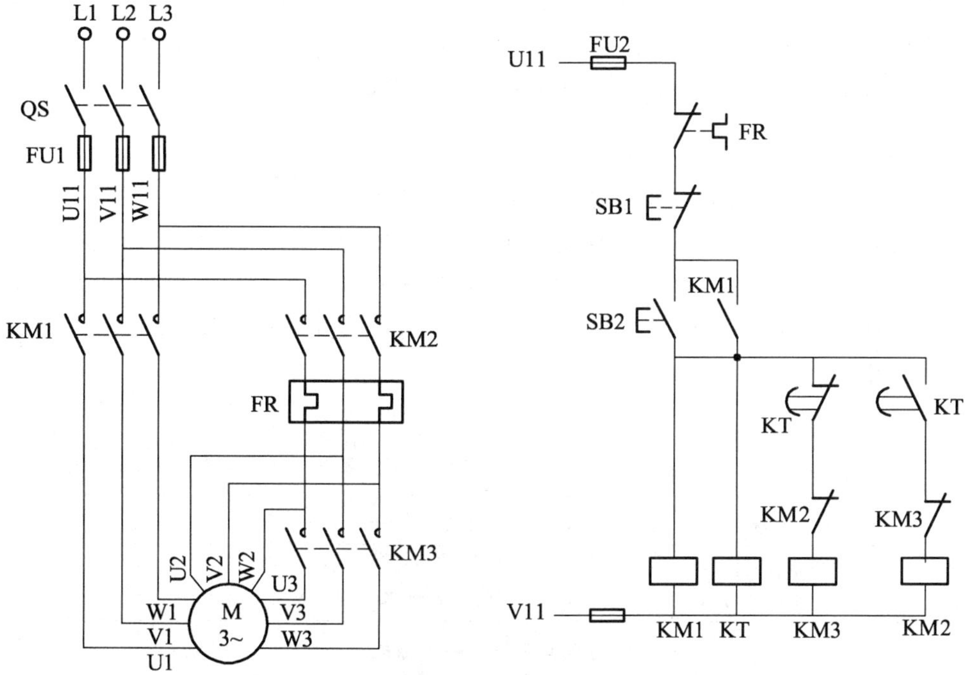

图 2-24　延边△降压启动控制线路

先合上电源开关 QS，按下启动按钮 SB2→KM3、KT 线圈得电，KM1 线圈得电自锁→KM1、KM3 主触点闭合，电动机接成延边△启动→当电动机转速达到一定值时，时间继电器 KT 延时动作→KT 延时辅助动断触点断开，KM3 线圈失电；KT 延时辅助动合触点闭合→KM2 线圈得电，电动机进入△运行。

采用延边△减压启动，其启动转矩比 Y-△减压启动大，结构比自耦变压器减压启动简单，并克服了自耦变压器不允许频繁启动的缺点，且维修方便。但使用这种方法要求电动机正常工作时是 Y-△接法，且具有 9 根出线。

第五节　三相绕线转子异步电动机启动控制线路

三相绕线式异步电动机的优点是在转子回路通过滑环外串电阻来减小启动电流，提高转子电路的功率因数，增加启动转矩。并且还可通过改变所串的电阻大小进行调速。所以在要求启动转矩较高和需要调速的场合，绕线式异步电动机得到了广泛的应用。

三相绕线式异步电动机的启动有在转子绕组中串接启动电阻和接入频敏变阻器等方法。

一、转子绕组串接电阻启动控制线路

三相绕线式异步电动机串电阻启动的方式为：串接在三相转子回路中的启动电阻，一般都接成 Y。在启动前，启动电阻全部接入电路，以减小启动电流。启动过程中启动电阻被逐段短接。启动完毕，启动电阻全部被切除，电动机在额定转速下运行。实现这种切换可以采用时间继电器控制，也可以采用电流继电器控制。

1. 时间继电器控制线路

时间继电器控制绕线式异步电动机，启动控制线路如图 2-25 所示。

转子回路三段启动电阻的短接是依靠 3 个时间继电器 KT1、KT2、KT3 和 3 个接触器的相互配合来完成的，线路中只有 KM、KM1 长期通电，而 KT1、KT2、KT3、KM2、KM3 5 只线圈的通电时间均被压缩到最低限度。延长了它们的使用寿命。

工作原理如下：先合上电源开关 QS。

按下SB2 → KM线圈通电 → 电动机M在全串电阻下启动
→ KM自锁触点闭合
→ KM辅助触点闭合 → KT1线圈通电
→ KT1常开触点延时闭合 → KM1线圈通电
→ KM1主触点闭合 → 切除R1
→ KM1常开辅助触点闭合 → KT2线圈通电 → KT2常开触点延时闭合
→ KM2线圈通电 → KM2主触点闭合 → 切除R2
→ KM2常开辅助触点闭合 → KT3线圈通电

→ KM3常开触点延时闭合 → KM3线圈通电

→ KM3主触点闭合 → 切除外接所有电阻

→ KM3自锁触点闭合

→ KM3常闭触点断开 → KT1释放 → KM1释放 → KT2释放

→ KM2释放 → KT3释放（为下次启动作好准备）

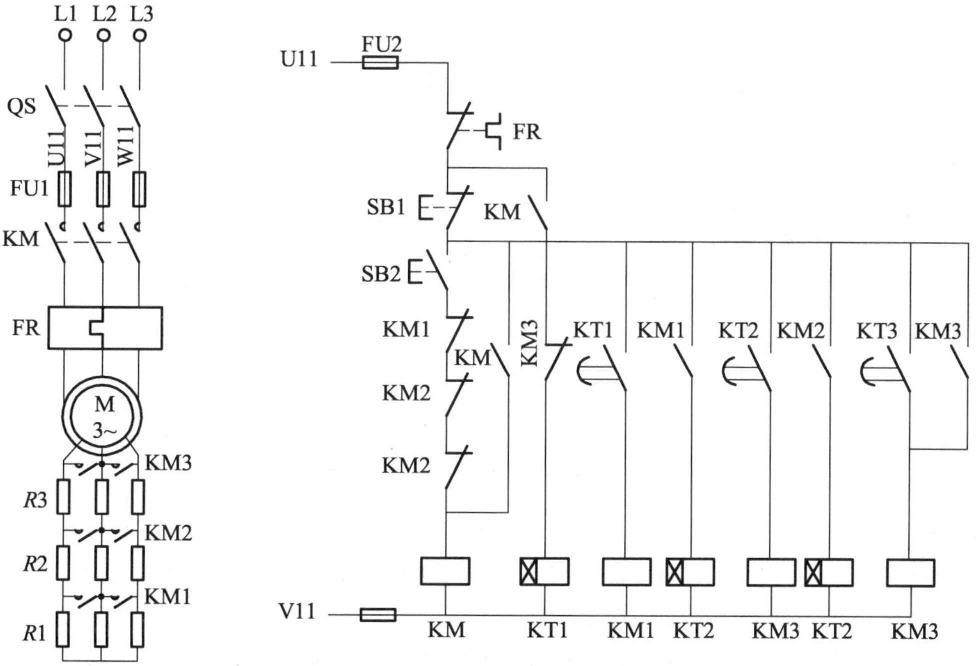

图 2-25　时间继电器控制绕线异步电动机启动控制线路

只有接触器 KM3 有自锁触点仍保持吸合。

按下停止按钮 SB1，接触器 KM、KM3 释放，电动机停转。

显然，以上线路只有当 KM1、KM2、KM3 的常闭触点均闭合，即保证 3 个接触器都处于释放状态时，按下启动按钮 SB2 才能启动，以防电动机不串电阻或只串部分电阻直接启动。

2. 电流继电器控制线路

电流继电器控制的绕线式异步电动机转子回路串电阻启动控制线路如图 2-26 所示，它是根据电动机在启动过程中转子回路里电流的大小来逐级切除电阻的。在图 2-26 中，KI1 和 KI2 是过电流继电器，它们的线圈串接在电动机转子回路中，KI1 和 KI2 的选择原则是它们的吸合电流可以相等，但释放电流不等，KI1 的释放电流大于 KI2 的释放电流。

工作原理为：按下启动按钮 SB2，接触器 KM1 通电吸合并自锁，其常开触点闭合，电动机 M 开始串电阻启动。同时中间继电器 KA 也通电吸合，这时由于启动过程刚开始，故启动电流很大，使 KI1 和 KI2 吸合，KI1 和 KI2 的常闭触点断开，保证接触器 KM2 与

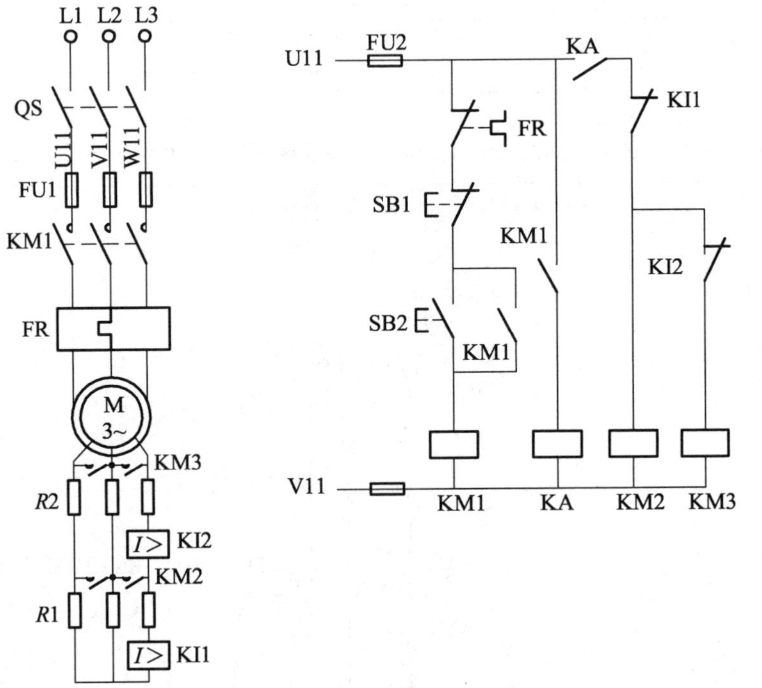

图 2-26 电流继电器控制转子回路串电阻启动的控制线路

KM3 处于释放状态，全部启动电阻均串入转子回路。随着电动机转速的逐渐升高，转子回路中电流逐渐减小。当小到 KI1 的释放电流值时，KI1 便释放，其常闭触点闭合，接通接触器 KM2，KM2 的主触点闭合，短接了电阻 R1。当 R1 被切除后，转子电流重新增大，这时 KI1 线圈已被短接，不会再通电，而 KI2 仍在吸引状态，但随转速继续上升，转子电流又会减小，当小到 KI2 的释放电流值时，KI2 便释放，其常闭触点闭合，使接触器 KM3 通电吸合，短接电阻 R2，电流又重新增大，使电动机转速继续上升到额定值，完成整个启动过程。

线路中中间继电器 KA 的作用是保证刚开始启动时，接入全部启动电阻。由于电动机开始启动时，启动电流由零增大到最大值需一定的时间，有可能出现 KI1 和 KI2 还未动作，KM2 和 KM3 的吸合将电阻 R1 和 R2 短接。相当于电动机直接启动。线路中采用了中间继电器 KA 以后，不管 KI1 和 KI2 有无动作，开始启动时可由 KA 的常开触点来切断 KM2 和 KM3 线圈的通电回路，就保证了启动时电阻全部接入转子回路。

二、转子绕组串接频敏变阻器启动控制线路

绕线式异步电动机转子绕组串接电阻的启动方法，在电动机的启动过程中，由于电阻是逐级减小的，在减小电阻的瞬间，电流及转矩会突然增加，产生一定的机械冲击。同时，串接电阻启动的控制线路复杂，使用的电器较多，工作很不可靠。而且电阻本身比较笨重，能耗大、控制箱的体积大。

从 20 世纪 60 年代开始，我国开始推广自己独创的频敏变阻器。频敏变阻器实质上是一个铁损很大的三相电抗器，它的阻抗值随着电流频率的变化而显著地变化。电流频率高

时，阻抗值也高；电流频率低时，阻抗也低。频敏变阻器的这一特性非常适用于控制异步电动机的启动过程。频敏变阻器串在绕线式异步电动机的转子回路中，开始启动时，由于转差率 s 最大（接近于 1），转子电流频率也最高，它的阻抗也就最大；随着电动机转速上升，转差率 s 减小，转子电流的频率降低，变阻器的阻抗也随之减小。因此，绕线式异步电动机的整个启动过程中等效电阻逐渐自动变小，而转矩基本保持不变。因为频敏变阻器的阻抗能够随着转子电流频率的下降而自动减小，所以它是绕线转子异步电动机较为理想的一种启动设备，常用于较大容量的绕线式异步电动机的启动控制。

1. 频敏变阻器控制线路

采用频敏变阻器的启动控制线路如图 2-27 所示，该线路可以实现自动及手动两种控制。

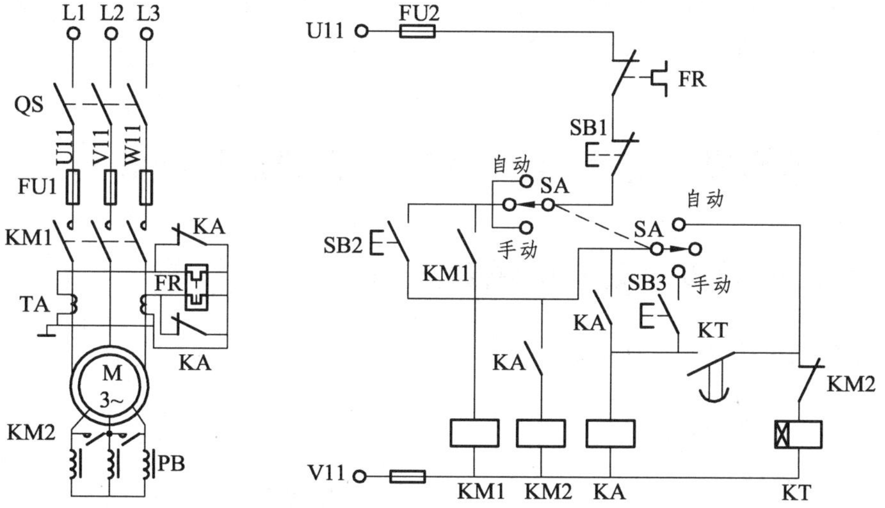

图 2-27　绕线式异步电动机频敏变阻器启动控制线路

当转换开关 SA 置于“自动”位置时，动作原理如下：

先合上电源开关 QS。

按下SB2 →
- KM1线圈通电 →
  - KM1自锁触点闭合
  - KM1主触点闭合 → 电动机M串接PB启动
- KT线圈通电 → KT常开触点延时闭合 → KA线圈通电 →
  - KM1自锁触点闭合
  - KA两对常闭触点断开 → FR的热元件接入电路
  - KA常开触点闭合 → KM2线圈通电 →
    - KM2常闭触点断开 → KT线圈断电 → KT触点复位，为下次起动做好准备
    - KM2主触点闭合（短接PB，电动机M启动结束，正常运行）

当转换开关 SA 置于“手动”位置时，时间继电器 KT 将不起作用，利用按钮 SB3 控制中间继电器 KA 和接触器 KM2 的动作。

此线路适用于电动机启动电流大，启动时间较长的场合。用电流互感器 TA 可以降低热元件中流过的电流，在热元件旁并接中间继电器 KA 的常闭触点，是为了防止启动电流流过热元件而产生误动作。

2. 频敏变阻器的调整

频敏变阻器上有 4 个接头，1 个接头标为 N，在另外 3 个接头中，接头 1 到 N 间为 100%的匝数，2 到 N 间为 85%的匝数，3 到 N 间为 71%的匝数，出厂时线接在 2 到 N 接头上。

频敏变阻器的上、下铁心由 4 颗拉紧螺栓固定，拧开拉紧螺栓上的螺母，可以在上、下铁心之间增减非磁性垫片，即可调整磁路中的空气间隙。出厂时上、下铁心间气隙为零。

如在使用中遇到下列情况，应调整频敏变阻器的匝数和气隙。

（1）启动电流大，启动太快。可换接接头，使匝数增加，阻抗变大，减小启动电流，同时启动转矩也减小。反之，应换接接头，使匝数减少。

（2）在刚启动时，启动转矩过大，机械冲击大，但启动完毕后稳定转速又偏低。这时可在上、下铁心之间增加气隙。增加气隙的效果是启动电流略有增加，启动转矩略有减少，但启动完毕后转矩增大，从而提高了稳定转速。

第六节　三相异步电动机的调速控制线路

一、三相异步电动机的调速方法

由异步电动机的工作原理可知，异步电动机的转速为

$$n = n_1(1-s) = \frac{60 f_1}{p}(1-s)$$

式中　n_1——同步转速；

s——转差率；

f_1——电源频率；

p——磁极对数。

可见若要改变异步电动机的转速，可以有以下三个途径：

（1）改变电动机的磁极对数 p，以改变电动机的同步转速 n_1 从而达到调速的目的，这种调速方法称为变极调速。

（2）改变电动机的转差率 s 进行调速。如定子调压调速、转子回路串电阻调速、串级调速等。

（3）改变电动机的电源频率 f_1，以改变同步转速 n_1，进行调速，称为变频调速。

在这些调速方法中，变频调速和串级调速性能好，但控制线路复杂，一般用在调速要求较高的场合。常用的简易调速方法是采用改变电动机定子绕组磁极对数（变极调速），即用减少电动机磁极对数的方法来提高电动机的转速。

二、三相异步电动机的变极调速

笼型异步电动机往往采用两种方法来改变绕组的磁极对数；一是改变定子绕组的连接

方法，二是在定子上设置具有不同极对数的两套互相独立的绕组。有时候同一台电动机为了获得更多的速度等级（如三个以上的速度等级），可同时采用上述的两种方法。在变极调速中广泛使用的是双速异步电动机。

图 2-28 为 4/2 极的双速异步电动机定子绕组接线示意图。其中图 2-28（a）为电动机的三相定子绕组接成△连接，三个电源线连接在接线端 U_1、V_1、W_1；每根绕组的中点接出的接线端 U_2、V_2、W_2悬空，每相绕组的线圈分成两段，此时电动机磁极为 4 极，同步转速 1 500 r/min，为低速工作。

若把电动机绕组接线端 U_1、V_1、W_1连在一起，三相交流电源分别接到 U_2、V_2、W_2的 3 根接线端上，则原来定子绕组的△接线变为双 Y 接线。此时，每相绕组中的两个线圈相互并联，电动机绕组为双 Y 连接，电动机磁极为 2 极，如图 2-28（b）所示。此时同步转速为 3 000 r/min，电动机以高速工作。

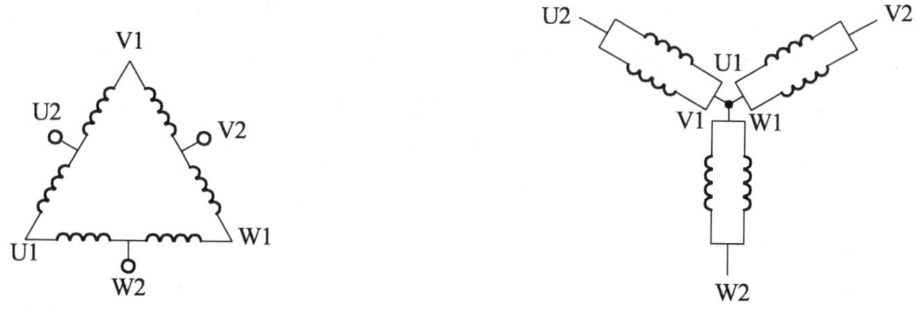

（a）△接法——低速　　（b）双 Y 接法——高速

图 2-28　双速电动机定子绕组接线图

双速电动机的控制线路有多种，下面介绍 3 种常用的控制线路。

1. 接触器控制双速电动机控制线路

用按钮和接触器控制双速电动机的控制线路如图 2-29 所示。工作原理如下：

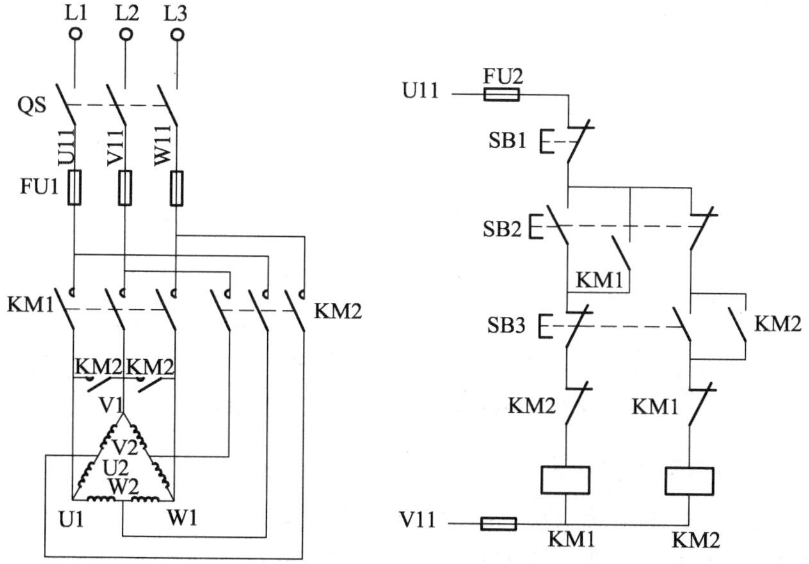

图 2-29　接触器控制双速电动机控制线路

先合上电源开关 QS，按下低速启动按钮 SB2，SB2 常闭触点先断开，对高速继电器 KM2 联锁，SB2 常闭触点后闭合，低速继电器 KM1 线圈通电，KM1 自锁触点闭合，主触点闭合，联锁触点断开，电动机定子绕组接成△，电动机低速运行。

若需换为高速运转，可按下高速启动按钮 SB3，SB3 常闭触点先断开，低速继电器 KM1 线圈断电，KM1 自锁触点断开，主触点断开，联锁触点闭合，同时 SB3 常闭触点后闭合，高速继电器 KM2 线圈通电，KM2 自锁触点闭合，联锁触点断开，主触点闭合，电动机接成双 Y 高速运行。

2. 时间继电器控制双速电动机自动加速的控制线路

有时为了减小高速启动时的能耗，启动时电机先以△连接启动，然后自动地转为双 Y 运行，这个过程可以用时间继电器控制，如图 2-30 所示。工作原理如下：

先合上电源开关 QS，按下 SB2，KT 线圈通电，KT 常闭触点（13-15）瞬时断开，常开触点（5-9）瞬时闭合，KM1 线圈通电，KM1 触点（3-5）闭合自锁，主触点闭合，电动机接成△低速启动。KM1 触点（5-19）闭合，KA 线圈通电，KA（5-19）闭合自锁，KA（3-5）闭合自锁，KA（5-13）闭合，KA（5-7）断开，使得 KT 线圈断电，KT（13-15）延时闭合，KT（5-9）延时断开，KM1 线圈断电，KM1（3-5）断开，KM1（5-19）断开，KM1 主触点断开，KM1（15-17）闭合，KM2 线圈通电，KM2（9-11）断开，KM2 主触点闭合，电动机便自动地从△接线的低速运转改变成双 Y 高速运转。

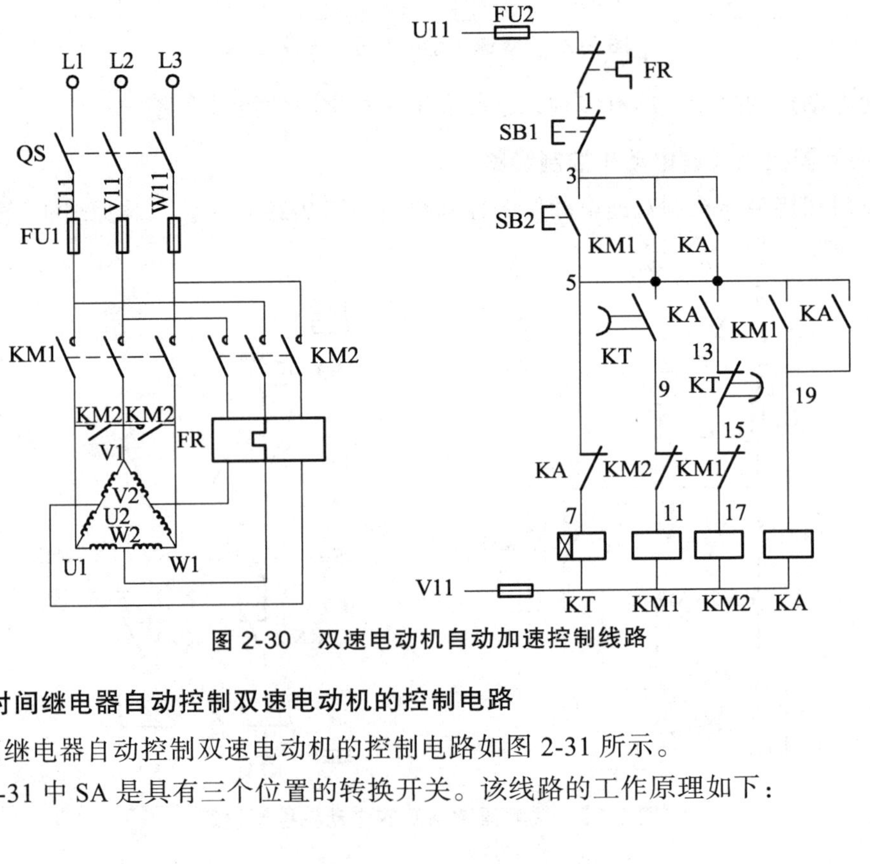

图 2-30 双速电动机自动加速控制线路

3. 时间继电器自动控制双速电动机的控制电路

时间继电器自动控制双速电动机的控制电路如图 2-31 所示。

图 2-31 中 SA 是具有三个位置的转换开关。该线路的工作原理如下：

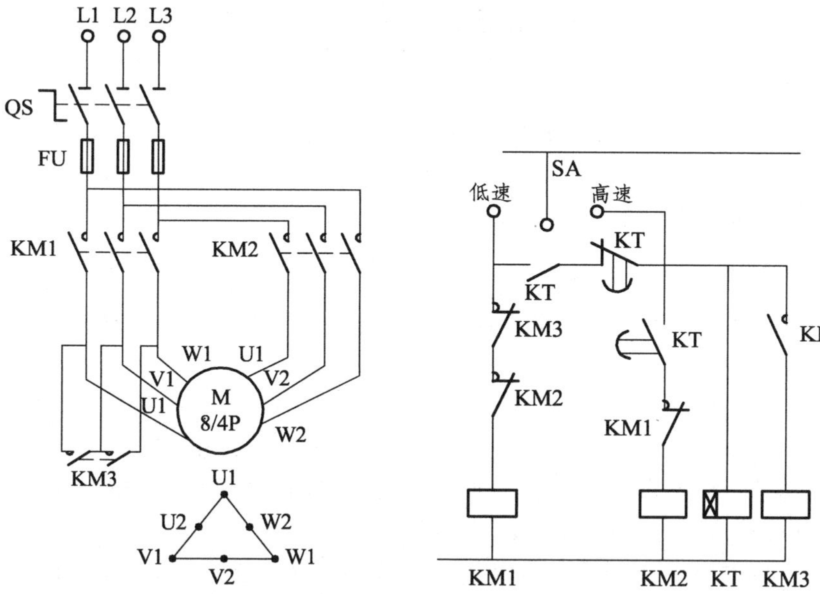

图 2-31　时间继电器控制双速电动机的控制电路

当开关 SA 扳到中间位置时，电动机处于停止。如把 SA 扳到标有“低速”的位置时，接触器 KM1 线圈通电动作。电动机定子绕组的三个出线端 U_1、V_1、W_1 与电源相连接，电动机定子绕组连接成△，以低速运行。

如把 SA 扳到标有“高速”的位置时，时间继电器线圈首先通电动作，它的常开瞬动触头 KT 瞬时闭合，解除其 KM1 线圈获电动作，使电动机定子绕组连接成△，首先以低速启动。经过一定的延时，时间继电器 KT 的常闭触头延时断开，接触器 KM1 线圈断电释放，时间继电器 KT 的延时常开触头延时闭合，接触器 KM2 线圈得电动作，紧接着解除其 KM3 线圈得电动作，使电动机定子绕组联成双 Y，以高速运转。

第七节　三相异步电动机的制动控制线路

三相异步电动机从切断电源到完全停止旋转，由于惯性，总要经过一段时间。这往往不能适应某些生产机械的要求，如万能铣床、卧式镗床、组合机床等。无论从提高生产效率，还是从安全准确停位等方面考虑，都需要电动机能迅速停转。所以就需要采用一些使电动机在切断电源后就迅速停转的措施，这种措施称为电动机的制动。异步电动机的制动措施分两类：机械制动和电气制动。机械制动是用机械装置来强迫电动机迅速停车；电气制动实质上是在电动机停车时，产生一个与原来旋转方向相反的制动转矩，迫使电动机转速迅速下降。

一、机械制动控制线路

在切断电源以后，利用电磁铁操纵机械装置迫使电动机迅速停转的方法称为机械制动。应用较普遍的机械制动装置是电磁抱闸。

1. 电磁抱闸的结构

电磁抱闸主要包括两部分：制动电磁铁和闸瓦制动器。制动电磁铁由铁心、衔铁和线圈三部分组成，并有单相和三相之分。闸瓦制动器由闸轮、闸瓦、杠杆和弹簧等部分组成，闸轮与电动机装在同一根轴上。

2. 电磁抱闸断电制动控制线路

电磁抱闸断电制动控制线路有断电制动和通电制动两种。断电制动控制线路如图 2-32 所示，其工作原理如下：

合上电源开关 QS，按启动按钮 SB2，KM 通电吸合，电磁抱闸线圈 YB 通电，使抱闸的闸瓦与闸轮分开，电动机启动。当需要制动时，按停止按钮 SB1，KM 断电释放，电动机的电源被切断。与此同时，电磁抱闸线圈 YB 也断电，在弹簧的作用下，使闸瓦与闸轮紧紧抱住，电动机被迅速制动而停转。

这种制动比较安全可靠，不会因中途断电或电气故障而造成故障。缺点是电源切断后，电动机轴就被制动刹住不能转动，而有些生产机械有时还需要用人工将电动机的转轴转动，这时应采用通电制动控制线路缓解制动。

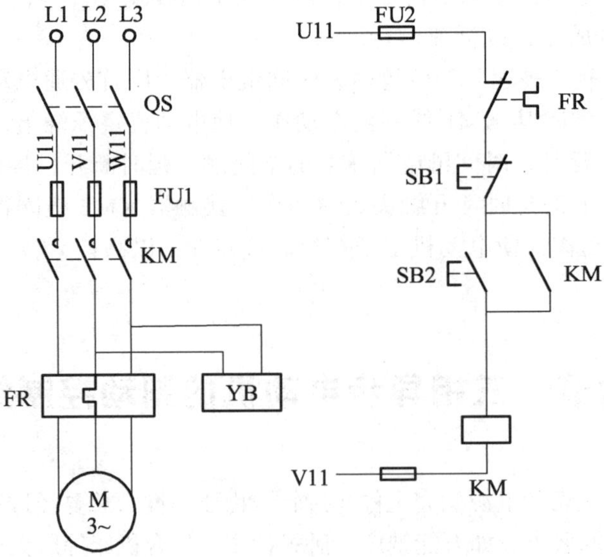

图 2-32　电磁抱闸断电制动控制线路

3. 电磁抱闸通电控制线路

图 2-33 所示为电磁抱闸通电控制线路。该控制线路与断电制动型不同，制动的结构也有所不同。在主电路有电流流过时，电磁抱闸线圈没有电压，这时抱闸与闸轮分开。按下停止按钮 SB1 时，主电路断电，通过复合按钮 SB1 常开触点的闭合，使 KM2 线圈通电，电磁抱闸 YB 的线圈通电，抱闸与闸轮抱紧进行制动。当松开按钮 SB1 时，电磁抱闸 YB 线圈断电，抱闸又松开。

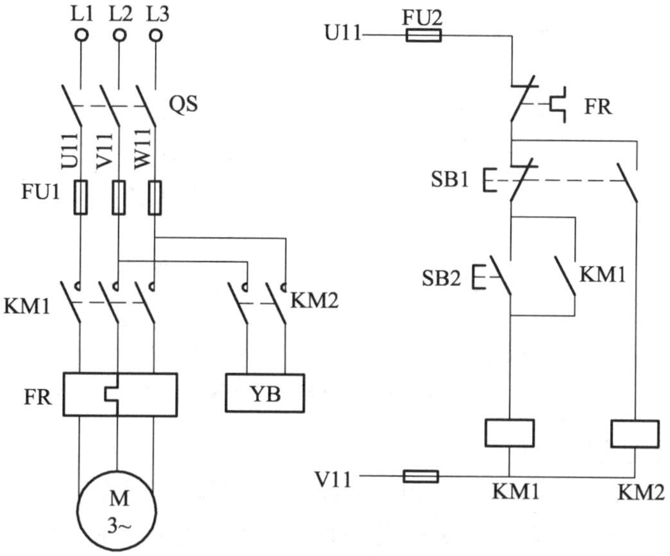

图 2-33 电磁抱闸通电制动控制线路

这种制动方法在电动机不转动的常态下，电磁抱闸线圈无电流，抱闸与闸轮也处于松开状态。这样如用于机床，在电动机未通电时，可以用手扳动主轴进行调整和对刀。

该控制线路的优点是，只有将停止按钮 SB1 按到底，接通 KM2 线圈时才有制动作用，如果不需制动，可不将 SB1 按到底。这样就可以根据实际需要，掌握制动与否，从而延长了电磁抱闸的使用寿命。

二、电气制动控制线路

在电动机切断电源后，产生一个和电动机实际转动方向相反的电磁力矩，迫使电动机迅速停转的方法称为电气制动。常用的电气制动方法有反接制动和能耗制动等。

1. 反接制动控制线路

反接制动就是将运动中的电动机电源反接（任意对调电动机的两相电源引入线），产生与原来旋转方向相反的旋转磁场及制动电磁转矩，转子受到与原旋转方向相反的制动力矩而迅速停转，其原理如图 2-34 所示。图中要使正在以 n_2 方向旋转的电动机迅速停转，可先拉开正转接法的电源开关 QS，使电动机与三相电源脱离，转子由于惯性仍按原方向旋转，然后将开关 QS 投向反接制动侧，这时由于 U、V 两相线对调了，产生的旋转磁场 Φ 方向与先前的相反，从而在电动机转子中产生了与原来相反的电磁转矩，即制动转矩，这个转矩使电动机转速迅速下降而实现制动。

在上述制动过程中，当制动转子转速接近零时，如不及时切断电源，电动机将会反向启动。因此，必须在反接制动中采取一定的措施，保证当电动机的转速制动到零时迅速切断电源，防止反向启动。通常用速度继电器检测电动机转速变化，自动控制及时切断电源。

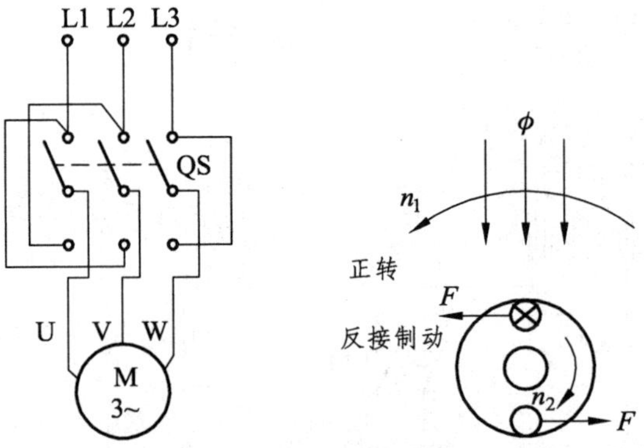

图 2-34　反接制动原理

（1）单向反接制动控制线路。

反接制动的关键在于电动机电源相序的改变，且当转速下降接近于零时，能自动将电源切除。为此采用速度继电器 KS 来检测电动机的速度变化。在 120 ~ 3 000 r/min 时，速度继电器触头动作；当转速低于 100 r/min 时，其触头恢复原位。

单向反接制动控制线路如图 2-35 所示。

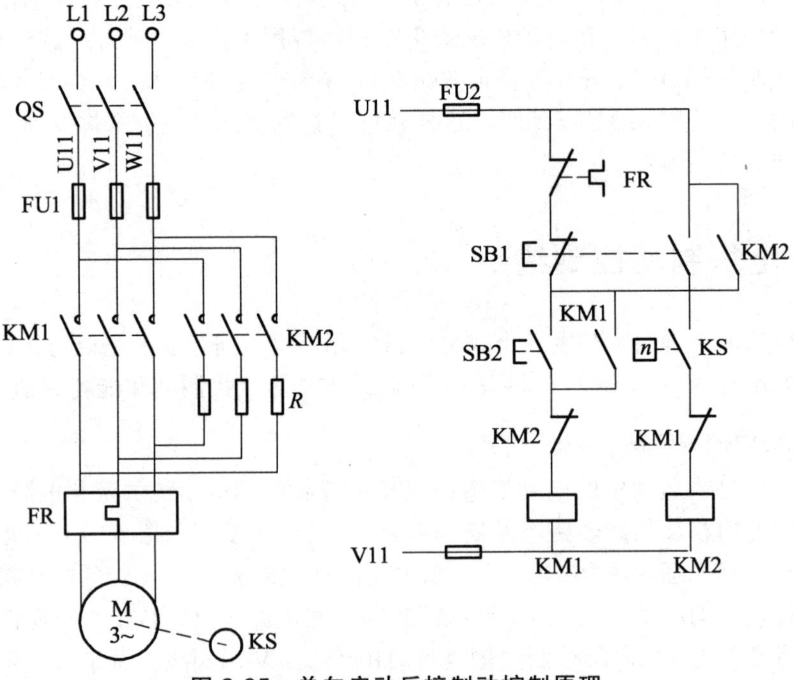

图 2-35　单向启动反接制动控制原理

它的主电路与正反转控制的主电路基本相同，只是增加了 3 个限流电阻 R。图 2-35 中 KM1 为正转运行接触器，KM2 为反转运行接触器，速度继电器 KS 与电动机 M 用虚线相连表示同轴。工作原理如下：

合上电源开关 QS。

单向启动：

按下 SB2，KM1 线圈通电，KM1 自锁触点闭合。互锁触点断开，主触点闭合，电动机 M 启动运转，转速升至一定值，KS 触点闭合，为反接制动做准备。

反接制动：

按下 SB1，SB1 常闭触点先断开，KM1 线圈断电，KM1 自锁触点断开，KM1 主触点断开，电动机断电做惯性运转；SB1 常开触点后闭合，同时 KM1 互锁触点闭合，使 KM2 线圈通电，KM2 自锁触点闭合，互锁触点断开，主触点闭合，电动机 M 串 R 反接制动，当转速降至一定值时，KS 触点断开，使 KM2 断电，KM2 自锁触点断开，互锁触点闭合，主触点断开，电动机 M 脱离电源，制动结束。

由于反接制动时，旋转磁场与转子的相对转速很高（n_1+n_2），感应电动势很大，所以转子电流比直接启动时的电流还大。反接制动电流一般是电动机额定电流的 10 倍左右，故在主电路中串联电阻以限制反接制动电流。电动机定子绕组正常工作时的相电压为 220 V 时，若要限制反接制动电流不大于启动电流，则三相电路每相应串入的电阻值可根据经验公式估算如下

$$R \approx 1.5 \times \frac{220}{I_q} (\Omega)$$

式中　I_q——电动机全压的启动电流（A）。

如果反接制动只在两相中串联电阻，则电阻应取上述估算值的 1.5 倍，当电动机容量较小时，也可不串接限流电阻。

（2）可逆启动反接制动控制线路。

可逆启动反接制动控制线路如图 2-36 所示。工作原理如下：

合上电源开关 QS。

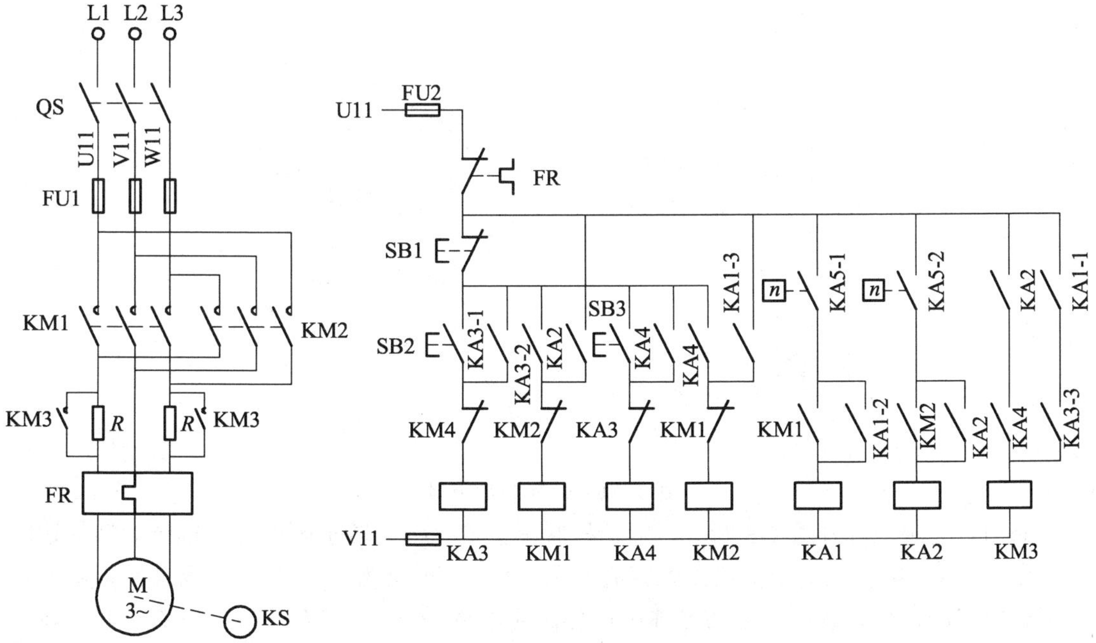

图 2-36　双向启动反接制动控制线路

正转启动过程：

按下 SB2，KA3 线圈通电，自锁触点 KA3-1 闭合，联锁触点 KA3 断开，KA3-3 触点闭合（为 KM3 通电做准备）KA3-2 常开触点闭合，KM1 线圈通电，KM1 互锁触点断开，KM1 常开触点闭合（为 KA1 线圈通电做准备），KM1 主触点闭合，电动机串 *R* 减压启动，转速至一定值时，KV5-1 触点闭合，KA1 线圈通电。KA1-3 触点闭合（为 KM2 线圈通电做准备），KA1-1 触点闭合，KM3 线圈通电，KM3 主触点闭合（电阻 *R* 被短接）电动机全压运行。

停车制动过程：

按下 SB1，KA3 线圈断电，KA3-3 触点断开，KM3 线圈断电，KM3 主触点断开，电阻 *R* 串入。KA3-2 触点断开，KM1 线圈断电。KM1 主触点断开，电动机断电（惯性运转）；KM1 互锁触点闭合，KM2 线圈通电，KM2 主触点闭合，电动机反接制动，转速降至一定值，KA5-1 断开，KA1 线圈断电，KA1-3 触点断开，KM2 线圈断电，KM2 主触点断开（制动结束）。

相反方向的启动和制动控制原理同上，请读者自行分析。

进行反接制动时，由于反向旋转磁场和电动机做惯性旋转的方向相反，因而转子与反向旋转磁场的相对速度接近于两倍同步转速，所以转子电流很大，定子绕组里的电流也很大，约等于全压启动时电流的两倍。因此反接制动虽有制动力矩大，制动迅速，设备比较简单等优点，但是也有制动准确性差，制动过程中冲击强烈，易损坏传动零件等缺点。所以反接制动一般只适用于 10 kW 以下的小容量电动机。

2. 能耗制动控制线路

所谓能耗制动，就是在电动机脱离三相电源后，在定子绕组上加一个直流电压，通入直流电流，产生静止的磁场，利用转子感应电流与该静止磁场的作用以达到制动的目的，其制动原理如图 2-37 所示。

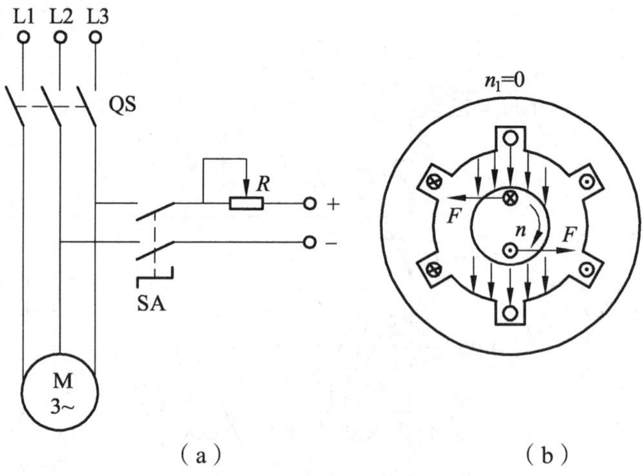

图 2-37　能耗制动原理

制动时先将电源开关 QS 断开，电动机脱离交流电源，转子因惯性仍继续运转。这时立即合上 SA，电动机定子绕组接到直流电源，在定子中产生一个静止磁场，转动着的转子绕组便切割这个磁场而在它的导体中产生感应电流。按图 2-37（b）所设磁场和旋转方向，根据右手定则判定，转子电流的方向上面为⊗，下面为•。这一电流马上受到静止磁场的作用力，用左手定则可以确定这个作用力的方向如图中的 F 所示。可以看出，作用力 F 在电动机转轴上所形成的转矩与转子运转方向 n 相反，所以是一个制动转矩，使电动机迅速停止转动。这种制动方法，实质上是把转子原来“储存”的机械动能转变成电能，又消耗在转子的绕组上，所以叫作能耗制动。

能耗制动时制动转矩的大小，与通入定子绕组的直流电流的大小有关。电流越大，静止磁场越强，产生的制动转矩就越大。电流可用 R 调节，但通入的直流电流不能太大，一般约为异步电动机空载电流的 3 ~ 5 倍，否则会烧坏定子绕组。

直流电源可用不同的整流电路获得。

（1）半波整流能耗制动控制线路。

容量 10 kW 以下的电动机，可直接由交流 220 V 电源采用半波整流得到直流电源，其能耗制动控制电路如图 2-38 所示，这种线路结构简单，体积小，附加设备少，成本低。工作原理如下：

先合上电源开关 QS。

启动过程：

按下 SB2，KM1 线圈通电，KM1 自锁触点闭合，互锁触点断开，主触点闭合，电动机启动运转。

停车制动过程：

按下 SB1，SB1 常闭触点先断开，KM1 线圈断电，KM1 自锁触点断开，互锁触点闭合，主触点断开，电动机 M 断电作惯性运转。SB2 常闭触点后闭合，KM2 线圈通电，KM2 自锁触点闭合，互锁触点断开，主触点闭合，电动机通入直流电能耗制动。同时，KT 线圈通电，KT 常闭触点延时断开，KM2 线圈断电，KM2 自锁触点断开，KT 线圈断电，KT 触点瞬时复位，KM2 互锁触点闭合，主触点断开，切断电动机的直流电源（制动结束）。

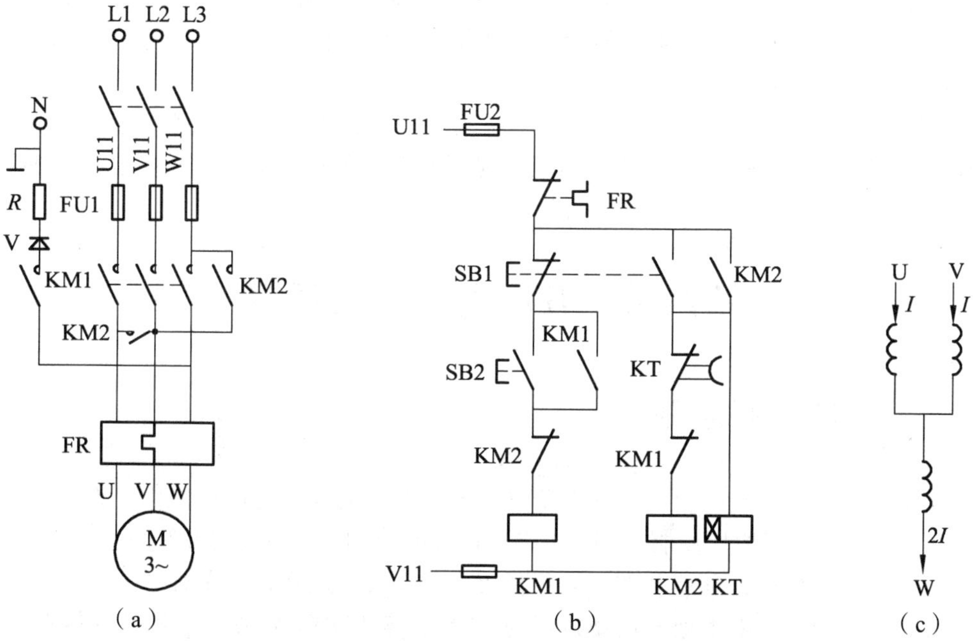

图 2-38 无变压器半波整流能耗制动控制线路

若电动机作Y连接，则制动时的直流电流是由电源L3经KM2主触点，U、V绕组，W绕组，KM2主触点，二极管V，电阻R，中线N，构成半波整流回路，如图2-38（c）所示。

（2）全波整流能耗制动控制线路。

10 kW以上的电动机的能耗制动一般采用全波整流电路得到直流电源，其能耗制动的控制线路如图2-39所示。

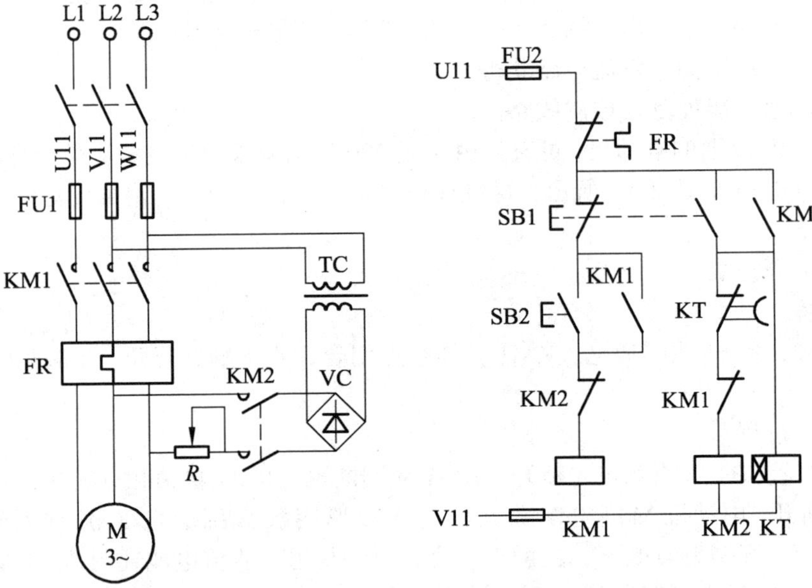

图2-39 有变压器全波整流的能耗制动控制线路

这个控制线路的控制电路部分与图2-38控制电路部分相同，工作原理也相同。不同的是主电路中直流电流由变压器降压后的单相桥式整流器供给，并可通过电阻R调节电流的大小，从而调节制动的强度。

能耗制动的优点是制动准确、平稳和能量消耗较小，缺点是需加直流电源装置，制动力量较弱，特别是在低速时，制动转矩更小。能耗制动一般用于制动要求平稳准确的场合。

第八节 几种典型控制环节

一、多地控制电路

在大型机床或生产设备上，为方便操作人员在不同位置均能进行操作，常要求多地控制。一般多地控制只需增加控制点即可。多地控制的原则：启动按钮并联，停止按钮串联。几个启动按钮或停止按钮分别装在不同的位置。如图2-40所示，分别在甲、乙两地控制接触器KM的通断，其中甲地的启动按钮为SB12，停止按钮为SB11，乙地的启动按钮为SB22，停止按钮为SB21，从而实现在两地控制同一台电动机的目的。

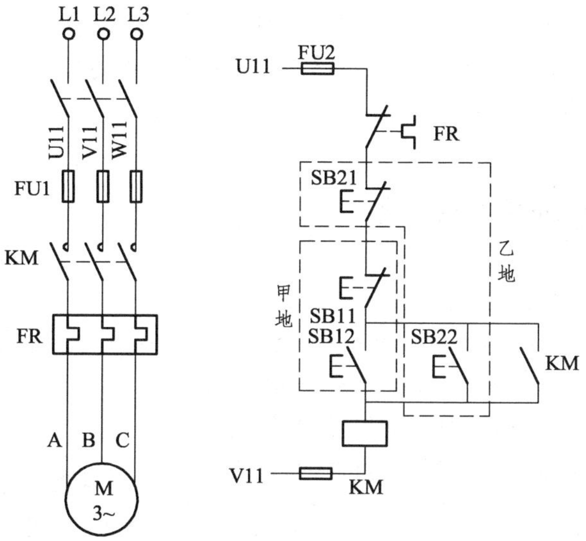

图 2-40　两地控制电路

二、顺序启停控制电路

实际生产中，某一系统常有多台电动机，而某些电动机的启停要求按一定的顺序进行，如空调设备中，要求压缩机必须在风机之后启动；铣床上启动主电机后才能启动步进电机。总之，对几台电动机的启停要求一般有：正序启动，同时停止；正序启动，正序停止；正序启动，逆序停止等。

图 2-41 所示为两台电动机的顺序启停控制电路，图（a）为主电路，图（b）为正序启动，同时停止的控制电路。

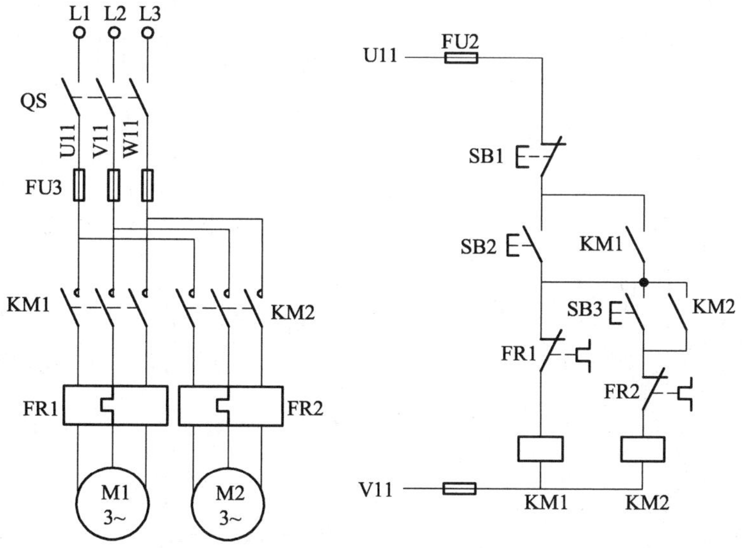

（a）　　（b）

图 2-41　两台电动机的顺序启停控制电路

实现顺序启动的方法是将控制前一台电动机的接触器的辅助动合触点串联在控制后一台电动机的接触器线圈支路中。实现正序启动、逆序停止的方法是将控制后一台电动机的接触器辅助动合触点与前一台电动机的停止按钮并联。

三、间歇运行控制电路

某些电气设备上的电动机要求运行一段时间、停止一段时间，即间歇运行，如车床的润滑电动机。利用两个时间继电器可实现此控制功能，如图 2-42 所示。利用此方法，只需将 SA 换成故障信号接通的触点，KM 换成指示灯，即可用于故障报警时的闪烁电路。

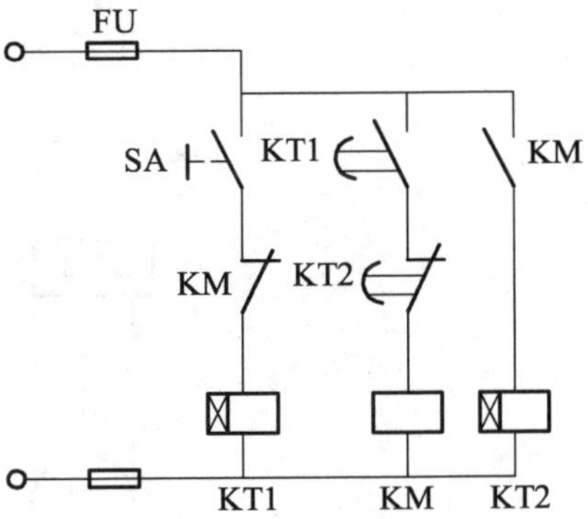

图 2-42　电动机间歇运行控制电路

四、自动往返控制电路

在生产实践中，有些生产机械的工作台需要在一定距离内自动往复运动，不断循环，以便工件能连续加工，如龙门刨床、导轨磨床等。为此常利用行程开关作为控制元件来控制电动机的正、反转。图 2-43（a）和（b）所示为自动往复循环控制线路的主电路和控制电路。图 2-43（c）为工作台自动往复移动的示意图。

工作台装有挡铁 1 和 2，机床床身上装有行程开关 SQ1 和 SQ2，放在两端需要反向的位置。当挡铁碰撞行程开关后，自动换接电动机正反转控制电路，使工作台自动往返移动。

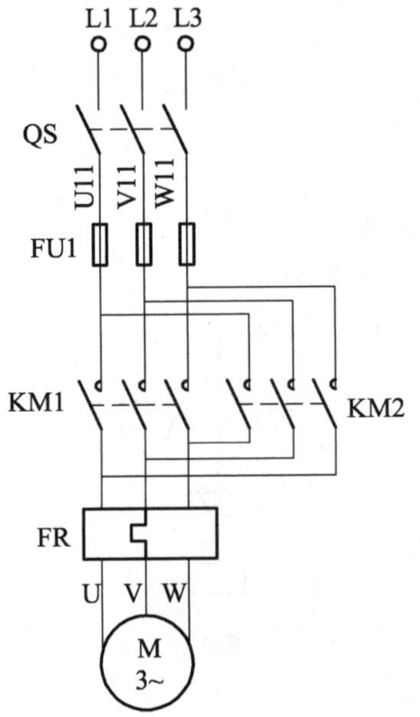

（a）

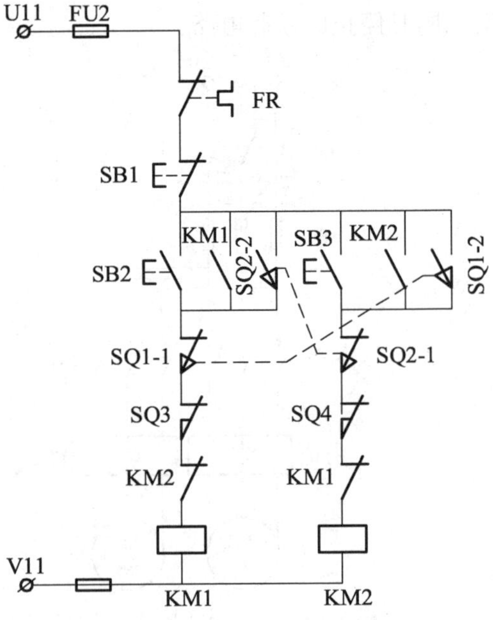

（b）

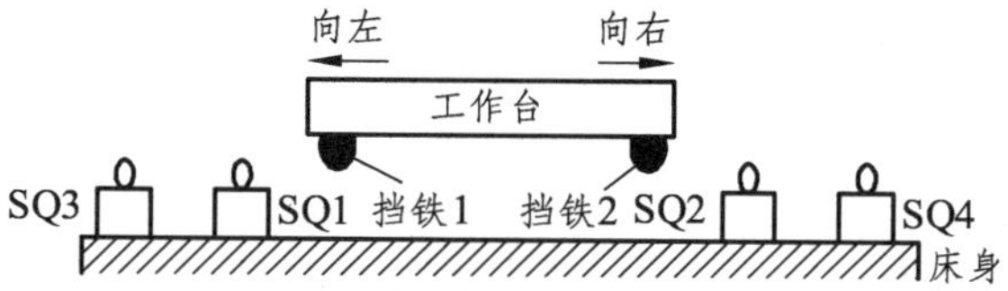

（c）

图 2-43　自动往复循环控制线路

工作台的行程可通过移动挡铁的位置来调节，以适应加工零件的不同要求。SQ3 和 SQ4 用来作为限位保护，即限制工作台的极限位置。工作原理如下：

合上电源开关 QS，按下 SB2→KM1 线圈通电吸合→KM1 主触点闭合、自锁常开触点闭合、自锁常闭触点打开→电动机 M 正转（工作台左移）→移至限定位置，挡铁 1 碰 SQ1→SQ1-1 先断开→KM1 因线圈断电而释放→KM1 主触点断开→电动机 M 停止正转（工作台停止左移）。

同时，SQ1-2 后闭合、KM1 自锁常闭触点闭合→KM2 线圈得电吸合→KM2 主触点闭合、自锁常开触点闭合、自锁常闭触点打开→电动机 M 反转（工作台右移，SQ1 触点复位）→移至限定位置，挡铁 2 碰 SQ2→SQ2-1 先断开→KM2 因线圈断电而释放→KM2 主触点断开→电动机 M 停止反转（工作台停止右移）；同时，SQ2-2 后闭合、KM2 自锁常闭触点闭合→KM1 线圈得电吸合→KM1 主触点闭合、自锁常开触点闭合、自锁常闭触点打开→电动机 M 反转（工作台又左移，SQ2 触点复位）→以后重复上述过程，工作台就在限定的行程内自动往复运动。停车时只需按一下 SB1 即可。

第九节　电气控制的保护环节

电气控制系统除了能满足生产机械加工工艺要求外，还应能保证设备长期、安全、可靠的运行，电气控制的保护环节是电气控制系统不可缺少的组成部分。利用它来保护电动机、电网、电气控制设备及人身安全等。

电气控制系统中常用的保护环节有短路保护、过载保护、零电压保护和欠电压保护等。下面分别加以说明。

一、短路保护

电机、电器的绝缘，导线的绝缘损坏或线路发生故障时，都可能造成短路事故。很大的短路电流和电动力可能使电气设备损坏或发生更严重的后果，因此要求一旦发生短路故障时，通过短路保护装置能迅速可靠地切除电源。常用的短路保护元件有熔断器和短路器等。其保护原理和保护元件的选择方法，在第一章中已做介绍，这里不再重复。

二、过电流保护

过电流主要是不正确的启动方法、过大的负载、频繁的启动于正反转运行和反接制动等引起的，它远比短路电流小，但也能达到额定电流的好几倍。在电动机运行中产生的过电流比发生短路的可能性更大，会造成电动机和机械传动系统的机械性损坏，这就要求在过电流情况下，其保护装置能可靠、准确、有选择性地切除电源。常用的过电流保护装置是过电流继电器。过电流继电器广泛应用于绕线转子异步电动机的控制线路中，此时过电流继电器还可以 起到短路保护的作用。一般过电流保护的整定值为启动电流的 1.2 倍。对于笼型异步电动机，由于其短时过电流不会产生严重后果，故可不设置过电流保护。

三、过载保护

电动机长期过载运行，其绕组温升将超过允许值，造成绝缘材料变脆、寿命减短，严重时还会使电动机损坏。过载电流越大，达到允许温升的时间就越短。因此必须为电动机设置长期运行过载保护装置。常用的过载保护装置是热继电器。

由于热继电器存在热惯性，所以在用热继电器为电动机作过载保护的同时，还应设置短路保护，用作短路保护的熔断器熔体的额定电流不能大于 4 倍热继电器发热元件的额定电流。

四、零电压及欠电压保护

在电动机运行中，如果电源电压因某种原因消失，那么在电源电压恢复时，如果电动机自行启动，将可能使生产设备损坏，还可能造成人身事故。而对供电系统的电网，由于多台电动机同时自行启动，会引起供电系统不允许的过电流和瞬间网络电压降。因此，当供电电压消失时，必须立即切断电源，实现零电压保护。这种防止电网失电后恢复供电时电动机自行启动的保护叫作零压保护。

当电动机正常运行时，由于外部原因使电源电压过分降低将引起一些电器释放，造成控制线路工作不正常，甚至产生事故。电网电压过低，如果电动机负载不变，电动机的转速将下降，甚至停转。此时，电动机将出现很大的电流，引起电动机发热，严重时甚至会烧坏电动机。因此当电源电压降到一定值时，应通过保护装置自动切断电源而使电动机自动停车，这就是欠压保护.

常用的零电压与欠电压保护装置有按钮与接触器、欠电压继电器或设置专门的零电压继电器。

在电力拖动系统中，根据电动机不同的工作情况，可对各台电动机设置相应的一种保护或几种不同的保护措施，以提高电动机运行的安全性和可靠性。

图 2-44 所示是电气控制线路常用保护环节的几种表现，当然有时并不一定全都需要这些保护环节，但短路保护、过载保护、零电压保护一般是不可缺少的。

图中各电器元件所起的保护作用分别是：

短路保护——熔断器 FU1 和 FU2；
过载保护——热继电器 FR；
过电流保护——过电流继电器 KI1、KI2；
零压保护——中间继电器 KA；
欠电压保护——欠电压继电器 KV；
连锁保护——通过 KM1 和 KM2 互锁触点实现。

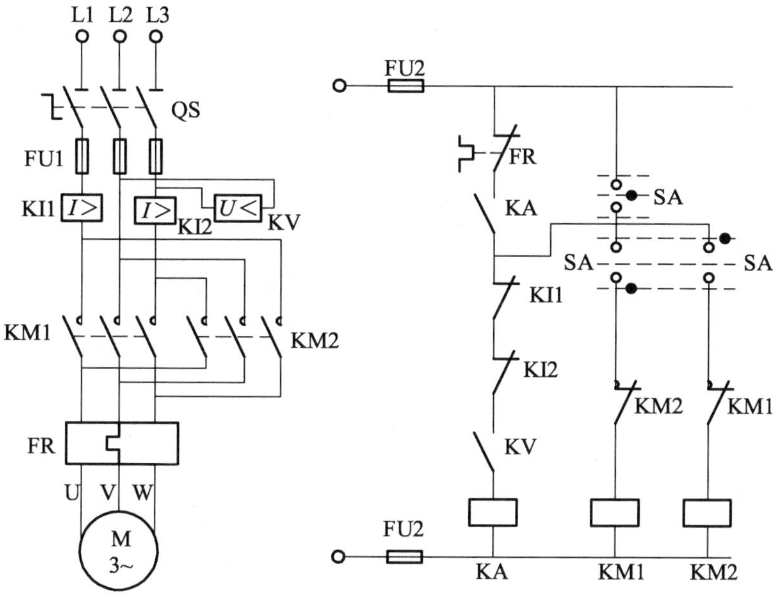

图 2-44 电器控制线路常用保护环节

复习思考题

一、填空题

1. ____________________是熟练分析电气控制线路工作原理的关键。

2. 电气控制系统图主要有__________、__________、__________三种。

3. 电气控制电路一般分为______和______。

4. 电气控制线路安装接线图，是为了安装______和______进行配线或检修电器故障服务的。

5. 电动机的启动分为______和______两种方法。

6. 能耗制动时制动转矩的大小，与通入定子绕组的______的大小有关。

二、简答题

1. 在阅读电气安装接线图时，应该注意哪些问题？

2. 电气联锁有哪几种?

3. 电路所具有的保护环节有哪些?

4. 一般容量大于 10 kW 的三相笼型异步电动机是否可以采用直接启动?可根据哪个的经验公式来判定?请标出公式中的量。

5. 简述图 2-45 中，时间继电器控制绕线式异步电动机启动控制情况。

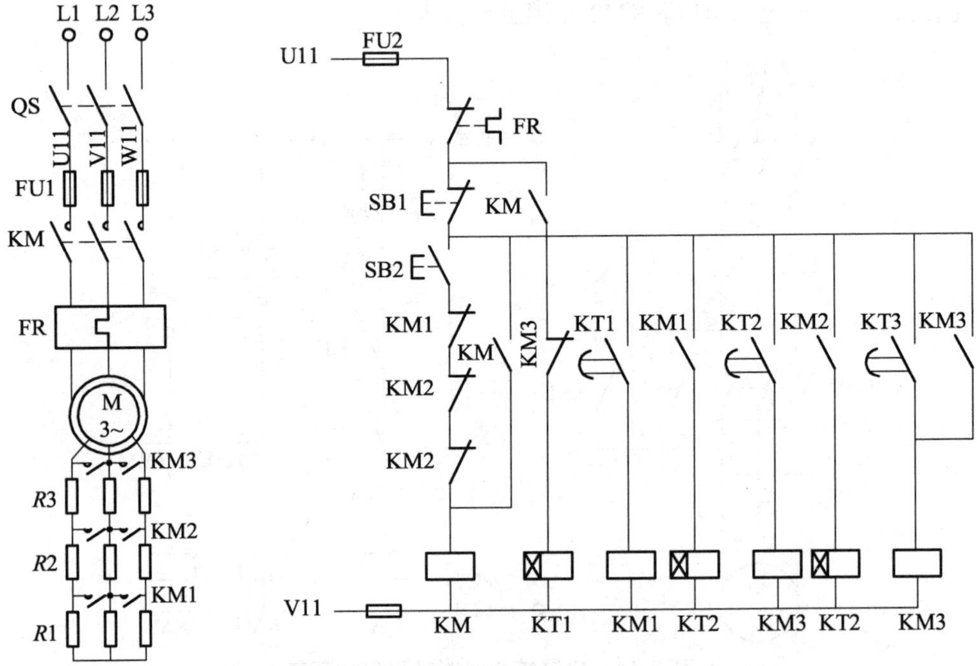

图 2-45 时间继电器控制绕线式异步电动机启动电路

6. 简述图 2-46 中，具有互锁的电动机正、反转控制电路原理。

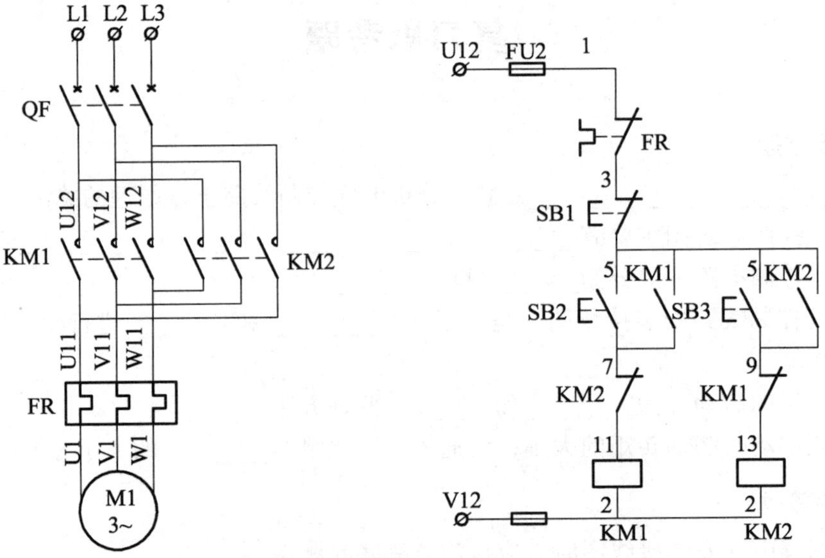

图 2-46 具有互锁的电动机正、反转电路

7. 什么是多地控制电路？举例说明。

8. 什么是串联联锁？

9. 什么是顺序启停控制电路？举例说明。

10. 简述单相连续运行直接启动控制电路的原理。

11. 什么是电动机的降压启动？降压启动有什么优势？

12. 简述自动 Y-△降压启动控制线路与工作原理。

13. 简述接触器控制双速电动机的控制线路与工作原理。

14. 在图 2-47 中标注下列控制功能：① 点动，② 长动，③ 启动后无法关断，④ 按下按钮接触器就抖动，⑤ 按下按钮电源断路，⑥ 线圈不能接通。

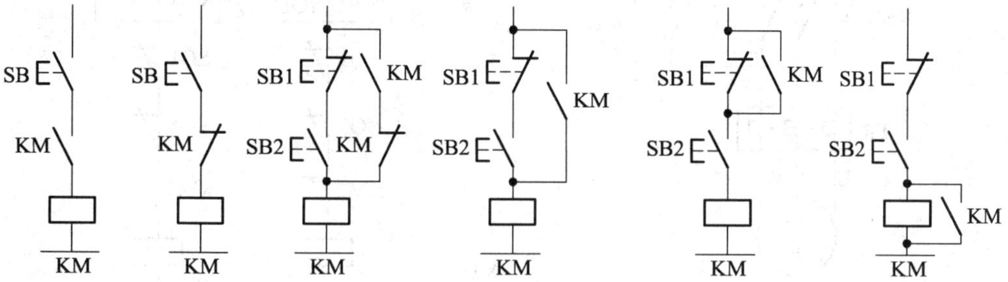

图 2-47 控制电路（一）

15. 分析图 2-48 中的各控制电路，并按正常操作时出现的问题加以改进。

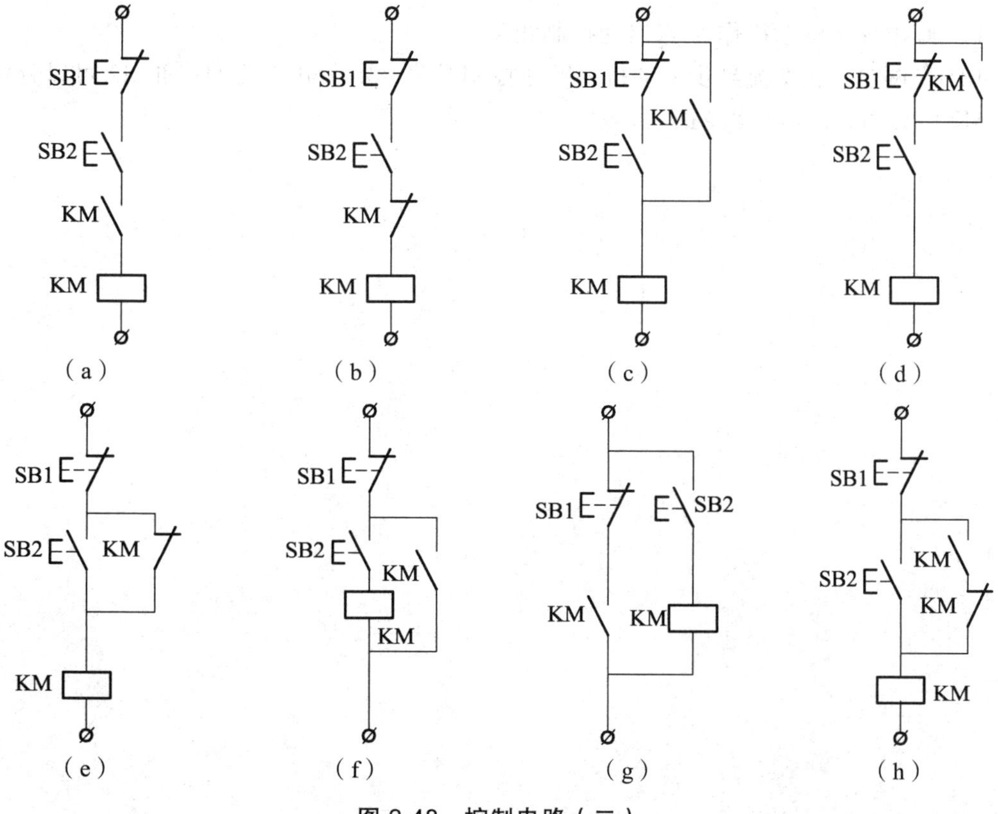

图 2-48 控制电路（二）

16. 图 2-49 中电动机有几种工作状态？各按钮、开关、触电的作用是什么？

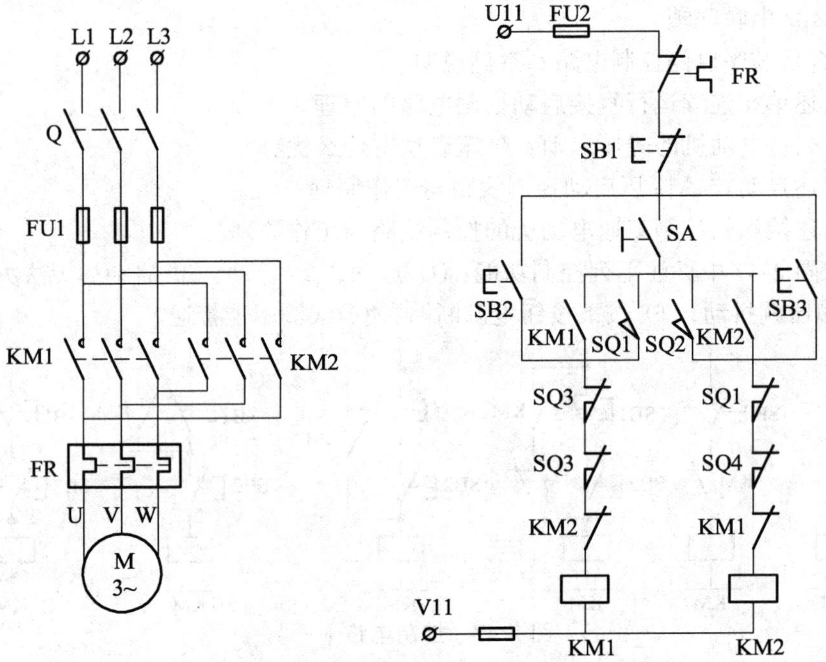

图 2-49　电动机控制电路

17. 画出异步电动机作 Y-△启动控制线路。

18. 作两台三相交流异步电动机的顺序控制线路，要求电动机 M1 和 M2 可以分别启动，M2 停止后，M1 才能停止。

第三章

可编程控制器基础知识

可编程控制器（Programmable Controller，PLC）是在传统的顺序控制器的基础上引入了微电子技术、计算机技术、自动控制技术和通信技术而形成的新型工业控制装置，目的是用来取代继电器，执行逻辑、计时、计数等顺序控制功能，建立柔性的程控系统。可编程控制器具有能力强、可靠性高、配置灵活、编程简单等优点，是当代工业生产自动化的主要手段和重要的自动化控制设备。

第一节　可编程控制器概述

一、PLC 的定义

PLC 问世时间不长，但发展迅速。为了使其生产和发展标准化，美国电气制造商协会（National Electrical Manufacturers Association，NEMA）经过四年的调查工作，于 1984 年首先将其正式命名为 PC（Programmable Controller），并给 PC 做了如下定义："PC 是一个数字式的电子装置，它使用了可编程序的记忆体储存指令。用来执行诸如逻辑、顺序、计时、计数与演算等功能，并通过数字或类似的输入/输出模块，以控制各种机械或工作程序。一部数字电子计算机若是从事执行 PC 的功能，亦被视为 PC，但不包括鼓式或类似的机械式顺序控制器。"

之后，国际电工委员会（IEC）又先后颁布了 PLC 标准的草案第一稿、第二稿，并在 1987 年 2 月通过了对它的定义："可编程控制器是一种数字运算操作的电子系统，专为在工业环境应用而设计。它采用一类可编程的存储器，用于其内部存储程序，执行逻辑运算、顺序控制、定时、计数与算术操作等面向用户的指令，并通过数字或模拟式输入/输出，控制各种类型的机械或生产过程。可编程控制器及其有关外部设备，都按易于与工业控制系统连成一个整体，易于扩充其功能的原则设计。”

总之，可编程控制器是一台计算机，它是专为工业环境应用而设计制造的计算机。它具有丰富的输入/输出接口，并且具有较强的驱动能力。但可编程控制器产品并不针对某一具体工业应用，在实际应用时，其硬件需根据实际需要进行选用配置，其软件需根据控制要求进行设计编制。

二、PLC 的由来

在 20 世纪 60 年代，汽车生产流水线的自动控制系统基本上都是由继电器控制装置构成的。当时，汽车的每一次改型都直接导致继电器控制装置的重新设计和安装。随着生产的发展，汽车型号更新的周期越来越短，这样，继电器控制装置就需要经常地重新设计和安装，十分费时、费工、费料，甚至阻碍了更新周期的缩短。为了改变这一现状，美国通用汽车公司在 1969 年公开招标，要求用新的控制装置取代继电器控制装置，并提出了 10 项招标指标，即

（1）编程方便，现场可修改程序。

（2）维修方便，采用模块化结构。

（3）可靠性高于继电器控制装置。

（4）体积小于继电器控制装置。

（5）数据可直接送入管理计算机。

（6）成本可与继电器控制装置竞争。

（7）输入可以是交流 115 V。

（8）输出为交流 115 V/2 A 以上，能直接驱动电磁阀、接触器等。

（9）在扩展时，原系统只要很小变更。

（10）用户程序存储器容量至少能扩展到 4 K。

1969 年，美国数字设备公司（DEC）研制出第一台 PLC，在美国通用汽车自动装配线上试用，获得了成功。这种新型的工业控制装置以其简单易懂、操作方便、可靠性高、通用灵活、体积小、使用寿命长等一系列优点，很快在美国其他工业领域推广应用。到 1971 年，已经成功地应用于食品、饮料、冶金、造纸行业。

这一新型工业控制装置的出现，也受到了世界其他国家的高度重视。1971 日本从美国引进了这项新技术，很快研制出了日本第一台 PLC。1973 年，西欧国家也研制出它们的第一台 PLC。我国从 1974 年开始研制，于 1977 年开始工业应用。

三、生产厂家

PLC 的生产厂家很多，各家产品的点数、容量、功能各有差异，但都自成系列，比较有影响的厂家如下：

1. 国产 PLC 主要生产厂家

（1）永宏 PLC。

永宏 PLC 是永宏电机股份有限公司的 PLC 产品，永宏电机股份有限公司于 1992 年由一群从事 PLC 设计开发工作多年的工程师创立于台湾。永宏专注在高功能的中小型及微型 PLC 市场领域，创立的自有品牌“FATEK”目前在业界已享有颇高的知名度。

（2）台达 PLC。

台达 PLC 是台达集团为工业自动化领域专门设计的、实现数字运算操作的电子装置。台达 PLC 采用可以编制程序的存储器，用来在其内部存储执行逻辑运算、顺序运算、计时、计数和算术运算等操作的指令，并能通过数字式或模拟式的输入和输出，控制各种类型的机械或生产过程。

台达 PLC 以高速、稳健、高可靠度而著称，广泛应用于各种工业自动化机械。台达 PLC 除了具有快速执行程序运算、丰富的指令集、多元扩展功能卡及高性价比等特色外，还支持多种通信协议，使工业自动控制系统连成一个整体。

台达 PLC 品种齐全的各种硬件装置，可以组成能满足各种要求的控制系统，用户不必自己再设计和制作硬件装置。用户在硬件确定以后，在生产工艺流程改变或生产设备更新的情况下，不必改变 PLC 的硬设备，只需改编程序就可以满足要求。因此，PLC 除应用于单机控制外，在工厂自动化中也被大量采用。

（3）和利时 PLC。

北京和利时集团始创于 1993 年，是一家从事自主设计、制造与应用自动化控制系统平台和行业解决方案的高科技企业集团。在工厂自动化和机器自动化领域，和利时从 2003 年开始，先后推出自主开发的 LM 小型 PLC、LK 大型 PLC、MC 系列运动控制器，产品通过了 CE 认证和 UL 认证。其中 LK 大型 PLC 是国内唯一具有自主知识产权的大型 PLC，并获得国家四部委联合颁发的“国家重点新产品”证书。和利时的 PLC 和运动控制产品已经被广泛应用于地铁、矿井、油田、水处理、机器装备控制行业。

（4）安控 PLC。

安控科技成立于 1998 年，是专业从事工业级 RTU 产品研发、生产、销售、售后和系统集成业务的高新技术企业。基于 RTU 技术在油气、环境在线监测行业开发出多款专业化经典产品，产品广泛应用于石油天然气的开采、处理、管输、储配等各个环节，以及环境在线监测、城市燃气、供水供热等管网监控领域，并已远销美国、加拿大、墨西哥、土耳其、哈萨克斯坦、土库曼斯坦、伊拉克、伊朗、韩国、泰国、马来西亚等国家。

（5）南大傲拓 PLC。

南大傲拓科技江苏有限公司成立于 2008 年 10 月，致力于自主研发生产性能可靠、品质精良、技术先进的前沿工控产品。具有完全自主知识产权的产品覆盖可编程控制器、人机界面、变频器、伺服系统、组态软件等，为各行业用户提供自动化产品的整体解决方案。同时，公司积极与科研院所和行业用户紧密合作，联手开发基于行业自动化解决方案的企业管理信息系统。

（6）信捷 PLC。

信捷电气作为中国工控市场最早的参与者之一，长期专注于机械设备制造行业自动化水平的提高。主要产品有可编程控制器（PLC）、人机界面（HMI）、伺服控制系统、变频驱动、智能机器视觉系统、工业机器人等产品系列及整套自动化装备。产品广泛应用于各种自动化领域，包括航空航天、太阳能、风电、核电、隧道工程、纺织机械、数控机床、动力设备、煤矿设备、中央空调、环保工程等控制相关的行业和领域。信捷电气以为用户定制个性化的自动化解决方案为主要经营模式，实现企业价值与客户价值共同成长。公司已经成为众多重点国家级项目建设的合作伙伴，在北京奥运会、上海工博会等国家重点工程项目上都有信捷产品的正式应用。

（7）黄石科威 PLC。

黄石市科威自控有限公司是一家开发、生产、销售嵌入式 PLC、伺服驱动器和自动化系统的省级高新技术企业、软件企业。

（8）正航 PLC。

上海正航电子科技有限公司是一家致力于工业控制领域产品开发、生产、销售、服务的高科技企业。公司是工业自动化及过程自动化领域领先的技术与服务提供商，也是成长最为迅速的控制系统制造厂商之一。

2. 国外 PLC 主要生产厂家及产品系列

（1）日本立石（OMRON）公司的 C 系列可编程序控制器。

（2）日本三菱（MITSUBISHI）公司的 F、F1、F2、FX2 系列可编程序控制器。

（3）日本松下（PANASONIC）电工公司的 FP1 系列可编程序控制器。

（4）美国通用电气（GE）公司的 GE 系列可编程序控制器。

（5）美国艾伦-布拉德利（AB）公司的 PLC-5 系列可编程序控制器。

（6）德国西门子（SIEMENS）公司的 S5、S7 系列可编程序控制器。

四、PLC 的主要特点

1. 高可靠性

（1）所有的 I/O（输入/输出）接口电路均采用光电隔离，使工业现场的外电路与 PLC 内部电路之间在电气上隔离。

（2）各输入端均采用 R-C 滤波器，其滤波时间常数一般为 10 ~ 20 ms。

（3）各模块均采用屏蔽措施，以防止辐射干扰。

（4）采用性能优良的开关电源。

（5）对采用的器件进行严格的筛选。

（6）良好的自诊断功能，一旦电源或其他软、硬件发生异常情况，CPU 立即采用有效措施，以防止故障扩大。

（7）大型 PLC 还可以采用由双 CPU 构成冗余系统或有三 CPU 构成表决系统，使可靠性进一步提高。

2. 丰富的 I/O 接口模块

PLC 针对不同的工业现场信号，如交流或直流、开关量或模拟量、电压或电流、脉冲或电位、强电或弱电等，有相应的 I/O 模块与工业现场的器件或设备（如按钮、行程开关、接近开关、传感器及变送器、电磁线圈、控制阀等）直接连接。

另外，为了提高操作性能，它还有多种人-机对话的接口模块；为了组成工业局部网络，它还有多种通信联网的接口模块，等等。

3. 采用模块化结构

为了适应各种工业控制需要，除了单元式的小型 PLC 以外，绝大多数 PLC 均采用模块化结构。PLC 的各个部件，包括 CPU、电源、I/O 等均采用模块化设计，由机架及电缆将各模块连接起来，系统的规模和功能可根据用户的需要自行组合。

4. 编程简单易学

PLC 的编程大多采用类似于继电器控制线路的梯形图形式，对使用者来说，不需要具备计算机的专门知识，因此很容易被一般工程技术人员所理解和掌握。

5. 安装简单，维修方便

PLC 不需要专门的机房，可以在各种工业环境下直接运行。使用时只需将现场的各种设备与 PLC 相应的 I/O 端相连接，即可投入运行。各种模块上均有运行和故障指示装置，便于用户了解运行情况和查找故障。由于采用模块化结构，因此一旦某模块发生故障，用户可以通过更换模块的方法，使系统迅速恢复运行。

五、PLC 的功能

（1）逻辑控制。

（2）定时控制。

（3）计数控制。

（4）步进（顺序）控制。

（5）PID 控制。

（6）数据控制。

（7）通信和联网。

（8）其他。

PLC 还有许多特殊功能模块，适用于各种特殊控制的要求，如：定位控制模块、CRT 模块。

六、可编程序控制器的分类

目前 PLC 的种类非常多，型号和规格也不统一，了解 PLC 的分类有助于 PLC 的选型和应用。

1. 按点数和功能分类

为了适应不同工业生产过程的应用要求，可编程序控制器能够处理的 I/O 信号数是不一样的。一般将一路信号叫作一个点，将输入点数和输出点数的总和称为机器的点数，简称 I/O 点数。一般来讲，点数多的 PLC，功能也越强。按照点数的多少，可将 PLC 分为超小（微）、小、中、大四种类型。

（1）超小型机：I/O 点数在 64 点以内，内存容量为 256 ~ 1 000 字节。

（2）小型机：I/O 点数为 64 ~ 256，内存容量为 1 ~ 3.6K 字节。

小型及超小型 PLC 主要用于小型设备的开关量控制，具有逻辑运算、定时、计数、顺序控制、通信等功能。

（3）中型机：I/O 点数为 256 ~ 1 024，内存容量为 3.6 ~ 13K 字节。

中型 PLC 除具有小型、超小型 PLC 的功能外，还增加了数据处理能力，适用于小规模的综合控制系统。

（4）大型机：I/O 点数为 1 024 以上，内存容量为 13K 字节以上；大型 PLC 的功能更加完善，多用于大规模过程控制、集散式控制和工厂自动化网络。

2. 按结构形式分类

通常 PLC 从硬件结构形式上分整体式结构和模块式结构。

（1）整体式结构。

一般的小型及超小型 PLC 多为整体式结构，这种可编程序控制器是把 CPU、RAM、ROM、I/O 接口及与编程器或 EPROM 写入器相连的接口、I/O 端子、电源、指示灯等都装配在一起的整体装置。它的优点是结构紧凑、体积小、成本低、安装方便，缺点是主机的 I/O 点数固定，使用不灵活。西门子公司的 S7-200 系列 PLC 为整体式结构。

（2）模块式结构。

模块式结构又叫积木式。这种结构形式的特点是把 PLC 的每个工作单元都制成独立的模块，如 CPU 模块、输入模块、输出模块、电源模块、通信模块等。另外，机器上有一块带有插槽的母板，实质上就是计算机总线。把这些模块按控制系统的需要选取后，都插到母板上，就构成了一个完整的 PLC。这种结构的 PLC 的特点是系统构成非常灵活，安装、扩展、维修都很方便，缺点是体积比较大。常见产品有日立公司的 C200H、C1000H、C2000H，西门子公司的 S5-115U、S7-300、S7-400 系列等。

七、PLC 的应用及发展

目前，PLC 在国内外已广泛应用于钢铁、石油、化工、电力、建材、机械制造、汽车、轻纺、交通运输、环保及文化娱乐等各个行业。

1. PLC 的应用

（1）开关量的逻辑控制。

这是 PLC 最基本、最广泛的应用领域，它取代传统的继电器电路，实现逻辑控制、顺序控制，既可用于单台设备的控制，也可用于多机群控及自动化流水线。如注塑机、印刷机、订书机械、组合机床、磨床、包装生产线、电镀流水线等。

（2）模拟量控制。

在工业生产过程当中，有许多连续变化的量，如温度、压力、流量、液位和速度等都是模拟量。为了使可编程控制器处理模拟量，必须实现模拟量（Analog）和数字量（Digital）之间的 A/D 转换及 D/A 转换。PLC 厂家都生产配套的 A/D 和 D/A 转换模块，使可编程控制器用于模拟量控制。

（3）运动控制。

PLC 可以用于圆周运动或直线运动的控制。从控制机构配置来说，早期直接用于开关量 I/O 模块连接位置传感器和执行机构，现在一般使用专用的运动控制模块。如可驱动步进电机或伺服电机的单轴或多轴位置控制模块。世界上各主要 PLC 厂家的产品几乎都有运动控制功能，广泛用于各种机械、机床、机器人、电梯等场合。

（4）过程控制。

过程控制是指对温度、压力、流量等模拟量的闭环控制。作为工业控制计算机，PLC 能编制各种各样的控制算法程序，完成闭环控制。PID 调节[即在过程控制中，按偏差的比例（P）、积分（I）和微分（D）进行控制]是一般闭环控制系统中用得较多的调节方法。大中型 PLC 都有 PID 模块，目前许多小型 PLC 也具有此功能模块。PID 处理一般是运行专用的 PID 子程序。过程控制在冶金、化工、热处理、锅炉控制等场合有非常广泛的应用。

（5）数据处理。

现代 PLC 具有数据运算（含矩阵运算、函数运算、逻辑运算）、数据传送、数据转换、排序、查表、位操作等功能，可以完成数据的采集、分析及处理。这些数据可以与存储在存储器中的参考值进行比较，完成一定的控制操作，也可以利用通信功能传送到别的智能装置，或将它们打印制表。数据处理一般用于大型控制系统，如无人控制的柔性制造系统；也可用于过程控制系统，如造纸、冶金、食品工业中的一些大型控制系统。

（6）通信及联网。

PLC 通信含 PLC 间的通信及 PLC 与其他智能设备间的通信。随着计算机控制技术的发展，工厂自动化网络发展得很快，各 PLC 厂商都十分重视 PLC 的通信功能，纷纷推出各自的网络系统。新生产的 PLC 都具有通信接口，通信非常方便。

2. PLC 的发展趋势

PLC 经过了几十年的发展，实现了从无到有，从一开始简单的逻辑控制到现在的过程控制、数据处理和网络通信，随着科学技术的进步，PLC 还将有更大的发展，主要表现在以下几个方面。

（1）从技术上看，随着计算机技术的新成果更多地应用到 PLC 的设计和制造上，PLC 会向运算速度更快、储存量更大、功能更广、性价比更高的方向发展。

（2）从规模上看，随着 PLC 应用领域的不断扩大，为适应市场的需要，PLC 会进一步向超小型和超大型两个方向发展。

（3）从配套性上看，随着 PLC 功能的不断扩大，PLC 产品会向品种更丰富、规格更齐备的方向发展。

（4）从标准上看，随着 IEC1131 标准的诞生，各厂家 PLC 或同一厂家不同的型号的 PLC 互不兼容的格局将被打破，将会使 PLC 的通用信息、设备特征、编程语言等向 IEC1131 标准的方向发展。

总之，PLC 的发展主要趋向于大型化和小型化的两极，具体体现在标准化、模块化、网络化、低价格、高性能等方面。实现 PLC 硬件和软件的标准化则是以后发展的必然趋势。

第二节　PLC 的基本组成及工作原理

PLC 是微机技术和继电器常规控制概念相结合的产物，从广义上讲，PLC 也是一种计算机系统，只不过它比一般计算机具有更强的与工业过程相连接的 I/O 接口，具有更适用于控制要求的编程语言，具有更适应于工业环境的抗干扰性能。因此，PLC 是一种工业控制用的专用计算机，它的实际组成与一般微型计算机系统基本相同，也是由硬件系统和软件系统两大部分组成。

一、可编程序控制器的硬件系统

PLC 的硬件系统由主机系统、I/O 扩展环节及外部设备组成，如图 3-1 所示。

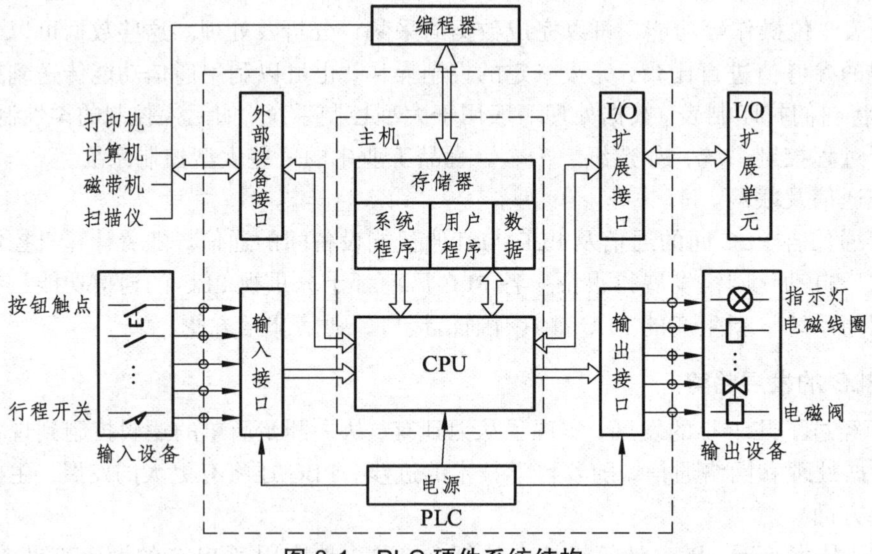

图 3-1　PLC 硬件系统结构

1. 主机系统

（1）微处理器单元（Central Processing Unit，CPU）是 PLC 的核心部分，它包括微处理器和控制接口电路。微处理器是 PLC 的运算控制中心，由它实现逻辑运算，协调控制系统内部各部分的工作。它的运行是按照系统程序所赋予的任务进行的。

（2）存储器是 PLC 存放系统程序、用户程序和运行数据的单元。它包括只读存储器（ROM）和随机存取存储器（RAM）。只读存储器（ROM）在使用过程中只能取出不能存储数据，而随机存取存储器（RAM）在使用过程中能随时取出和存储数据。

（3）I/O 模块单元。PLC 的对外功能主要是通过各类接口模块的外接线，实现对工业设备和生产过程的检测与控制。通过各种 I/O 接口模块，PLC 既可检测到所需的过程信息，又可将处理结果传送给外部过程，驱动各种执行机构，实现工业生产过程的控制。通过输入模块单元，PLC 能够得到生产过程的各种参数；通过输出模块单元，PLC 能够把运算处理的结果送至工业过程现场的执行机构实现控制。为适应工业过程现场对不同 I/O 信号的匹配要求，PLC 配置了各种类型的 I/O 模块单元。

（4）I/O 扩展接口是 PLC 主机为了扩展 I/O 点数和类型的部件，I/O 扩展单元、远程 I/O 扩展单元、智能 I/O 单元等都通过它与主机相连。I/O 扩展接口有并行接口、串行接口等多种形式。

（5）外设 I/O 接口是 PLC 主机实现人机对话、机机对话的通道。通过它，PLC 可以和编程器、彩色图形显示器、打印机等外部设备相连，也可以与其他 PLC 或上位计算机连接。外设 I/O 接口一般是 RS232C 或 RS422 A 串行通信接口，该接口的功能是进行串行/并行数据的转换，通信格式的识别，数据传输的出错检验，信号电平的转换等。对于一些小型 PLC，外设 I/O 接口中还有与专用编程器连接的并行数据接口。

（6）电源单元是 PLC 的电源供给部分。它的作用是把外部供应的电源变换成系统内部各单元所需的电源，有的电源单元还向外提供直流电源，给开关量输入单元连接的现场电源开关使用。电源单元还包括掉电保护电路和后备电池电源，以保持 RAM 在外部电源断电后存储的内容不丢失。PLC 的电源一般采用开关电源，其特点是输入电压范围宽，体积小、质量小、效率高、抗干扰性能好。

2. I/O 扩展环节

输出点数或类型超出主机的 I/O 单元所允许的点数或类型时，可以通过加接 I/O 扩展环节来解决。I/O 扩展环节与主机的 I/O 扩展接口相连，有两种类型：简单型和智能型。简单型的 I/O 扩展环节本身不带中央处理单元，对外部现场信号的 I/O 处理过程完全由主机的中央处理单元管理，依赖于主机的程序扫描过程。通常，它通过并行接口与主机通信，并安装在主机旁边，在小型 PLC 的 I/O 扩展时常被采用。智能型的 I/O 扩展环节本身带有中央处理单元，它对生产过程现场信号的 I/O 处理由本身所带的中央处理单元管理，而不依赖于主机的程序扫描过程。通常，它采用串行通信接口与主机通信，可以远离主机安装，多用于大中型 PLC 的 I/O 扩展。

3. 外部设备

（1）编程器。

它是编制、调试 PLC 用户程序的外部设备，是人机交互的窗口。通过编程器可以把新的用户程序输入到 PLC 的 RAM 中，或者对 RAM 中已有程序进行编辑。通过编程器还可以对 PLC 的工作状态进行监视和跟踪，这对调试和试运行用户程序是非常有用的。

除了上述专用的编程器外，还可以利用微机（如 IBM-PC），配上 PLC 生产厂家提供的相应的软件包作为编程器，这种编程方式已成为 PLC 发展的趋势。现在，有些 PLC 不再提供编程器，而只提供微机编程软件，并且配有相应的通信连接电缆。

（2）彩色图形显示器。

大中型 PLC 通常配接彩色图形显示器，用来显示模拟生产过程的流程图、实时过程参数、趋势参数及报警参数等过程信息，使得现场控制情况一目了然。

（3）打印机。

PLC 也可以配接打印机等外部设备，用来打印记录过程参数、系统参数以及报警事故记录表等。

PLC 还可以配置其他外部设备，如配置存储器卡、盒式磁带机或磁盘驱动器，用于存储用户的应用程序和数据；配置 EPROM 写入器，用于将程序写入到 EPROM 中。

二、可编程序控制器的软件系统

PLC 除了硬件系统外，还需要软件系统的支持，它们相辅相成，缺一不可，共同构成 PLC。PLC 的软件系统由系统程序（又称系统软件）和用户程序（又称应用软件）两大部分组成。

1. 系统程序

系统程序由 PLC 的制造企业编制，固化在 PROM 或 EPROM 中，安装在 PLC 上，随产品提供给用户。系统程序包括系统管理程序、用户指令解释程序和供系统调用的标准程序模块等。

2. 用户程序

用户程序是根据生产过程控制的要求由用户使用制造企业提供的编程语言自行编制的应用程序。用户程序包括开关量逻辑控制程序、模拟量运算程序、闭环控制程序和操作站系统应用程序等。

三、工作原理

PLC 由于自身的特点，在工业生产的各个领域得到了越来越广泛的应用。而作为 PLC 的使用者，要正确地使用 PLC 去完成各类控制任务，首先需要了解 PLC 的基本工作原理。

PLC 源于用计算机控制来取代继电接触器，所以 PLC 的工作原理与计算机的工作原理基本上是一致的。两者都是在系统程序的管理下，通过用户程序来完成控制任务。

虽然 PLC 的工作原理与计算机的工作原理基本一致，都具有相同的基本结构和相同的指令执行原理，但是两者在工作方式上却有着重要的区别。不同点体现在计算机运行程序时，一旦执行到 END 指令，程序运行结束，且计算机对输入、输出信号进行实时处理；而 PLC 的 CPU 采用循环扫描工作方式，当程序执行到 END 后，再从头开始执行，周而复始地重复，直到停机或从运行切换到停止。对输入、输出进行集中输入采样，集中输出刷新。I/O 映像区分别存放执行程序之前的各输入状态和执行过程中各结果的状态。

1. PLC 的循环扫描工作方式

可编程控制器是在硬件的支持下，通过执行反映控制要求的用户程序实现对系统的控制，为此 PLC 采用循环扫描的工作方式。PLC 循环扫描的工作过程如图 3-2 所示，包括五个阶段：内部处理与自诊断、与外设进行通信处理、输入采样、用户程序执行、输出刷新。

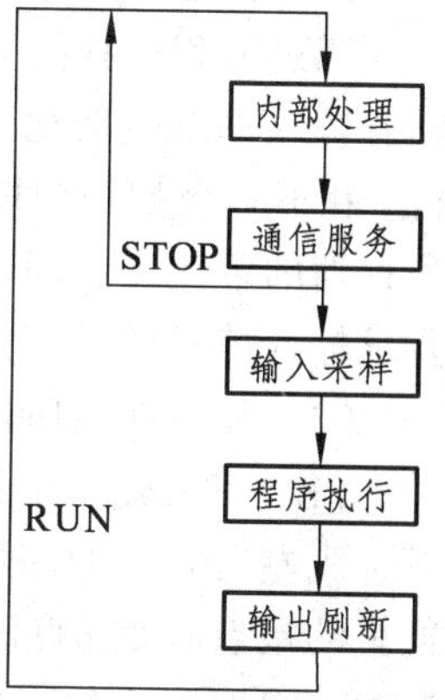

图 3-2 PLC 循环扫描的工作过程

PLC 有运行（RUN）和停止（STOP）两种基本的工作模式。

当处于停止（STOP）工作模式时，只执行前两个阶段，即只作内部处理与自诊断，以及与外部设备进行通信处理。上电复位后，PLC 首先进行内部初始化处理，清除 I/O 映像区中的内容；再进行自诊断，检测存储器、CPU 及 I/O 部件状态，确认其是否正常；然后进行通信处理，完成各外设（编程器、打印机等）的通信连接；还将检测是否有中断请求，若有则做相应中断处理，在此阶段可对 PLC 联机下载程序。

上述阶段确认正常后，并且 PLC 方式开关置于“RUN”位置时，PLC 才进行独特的循环扫描，即周而复始地执行上述所有阶段。为了使 PLC 的输出及时响应随时可能变化的输入信号，用户程序不是只执行一次，而是不断地重复执行，直至 PLC 停机或切换到“STOP”运行模式。由于 PLC 执行指令的速度极快，从外部 I/O 关系来看，处理的过程几乎是同时完成的。图 3-3 反映了 RUN 状态下扫描的全部过程。

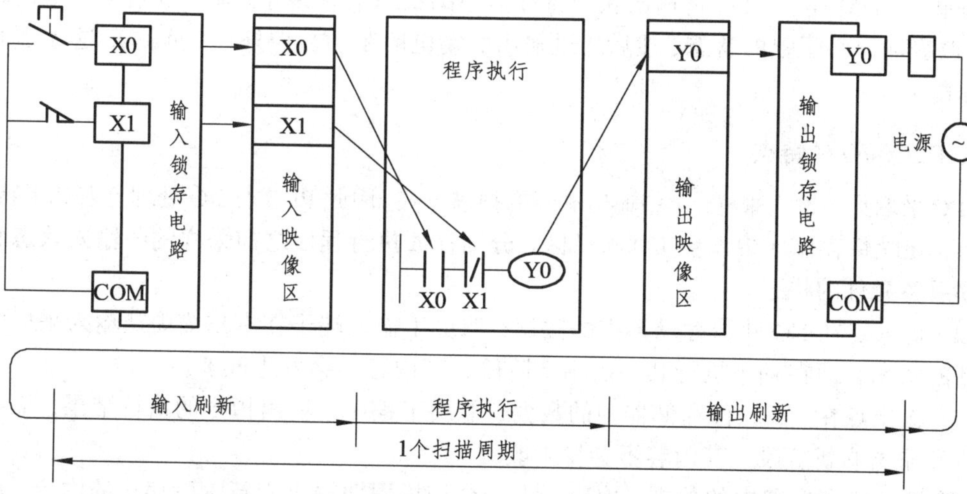

图 3-3 RUN 状态下扫描的全部过程

（1）输入采样阶段。

在 PLC 的存储器中，设置了一片区域用来存放输入信号和输出信号的状态，它们分别被称为输入映像寄存器和输出映像寄存器。PLC 梯形图中的软元件也有对应的映像存储区，统称为元件映像存储器。

在输入采样阶段，PLC 的 CPU 顺序扫描每个输入端，顺序读取每个输入端的状态，并将其存入输入映像寄存器单元中。采样结束后，输入映像区被刷新，其内容将被锁存而保持，并将作为程序执行时的条件。PLC 在运行过程中，所需的输入信号不是实时取输入端子上的信息，而是取输入映像寄存器中的信息。

当进入程序执行阶段后，输入映像区相应单元保存的信息被输入锁存器隔离，而不会随着输入端发生变化，因此不会造成运算结果的混乱，保证了本周期内用户程序的正确执行。在下一个扫描周期的输入采样阶段，输入端信号才会被输入锁存器再次送入输入映像寄存器的单元中，而进行输入数据的刷新。因此，为了保证输入脉冲信号能被正确读入，要求输入信号的脉宽必须大于 PLC 的一个扫描周期。

（2）程序执行阶段。

PLC 完成输入采样后，进入程序执行阶段，PLC 从用户程序的第 0 步开始，按先上后下、先左后右的顺序逐条扫描用户梯形图程序，对由接点构成的控制线路进行逻辑运算。这里的接点就是 I/O 映像存储器中存储的输入端状态，或称为软触点。PLC 以接点数据为依据，根据用户程序进行逻辑运算，并把运算结果存入输出映像存储器中。

PLC 并非并行工作，因此在程序的执行过程中，上面逻辑行中线圈状态的改变，会对下面的逻辑行中对应的接点状态起作用；反之，排在下面的逻辑行中线圈状态的改变，只能等到下一个扫描周期才能对其上面逻辑行中对应此线圈的接点状态起作用。因此，对于每一个元件而言，元件映像存储器中所存储的内容（除输入存储器），会随着程序执行过程的变化而变化。当所有指令都扫描处理完后，即转入输出刷新阶段。

（3）输出刷新阶段。

在输出刷新阶段，PLC 将输出映像寄存器中的状态信息转存到输出锁存器中，刷新其内容，改变输出端子上的状态，然后通过输出驱动电路驱动被控外设（负载），这才是 PLC 的实际输出。

2. PLC I/O 的特点

PLC 采取集中输入采样、集中输出刷新的扫描方式。因此 PLC 对 I/O 处理有着如下特点：

（1）在映像存储区中设置 I/O 映像区，分别存放执行程序之前采样的各输入状态和执行程序后各元件的状态。

（2）输入点在 I/O 映像存储器中的数据，取决于输入端子在本扫描周期输入采样阶段所刷新的状态，而在程序执行和输出刷新阶段，其内容不会发生改变。

（3）输出点在 I/O 映像存储器中的数据，取决于程序中输出指令的执行结果，而在输入采样和输出刷新阶段，其内容不会发生改变。

（4）输出锁存电路中的数据，取决于上一个扫描周期输出刷新阶段存入的内容，而在输入采样和程序执行阶段，其内容不会发生改变。

（5）直接与外部负载连接的输出端子的状态，取决于输出锁存电路输出的数据。

（6）程序执行中所需要的 I/O 状态，取决于由 I/O 映像存储器中的数据。

3. PLC 与传统继电器控制的不同

PLC 的扫描工作方式与继电器控制有明显不同，如表 3-1 所示。

表 3-1 PLC 控制系统与继电器控制系统的比较

控制系统	控制方式	线圈通电
继电器	硬逻辑并行运行方式	所有常开/常闭触点立即动作
PLC	循环扫描工作方式	CPU 扫描到的接点才会动作

继电器控制装置采用硬逻辑并行运行的方式，一个继电器线圈的通断，将会同时影响该继电器的所有常开和常闭触点动作，与触点在控制线路中所处的位置无关。PLC 的 CPU 采用循环扫描工作方式，一个软继电器的线圈通断，只会影响该继电器扫描到的接点动作。但是，由于 CPU 的运算处理速度很快，使得从外观上看，用户程序似乎是同时执行的。

四、PLC 的扫描周期

1. PLC 扫描周期的定义

PLC 全过程扫描一次所需的时间定义为一个扫描周期。从图 3-2 可知，在 PLC 上电复位后，首先要进行初始化工作，如自诊断、与外设（如编辑器、上位计算机）通信等处理。当 PLC 方式开关置于“RUN”位置时，它才进入输入采样、程序执行、输出刷新。一个完整的扫描周期应包含上述 5 个阶段。

2. PLC 扫描周期

一个完整的扫描周期可由自诊断时间、通信时间、扫描 I/O 时间和扫描用户程序时间相加得到，其典型值为 1 ~ 100 ms。运行的程序，会在 D8012 中存放当前程序的最大扫描周期。

（1）自诊断时间：同型号的 PLC 的自诊断时间通常是相同的，如三菱 FX2 系列机自诊断时间为 0.96 ms。

（2）通信时间：取决于连接的外部设备数量，若连接外部设备为 0，则通信时间为 0。

（3）扫描 I/O 时间：等于扫描的 I/O 总点数与每点扫描速度的乘积。

（4）扫描用户程序时间：等于基本指令扫描速度与所有基本指令步数的乘积。对于扫描功能指令的时间，也同样计算。当 PLC 控制系统固定后，扫描周期将随着用户程序的长短而增减。

3. PLC 扫描周期与继电器控制系统响应时间的比较

传统的继电控制系统采用硬逻辑并行工作方式，线圈控制其所属触点同时动作。而 PLC 控制系统则采用顺序扫描工作方式，软线圈控制其所属触点串行动作。这样，PLC 的扫描周期越长，响应速度越慢，会产生输入、输出的滞后。FX 系列小型 PLC 的扫描周期一般为毫秒级，而继电器、接触器触点的动作时间在 100 ms 左右，相对而言，PLC 的扫描过程几乎是同时完成的。PLC 因扫描引起的响应滞后非但无害，反而可增强系统的抗干扰能力，避免了在同一时刻因有几个电器同时动作而产生的触点动作时序竞争现象，避免了执行机构频繁动作而引起的工艺过程波动。但对响应时间要求较高的设备，应选用高速 CPU、快速响应模块、高速计数模块，甚至采用中断传输方式。

第三节　西门子 S7-200 型 PLC 编程语言

在 STEP 7 中，有 3 种编程语言可以用来编程。根据特定的规则，用语句建立的程序可以转换成另一种编程语言。

一、梯形图（LAD）

梯形图和电路图很相似，采用诸如触点和线圈的符号。这种编程语言主要针对熟悉继电器控制的技术人员。

STEP 7-Micro/WIN 梯形图（LAD）编辑器允许建立与电子线路图相似的程序。梯形图编程是很多 PLC 程序员和维护人员选用的方法，它是为新程序员设计的优秀语言。基本上，梯形程序允许 CPU 从一个动力源仿真电源流，通过一系列逻辑输入条件，然后启用逻辑输出条件。逻辑通常分解为容易识别的小“梯级”或“网络”。程序作为记录仪，每次执行一个网络，顺序为从左至右，然后从最顶部至底部。一旦 CPU 运行达程序的结尾，又回到程序的顶部重新开始。图 3-4 显示的是一个梯形程序范例。

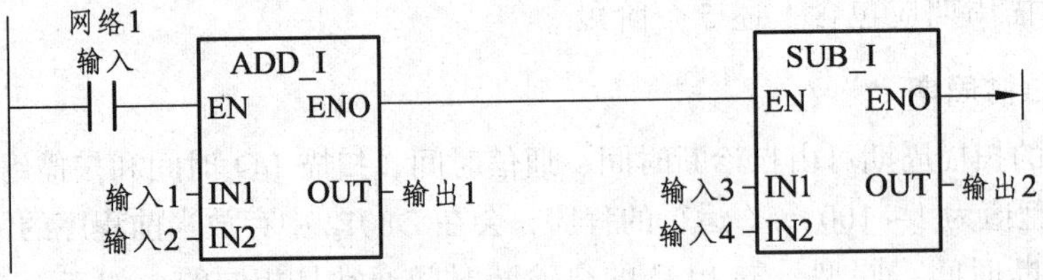

图 3-4　梯形程序范例

由图形符号代表的各种指令，包括 3 种基本形式：

┤├（触点）——代表逻辑输入条件模拟开关、按钮、内部条件等。

<>（线圈）——通常代表逻辑输出结果模拟灯、电动机启动器、干预继电器、内部输出条件等。

□（方框）——代表附加指令，如定时器、计数器或数学指令。

可用梯形逻辑范围建立从简单到极为复杂的网络。可用中线输出建立网络，甚至能连接 一系列多个方框指令。系列连接方框指令带有“启用输出”（ENO）线条标记。如果方框在 EN 输入处有使能位，而且执行时无错误，则 ENO 向下一个元素传递使能位。ENO 可用作启动位，表示指令成功完成。ENO 位用于堆栈顶端，影响用于后续指令执行的使能位。

LAD 编辑器的优点如下：

（1）梯形逻辑便于新程序员使用。

（2）图形显示通常很容易识别，在全世界通用。

（3）LAD 编辑器可与 SIMATIC 和 IEC1131-3 指令集一起使用。

（4）始终可以使用 STL 编辑器来显示用 LAD 编辑器建立的程序。

二、语句表（STL）

STL 包含 STEP7 指令，可以自由地使用 STL 编程。对其他编程语言熟悉的程序员喜欢使用这种编程语言。

STEP7-Micro/WIN 语句表（STL）编辑器允许用输入指令助记符的方法建立控制程序。总体而言，STL 编辑器对熟悉 PLC 和逻辑编程经验丰富的程序员更适合。STL 编辑器还允许建立无法以其他方法用梯形逻辑或功能块图编辑器建立的程序。这是因为是用 CPU 的本机语言在编程，而不是在图形编辑器中编程，后者为方便正确绘图而有某些限制。

STL 的顺序是从顶部至底部，然后再从头重新开始执行每条指令。STL 和汇编语言在另一种意义上也很相似。S7-200CPU 使用一种逻辑堆栈解决控制逻辑。LAD 和 FBD 编辑器自动插入处理堆栈操作所需的指令。在 STL 中，必须自己插入这些指令来处理堆栈。

STL 编辑器的特点如下：

（1）STL 对经验丰富的程序员最适合。

（2）STL 有时允许解决无法用 LAD 或 FBD 编辑器解决的问题。

（3）只能将 SIMATIC 指令集与 STL 编辑器一起使用（STL 没有 IEC 指令集）。

（4）可以用 STL 编辑器检视或编辑用 SIMATIC LAD 或 FBD 编辑器建立的程序；反之，则并不一定正确。无法始终使用 SIMATIC LAD 或 FBD 编辑器显示 STL 编辑器写入的程序。

三、逻辑功能图（FBD）

功能块图使用不同的功能盒，功能盒中的符号表示功能（例如，&指“与”逻辑操作）。即使与一个过程工程师一样的非程序员也可以使用这种编程语言。功能块图在 STEP7 V 3.0 版本后提供。

STEP 7-Micro/WIN 功能块图（FBD）编辑器允许将指令作为与通用逻辑门图相似的逻辑方框检视。在 LAD 编辑器中无触点和线圈，但有相等的指令，以方框指令的形式显示。

程序逻辑从这些方框指令之间的连接导出，即来自一条指令的输出，如 AND（与）方框，可以被用于启用另一条指令（如定时器），以便建立必要的控制逻辑。这一连接概念像使用其他编辑器一样，可以很方便地解决各种逻辑问题。

图 3-5 所示为一个用功能块图编辑器建立的程序范例。

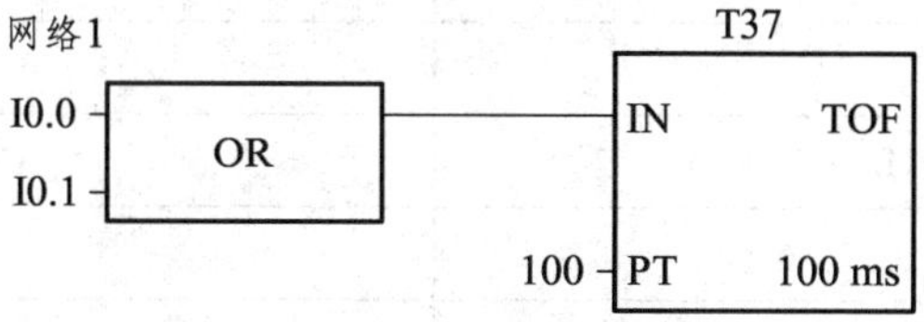

图 3-5　功能块图程序

FBD 编辑器的优点：

（1）图形逻辑门显示式样对遵循程序流有益。

（2）FBD 编辑器可用于 SIMATIC 和 IEC 1131-3 指令集。

（3）始终可以使用 STL 编辑器显示 LAD 编辑器建立的程序。

（4）可扩充 AND/OR（与/或）方框，以简化复杂的输入组合图的绘制。

四、数据类型

1. 基本数据类型

S7-200 PLC 的指令参数所用的基本数据类型如下：

1 位：布尔型（BOOL）。

8 位：字节型（BYTE）。

16 位：无符号整数型（WORD）。

16 位：有符号整数型（INT）。

32 位：无符号双字整数型（DWORD）。

32 位：有符号双字整数型（DINT）。

32 位：实数型（REAL）。

2. 数据类型检查

PLC 对数据类型的检查有助于避免常见的编程错误。数据类型检查分为三级：完全数据类型检查、简单数据类型检查和无数据类型检查。

（1）完全数据类型检查：在该方式下，参数的数据类型必须同符号或变量数据类型匹配，每个有效参数只有一个数据类型（多重指令除外）。例如，“SRW”（右移字）指令的输入（IN）参数的数据类型是“WORD”。只有分配“WORD”型的变量，才能编译成功。当设定为完全数据类型检查时，给“WORD”型指令分配整型（INT）变量是无效的，如表 3-2 所示。

表 3-2　完全数据类型检查

用户选定的数据类型	等价的数据类型
BOOL	BOOL
BYTE	BYTE
WORD	WORD
INT	INT
DWORD	DWORD
DINT	DINT
REAL	REAL

（2）简单的数据类型检查：在该方式下，当给一个符号或变量一个数据类型时，也自动配了和所选定数据类型相匹配的所有数据类型。例如，选择“DINT”作为数据类型，局部变量也自动分配“DWORD”数据类型，因为两者都是32位的数据类型。虽然“REAL”也是32位数据类型，但是它不是自动分配的。由于“REAL”数据类型没有等价的数据类型，它总是单独定义的。简单数据类型检查只在SIAMTIC方式下使用局部变量时执行，如表3-3所示。

表3-3　简单数据类型检查

用户选定的数据类型	等价的数据类型
BOOL	BOOL
BYTE	BYTE
WORD	WORD，INT
INT	WORD，INT
DWORD	DWORD，DINT
DINT	DWORD，DINT
REAL	REAL

（3）无数据类型检查：无数据类型检查方式只在SIMATIC全局变量没有可选的数据类型时使用。在该方式下，所有相同大小的数据类型自动分配给符号。例如，一个符号分配在地址VD100处，表3-4所示为STEP 7-Micro/WIN 32自动为该符号分配了数据类型。数据大小决定了 SIMATIC全局符号的数据类型。

表3-4　无数据类型检查

用户选定的地址	分配的等价数据类型
V0.0	BOOL
VB0	BYTE
VW0	WORD，INT
VD0	DWORD，DINT，REAL

S7-200 PLC的SIMATIC指令集不支持完全数据类型检查。使用局部变量时，执行简单数据类型检查；使用全局变量时，指令操作数为地址而不是可选的数据类型，执行无数据类型检查。

五、存储器类型

1. 数字量输入和输出映像区

（1）输入映像寄存器（数字量输入映像区）（I）。

数字量输入映像区是 S7-200 CPU 为输入端信号状态开辟的一个存储区。输入映像寄存 器的标志位为 I，在每个扫描周期的开始，CPU 对输入点进行采样，并将采样值存储于输入映像寄存器中。输入映像寄存器是 PLC 接收外部输入的开关量信号的窗口。

可以按位、字节、字、双字 4 种方式来存取。

① 按“位”方式：I0.0～I15.7，共有 128 点。

② 按“字节”方式：IB0～IB15，共有 16 个字节。

③ 按“字”方式：IW0～IW14，共有 8 个字。

④ 按“双字”方式：ID0～ID12，共有 4 个双字。

（2）输出映像寄存器（Q）。

数字量输出映像区是 S7-200 CPU 为输出端信号状态开辟的一个存储区。输出映像寄存器的标识符为 Q（Q0.0 ~ Q15.7，共有 128 点），在每个扫描周期的末尾，CPU 将输出映像寄存器的数据传送给输出模块，再由后者驱动外部负载。

可以按位、字节、字、双字 4 种方式来存取。

① 按“位”方式：Q0.0～Q15.7，共有 128 点。

② 按“字节”方式：QB0～QB15，共有 16 个字节。

③ 按“字”方式：QW0～QW14，共有 8 个字。

④ 按“双字”方式：QD0～QD12，共有 4 个双字。

说明：实际没有使用的输入端和输出端的映像区的存储单元可以作为中间继电器用。

2. 模拟量输入映像区和输出映像区

（1）模拟量输入映像区（AI 区）。

模拟量输入映像区是 S7-200 CPU 为模拟量输入端信号开辟的一个存储区。S7-200 将测得的模拟量（如温度、压力）转换成 1 个字长（2 个字节）的数字量。模拟量输入映像寄存器用标识符（AI）、数据长度（W）及字节的起始地址表示。

AIW0 ~ AIW30，共有 16 个字，总共允许有 16 路模拟量输入。说明：模拟量输入值为只读数据。

（2）模拟量输出映像区（AQ 区）。

模拟量输出映像区是 S7-200 CPU 为模拟量输出端信号开辟的一个存储区。S7-200 将 1 个字长（2 个字节、16 位）的数字量按比例转换为电流或电压。模拟量输出映像寄存器用标识符（AQ）、数据长度（W）及字节的起始地址表示。

AQW0～AQW30，共有 16 个字，总共允许有 16 路模拟量输出。

3. 变量存储器区（V）

在 PLC 执行程序过程中，会存在一些控制过程的中间结果，这些中间数据也需要用存储器来保存。变量存储器（相当于内辅继电器）就是根据这个实际的要求设计的。变量存储器是 S7-200 CPU 为保存中间变量数据而建立的一个存储区，用 V 表示。

可以按位、字节、字、双字 4 种方式来存取。

按“位”方式：V0.0～V5119.7，共有 40 960 点。CPU221、CPU222 变量存储器只有 2 048 个字节，其变量存储区只能到 V2047.7 位。

按“字节”方式：VB0～VB5119，共有 5 120 个字节。

按“字”方式：VW0～VW5118，共有 2 560 个字。

按“双字”方式：VD0～VD5116，共有 1 280 个双字。

4. 位存储器区（M）

在 PLC 执行程序过程中，可能会用到一些标志位，这些标志位也需要用存储器来寄存。位存储器就是根据这个要求设计的。位存储器是 S7-200 CPU 为保存标志位数据而建立的一个存储区，用 M 表示。该区虽然称为位存储器，但是其中的数据不仅可以是位，还可以是字节、字或双字。

按“位”方式：M0.0～-M31.7，共有 256 点。

按“字节”方式：MB0～MB31，共有 32 个字节。

按“字”方式：MW0～MW30，共有 16 个字。

按“双字”方式：MD0～MD28，共有 8 个双字。

5. 顺序控制继电器区（S）

在 PLC 执行程序过程中，可能会用到顺序控制。顺序控制继电器就是根据顺序控制的特点和要求设计的。顺序控制继电器区是 S7-200 CPU 为顺序控制继电器的数据而建立的一个存储区，用 S 表示。在顺序控制过程中，用于组织步进过程的控制。

可以按位、字节、字、双字 4 种方式来存取。

按“位”方式：S0.0～S31.7，共有 256 点。

按“字节”方式：SB0～-SB31，共有 32 个字节。

按“字”方式：SW0～SW30，共有 16 个字。

按“双字”方式：SD0～SD28，共有 8 个双字。

6. 局部存储器区（L）

S7-200 PLC 有 64 个字节的局部存储器（相当于内辅继电器），其中，60 个可以用作暂时存储器或者给子程序传递参数。

局部存储器和变量存储器很相似，主要区别是变量存储器是全局有效的，而局部存储器是局部有效的。全局是指同一个存储器可以被任何程序存取（例如，主程序、子程序或中断程序）。局部是指导存储器区和特定的程序相关联，几种程序之间不能互访。

局部存储器区是 S7-200 CPU 为局部变量数据建立的一个存储区，用 L 表示。该区域的数据可以用位、字节、字、双字 4 种方式来存取。

按“位”方式：L0.0～L63.7，共有 512 点。

按“字节”方式：LB0～LB63，共有 64 个字节。

按“字”方式：LW0～LW62，共有 32 个字。

按“双字”方式：LD0～LD60，共有 16 个双字。

7. 定时器存储器区（T）

PLC 在工作中少不了需要计时，定时器就是实现 PLC 具有计时功能的计时设备。

S7-200 有 256 个定时器，编号为 T0、T1…T255。

8. 计数器存储器区（C）

PLC 在工作中有时不仅需要计时，还可能需要计数功能。计数器就是使 PLC 具有计数功能的计数设备。

S7-200 有 256 个计数器，计数器的编号为 C0、C1…C255。

9. 高速计数器区（HC）

高速计数器用来累计比 CPU 扫描速率更快的事件。S7-200 各个高速计数器的计数频率高达 30 kHz。

S7-200 各个高速计数器有 32 位带符号整数计数器的当前值，若要存取高速计数器的值，则必须给出高速计数器的地址，即高速计数器的编号。

S7-200 有 6 个高速计数器。其中，CPU221 和 CPU222 仅有 4 个高速计数器（HSC0、HSC3、HSC4、HSC5）。高速计数器的编号为 HSC0、HSC1…HSC50。

10. 累加器区（AC）

累加器是可以像存储器那样进行读/写的设备。例如，可以用累加器向子程序传递参数，或从子程序返回参数，以及用来存储计算的中间数据。

S7-200 CPU 提供了 4 个 32 位累加器（AC0、AC1、AC2、AC3）。

可以按字节、字或双字来存取累加器数据中的数据。但是，以字节形式读/写累加器中的数据时，只能读/写累加器 32 位数据中的最低 8 位数据。如果是以字的形式读/写累加器中的数据，只能读/写累加器 32 位数据中的低 16 位数据。只有采取双字的形式读/写累加器中的数据时，才能一次读/写全部 32 位数据。

因为 PLC 的运算功能是离不开累加器的，因此，在编程中不要像占用其他存储器那样占用累加器。

11. 特殊存储器区（SM）

特殊存储器是 S7-200 PLC 为 CPU 和用户程序之间传递信息的媒介。它们可以反映 CPU 在运行中的各种状态信息，用户可以根据这些信息来判断机器工作状态，从而确定用户程序该做什么，不该做什么。特殊存储器就是根据这个要求设计的。

（1）特殊存储器区。

特殊存储器区是 S7-200 PLC 为保存自身工作状态数据而建立的一个存储区，用 SM 表示。特殊存储器区的数据有些是可读可写的，有些是只读的。特殊存储器区的数据可以是位，也可是字节、字或双字。

按“位”方式：SM0.0 ~ SM179.7，共有 1 440 点。

按“字节”方式：SM0～SM179，共有 180 个字节。

按“字”方式：SMW0～SMW178，共有 90 个字。

按“双字”方式：SMD0～SMD176，共有 45 个双字。

说明：特殊存储器区的前 30 个字节为只读区。

（2）常用的特殊存储器及其功能。

特殊存储器用于 CPU 与用户之间交换信息，如 SM0.0 一直为“1”状态，SM0.1 仅在执行用户程序的第一个扫描周期为“1”状态。SM0.4 和 SM0.5 分别提供周期为 1 min 和 1 s 的时钟脉冲。SM1.0、SM1.1 和 SM1.2 分别是零标志、溢出标志和负数标志。

这里的 256 个 I/O 映像可以用 256 个 Bit 来表示 128 个“1”和 128 个“0”，也可以用 32 个 Byte 来表示 16 个“1”和 16 个“0”，还可以用 16 个 Word 来表示开关量，或者用 4 个 DW（Double Word）来表示开关量。但是，如果用 DW 就只有 4 个“1”和 4 个“0”。采用 Byte、Word 或 DW 涉及数据采集的精度（如温度等），需要 Byte 或者 Word 或者 DW 的采集精度。

六、寻址方式

寻址就是指定指令要进行操作的地址。S7-200 中有两种寻址方式：直接寻址和间接寻址。

1. 直接寻址

S7-200 将信息存于不同的存储单元，每一个单元都有唯一的地址，可以明确指出要存取的存储器地址，这就允许用户程序直接存取这个信息。表 3-5 列出了不同长度的数据所能表示的数值范围。

表 3-5 不同长度的数据表示的十进制和十六进制数范围

数 制	字节/B	字/W	双字/D
无符号整数	0～255	0～65535	0～4 294 967 295
	0～FF	0～FFFF	0 ～FFFF FFFF
符号整数	－128～+127	－32 768～+32 767	－2 147 483 648～+2 147 483 647
	80 ～7F	8000～7FFF	8 000 0000～7FFF FFFF
实数 IEEE 32 位浮点数	不用	不用	$+1.175495\times10^{-38}$ 到 $+3.402823\times10^{+38}$（正数） -1.175495×10^{-38} 到 $-3.402823\times10^{+38}$（负数）

若要存取存储区的某一位，则必须指定地址，包括存储器标识符、字节地址和位号。图 3-6 是一个位寻址的例子（又称“字节.位寻址”），在这个例子中，存储区、字节地址（I 代表输入，3 代表字节 3）和位地址（第 4 位）之间用点号“.”相隔开。

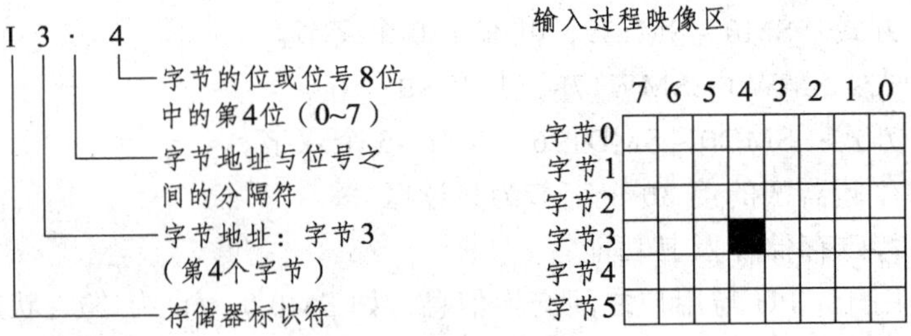

图 3-6 字节.位寻址

使用这种字节寻址方式，可以按照字节、字或双字来存取许多存储区（V、I、Q、M、S、L 及 SM）中的数据，若要存取 CPU 中的一个字节、字或双字数据，则必须以类似位寻址的方式给出地址，包括存储器标识符、数据大小，以及该字节、字或双字的起始字节地址，如图 3-7 所示。

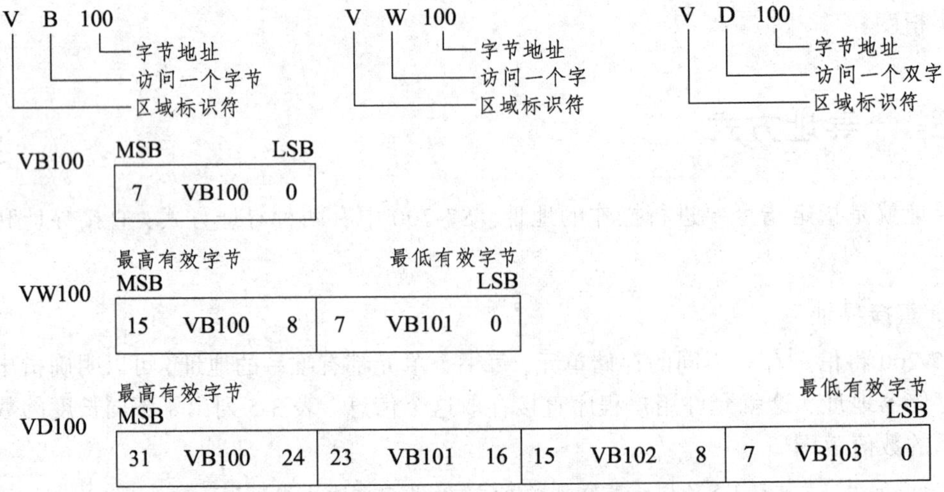

图 3-7　对同一地址进行字节、字和双字存取操作的比较

其他 CPU 存储区（如 T、C、HC 和累加器）中存取数据使用的地址格式包括区域标识符和设备号。

（1）输入过程映像寄存器：I。

在每次扫描周期的开始，CPU 对物理输入点进行采样，并将采样值写入输入过程映像寄存器中，可以按位、字节、字或双字存取输入过程映像寄存器中的数据。

位：　　　　　　　　I［字节地址］.［位地址］　　　　I1.1

字节、字或双字：I［长度］［起始字节地址］　　　　IB4

（2）输出过程映像寄存器：Q。

在每次扫描周期的结尾，CPU 将输出过程中控制映像寄存器中的数据复制到物理输出点上，可以按位、字节、字或双字来存取输出过程映像寄存器中的数据。

位：　　　　　　　　Q［字节地址］.［位地址］　　　　Q1.1

字节、字或双字：Q［长度］［起始字节地址］　　　　QB5

（3）变量存储区：V。

可以用 V 存储器区存储程序执行过程中控制逻辑操作的中间结果，也可以用它来保存与工序或任务相关的其他数据，并且可以按位、字节、字或双字来存取 V 存取区中的数据。

位：　　　　　　　V［字节地址］.［位地址］　　　　V10.2

字节、字或双字：V［长度］［起始字节地址］　　　　VW100

（4）位存储区：M。

可以用位存储区作为控制继电器来存储中间状态和控制信息，可以按位、字节、字或双字来存取位存储区。

位：　　　　　　　M［字节地址］.［位地址］　　　　M26.7

字节、字或双字：M［长度］［起始字节地址］　　　　MD20

（5）定时器存储区：T。

在 S7-200CPU 中，定时器可用于时间累计，其分辨率（时基增量）分别为 1 ms、10 ms 和 100 ms 三种，定时器有两种形式：

① 当前值：16 位有符号整数，存储定时器所累计的时间。

② 定时器位：按照当前值和预置值的比较结果置位或者复位，预置值是定时器指令的一部分。

可以用定时器地址（T+定时器号）来存取这两种形式的定时器数据，究竟使用哪种形式，取决于所使用的指令。如果使用位操作指令则存取定时器位，如果使用字操作指令则存取定时器当前值。如图 3-8 所示，常开触点指令存取定时器位，而字移动指令则存取定时器的当前值。

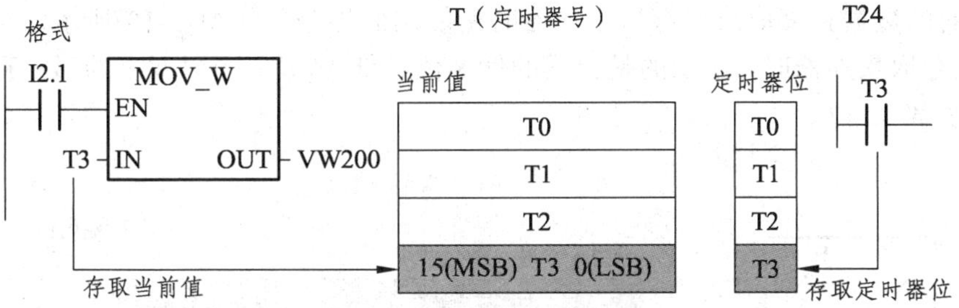

图 3-8　存取定时器位或者定时器的当前值

（6）计数器存储器：C。

在 S7-200 CPU 中，计数器可以用于累计其输入端脉冲电平由低到高的次数，CPU 提供了 3 种类型的计数器：一种只能增计数；另一种只能减计数；还有一种既可以增计数，又可以减计数。计数器有两种形式：

① 当前值：16 位有符号整数，存储累计值。

② 计数器位：按照当前值和预置值的比较结果置位或者复位，预置值是计数器指令的一部分。

可以用计数器地址（C+计数器号）来存取这两种形式的计数器数据，究竟使用哪种形式取决于所使用的指令。如果使用位操作指令则存取计数器位；如果使用字操作指令，则存取计数器当前值。如图 3-9 所示，常开触点指令存取计数器位，而字移动指令则存取计数器的当前值。

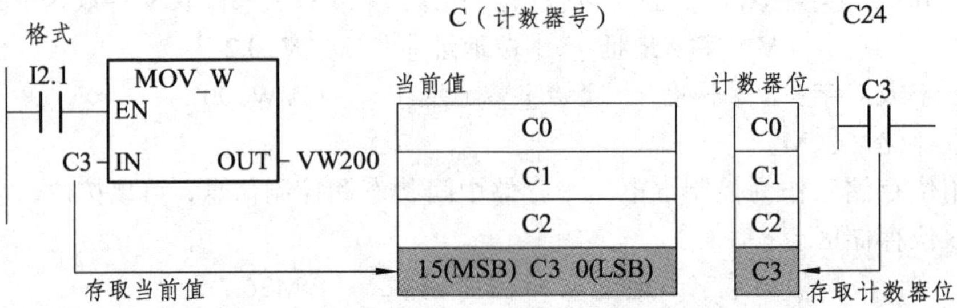

图 3-9　存取计数器位或者计数器的当前值

（7）高速计数器：HC。

高速计数器对高速时间计数，它独立于 CPU 的扫描周期，高速计数器有一个 32 位的有符号整数计数器（或当前值），若要存取高速计数器中的值，则应给出高速计数器的地址，即存储器类型（HC）加上计数器号（如 HC0），高速计数器的当前值只是读取数据，仅可以作为双字（32 位）来寻址。

格式：HC［高速计数器号］HC1。

（8）累加器：AC。

累加器可以像存储器一样使用读/写设备，如用它来向子程序传递参数，也可以从子程序返回参数，以及用来存储计算的中间结果。S7-200 提供了 4 个 32 位累加器（AC0、AC1、AC2 和 AC3），并且可以按字节、字或双字的形式来存取累加器中的数值。

被访问的数据长度取决于存取累加器时所使用的指令，如图 3-10 所示，当以字节或字 的形式存取累加器时，使用的是数据的低 8 位或低 16 位；当以双字的形式存取累加器时，使用全部 32 位。

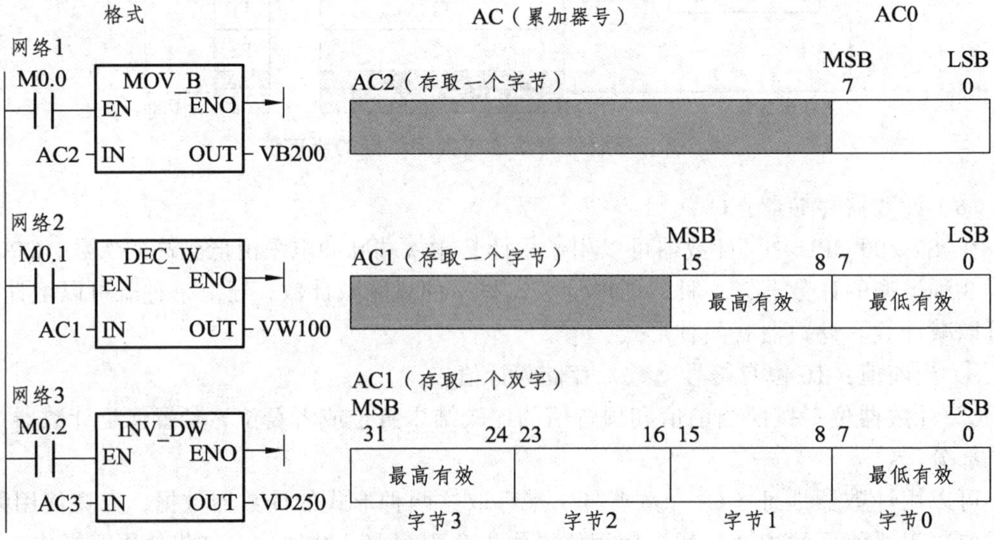

图 3-10　存取累加器

（9）特殊存储器：SM。

SM 位为 CPU 和用户程序之间传递信息提供了一种手段，可以用这些位选择和控制 S7-200 CPU 的一些特殊功能。例如，首次扫描标志位，按照固定频率开关的标志位或者显示数学运算或操作指令状态的标志位。可以按位、字节、字或双字来存取 SM 位。

位：　　　　　　　SM［字节地址］.［位地址］　　SM0.1

字节、字或双字：SM［长度］［起始字节地址］　　SMB86

（10）局部寄存器：L。

在 S7-200 CPU 中有 64 个字节的局部存储器，其中，60 个可以用作临时存储器或者给子程序作传递参数。

注意：如果用梯形图或者功能块图编辑，STEP 7-Micro/WIN 保留这些局部存储器的最后 4 个字节。

S7-200 PLC 给主程序分配了 64 个局部存储器，给每一个子程序嵌套分配了 64 个字节局部存储器，给中断服务程序分配了 64 个字节局部存储器。

子程序或者中断服务程序不能访问分配给主程序的局部存储器，子程序不能访问分配给主程序、中断服务程序或者其他子程序的局部存储器。同样地，中断服务程序也不能访问分配给主程序或子程序的局部存储器。

S7-200 根据需要分配局部存储器，也就是说，当主程序执行时，分配给子程序或中断服务程序的局部存储器是不存在的。当发生中断或者调用一个子程序时，需要分配局部存储器，新的局部存储器在分配时可以重新使用分配给另一个子程序或中断服务程序的局部存储器。

局部存储器在分配时 PLC 不进行初始化，初值可能是任意的，当在子程序调用中传递参数时，在被调用子程序的局部存储器中，由 CPU 替换其被传递的参数的值，局部存储器在参数传递的过程中不传递值，在分配时不被初始化，也没有任何数值。

位：　　　　　　　L［字节地址］.［位地址］　　L0.0

字节、字或双字：L［长度］［起始字节地址］　　LB33

（11）模拟量输入：AI。

S7-200 将模拟量值（如温度、电压）转换成 1 个字长（16 位）的数字量，可以用区域标识符（AI）、数据长度（W）及字节的起始地址来存取这些值。因为模拟输入量为 1 个字长，且从偶数位字节（如 0、2、4）开始，所以必须用偶字节地址（如 AIW0、AIW2、AIW4）来存取这些值，模拟量输入值为只读数据。

格式：　　　　　　AIW［起始字节地址］　　AIW4

（12）模拟量输出：AQ。

S7-200 把 1 个字长（16 位）的数字量按比例转换为电流或电压，可以用区域标识符（AQ）、数据长度（W）及字节的起始地址来改变这些值，因为模拟量为 1 个字长，且从偶数位字节（如 0、2、4）开始，所以必须用偶字节地址（如 AQW0、AQW2、AQW4）来改变这些值，模拟量输出值为只写数据。

格式：　　　　　　AQW［起始字节地址］　　AQW4

（13）顺控继电器存储器：S。

顺控继电器位 S 用于组织机器操作或者进入等效程序段的步骤，SCR 提供控制程序的逻辑分段，可以按位、字节、字或双字来存取 S 位。

位：　　　　　　S［字节地址］.［位地址］　　　　S3.1

字节、字或双字：S［长度］［起始字节地址］　　　SB3

2. 间接寻址

间接寻址是指用指针来访问存储区数据，指针以双字的形式存储其他存储区的地址，只能用 V 存储器、L 存储器或者累加器存储器（AC1、AC2、AC3）作为指针。要建立一个指针，必须以双字的形式，将需要间接寻址的存储器地址移动到指针中，指针也可以为子程序传递参数。

S7-200 允许指针访问以下存储区：I、Q、V、M、S、AI、AQ、SM、T（仅限于当前值）和 C（仅限于当前值），无法用间接寻址的方式访问位地址，也不能访问 HC 或者 L 存储区。

要使用间接寻址，应该用“&”符号加上要访问的存储区域地址来建立一个指针指令的输入操作数，而不是将其内容移动到指令的输出操作数（指针）中。

当指令中的操作数是指针时，应该在操作数前面加上“*”号，如图 3-11 所示，输入“*AC1”指定 AC1 是一个指针，MOVW 指令决定了指针指向的是一个字长的数据，在本例中，存储在 VB200 和 VB201 中的数据被移动到累加器 AC0 中。

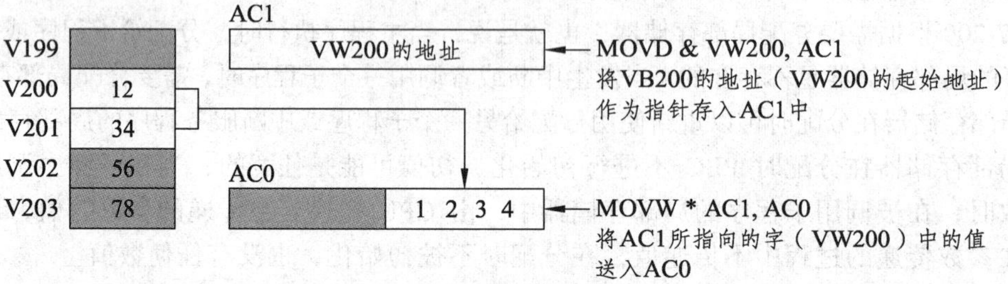

图 3-11 创建和使用指针

如图 3-12 所示，可以改变一个指针的数值，由于指针是一个 32 位的数据，要用双字指令来改变指针的数值，简单的数学运算，如加法指令或者递增指令，可用于改变指针的数值。

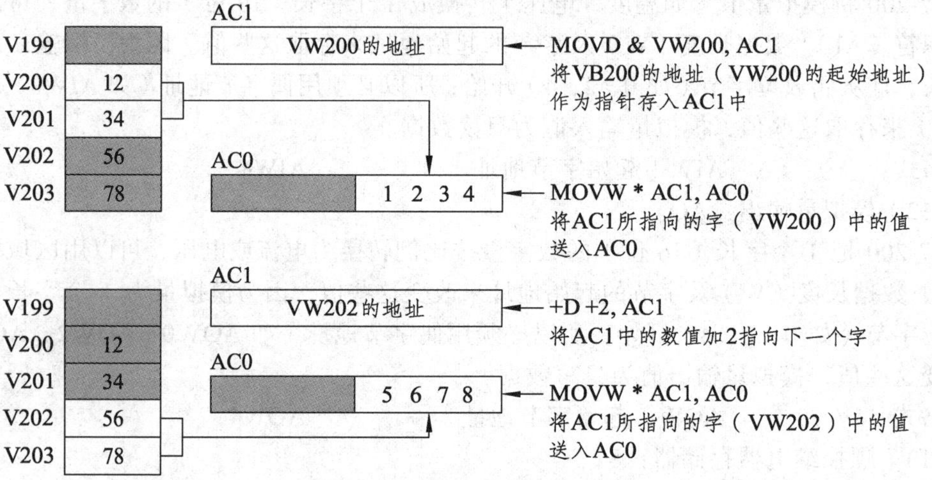

图 3-12 改变指针

注意：按照所访问的数据长度来使用不同的指令，当访问字节时，使用递增指令使指针加 1；当访问字或者计数器、定时器的当前值时，用加法或者递增指令使指针加 2；当访问双字时，使用加法或者递增指令使指针加 4。

第四节　STEP 7-Micro/WIN 编程软件的安装、设置和调试

STEP7-Micro/WIN 是 SIEMENS 公司专为 SIMATIC 系列 S7-200 研制开发的编程软件，它是基于 Windows 平台的应用软件。STEP7-Micro/WIN 可以使用个人计算机作为图形编辑器，用于联机或脱机开发用户程序，并可在线实时监控用户程序的执行状态。

一、编程软件的安装

（1）必须使用具有 Windows95 以上操作系统的计算机。

（2）具备下列设备的一种：一根 PC/PPI 电缆，一个插在计算机中的 CP5511、CP5611 通信卡和多点接口 MPI 电缆、一块 MPI 卡和配套的电缆。

（3）最新的 STEP 7-Micro/WIN 编程软件有 V4.0 版，可以在西门子的中文网站下载。

（4）双击 STEP 7-Micro/WIN 编程软件的安装程序“setup.exe”，根据安装提示完成安装。进入安装程序时选择英语作为安装过程中的使用语言。

（5）完成安装后，用菜单命令“工具”→“选项”打开“选项”对话框，在“一般”选项卡中选择语言为中文，使编程环境为中文状态。

二、通信准备

（1）把 PC/PPI 电缆的“PC”RS232 端连接到计算机的 RS232 通信口，可以是 COM1 或 COM2 中的任一个。

（2）把“PPI”RS485 端连接到 PLC 的任一 RS485 通信口，然后拧紧连接螺钉。

（3）设置 PC/PPI 电缆上的 DIP 开关，选定计算机所支持的波特率和帧模式。用 DIP 的开关 1、2、3 设定波特率（一般默认值为 9.6 kbit/s）。

（4）开关 4 用来选择 10 和 11 位数据传输模式。开关 5 用于选择将 RS232 口设置为数据通信设备（DCE）模式或数据终端设备（DTE）模式。

三、通信参数设置

（1）双击指令树文件夹“通信”中的“设置 PG/PC 接口”图标，将出现设置 PG/PC 接口的对话框，可以安装或删除通信接口、设置检查通信接口参数等。系统默认值设置为：远程设备站（S7-200）地址为 2，通信波特率为 9.6 kbit/s，采用 PC/PPI 电缆通信（计算机

的 COM1 口)，PPI 协议。

(2) 双击“通信”对话框中的刷新图标，编程软件将会自动搜索连接在网络上的所有 S7-200 CPU 站，并为每一个搜索到的 S7-200 建立一个 CPU 图标。

四、STEP 7-Micro/WIN 的基本功能

STEP 7-Micro/WIN 编辑软件是在 Windows 平台上编制用户应用程序，它主要完成下列任务。

(1) 在离线方式下（计算机不直接与 PLC 联系）可以实现对程序的创建、编辑、编译、调试和系统组态。

(2) 在在线（联机）方式下通过联机通信的方式上装和下载用户程序及组态数据，编辑和修改用户程序，可以直接对 PLC 做各种操作。

(3) 在编辑程序过程中进行语法检查。

(4) 提供对用户程序进行文档管理、加密处理等工具功能。

(5) 设置 PLC 的工作方式和运行参数，进行监控和强制操作等。

五、软件界面及其功能介绍

1. 软件界面

因为 STEP7 编程软件提供了多种显示语言，所以可以选择中文主界面。选择“Tools”→“Options”命令，打开“Options”对话框。在“Options”对话框中将“General”→“Language”的内容选择为“Chinese”，然后单击按钮。

2. 界面功能

STEP 7 编程软件的中文界面一般分为菜单条、工具条、浏览条、输出窗口、状态栏、编辑窗口、局部变量表和指令树等几个区域。

(1) 菜单条。

菜单条包括文件（File）、编辑（Edit）、查看（View）PLC，调试（Debug），工具（Tools），窗口（Windows），帮助（Help）。

(2) 工具条。

工具条的功能是提供简单的鼠标操作，将最常用的操作以按钮的形式安放在工具条中。

(3) 浏览条。

通过选择“查看”→“浏览条”命令打开浏览条，包括程序块、符号表、状态表、数据块系统块、交叉引用、通信与设置 PG/PC 接口。

(4) 输出窗口。

该窗口用来显示程序编译的结果信息，如各程序块（主程序、中断程序或子程序）的大小、编译结果有无错误、错误编码和位置等。

（5）状态栏。

状态栏也称为任务栏，与一般任务栏功能相同。

（6）编辑窗口。

编辑窗口分为 3 部分：编辑器、网络注释和程序注释。

（7）局部变量表。

在带参数的子程序调用中，局部变量表用来进行参数传递。

（8）指令树。

指令树用来提示编程时所用到的全部 PLC 指令和快捷操作命令。

六、STEP 7 编程软件的基本使用

STEP 7 编程软件的使用是学习编程软件的重点，本小节将对 STEP 7 编程软件的文件操作、编辑程序、下载和运行、停止程序进行介绍。

1. 文件操作

STEP 7 的文件操作主要是指新建程序文件和打开已有文件两种。

（1）新建程序文件。

新建一个程序文件，可选择“文件”→“新建”命令，或者单击工具条中的按钮来完成。新建文件界面如图 3-13 所示。

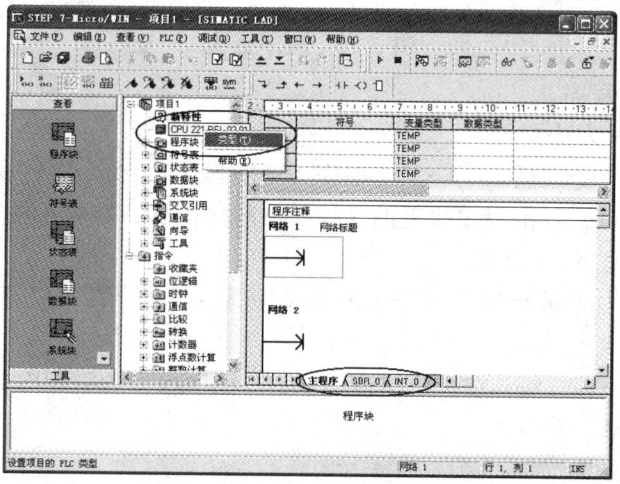

图 3-13　新建程序文件界面

① 更改 PLC 型号。

因为不同型号的 PLC 的外部扩展能力不同，所以在建立新程序文件时，应根据项目的需要选择 PLC 型号，如图 3-14 所示。

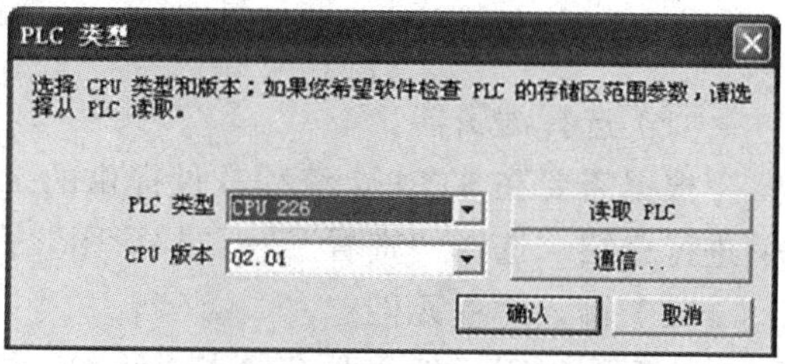

图 3-14　“PLC 类型”对话框

② 项目文件更名。

若要更改程序文件的默认名称，可选择

“文件”→“另存为”命令，在弹出的对话框中键入新名称。

③ 程序更名。

主程序的名称一般默认为“MAIN”，不用更改。若更改子程序或者中断服务程序名称，则在指令树的程序块文件夹下右击子程序名或中断服务程序名，在弹出的菜单中选择“重命名”命令，如图 3-15 所示。

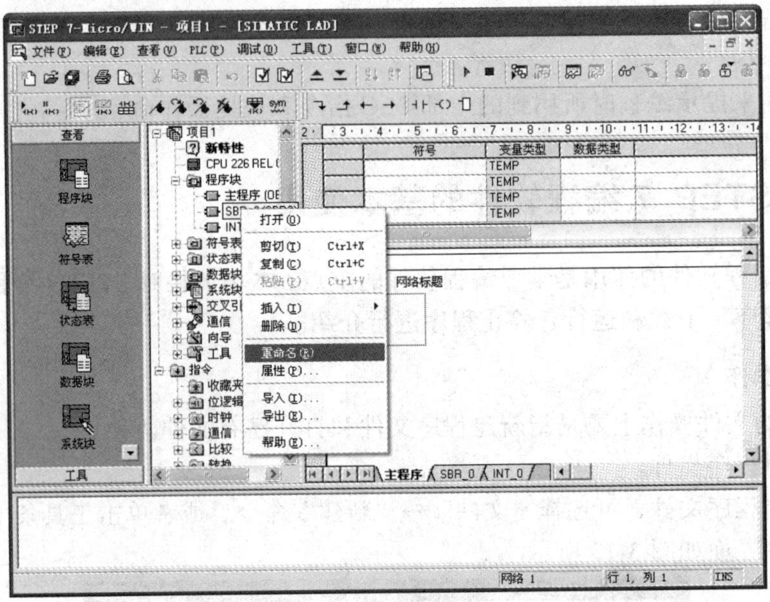

图 3-15　程序更名

④ 添加和删除程序。

添加程序有 3 种方法：

a. 选择“编辑”→“插入”→“子程序（中断程序）”命令进行程序添加工作。

b. 在指令树窗口，右击程序块下的任何一个程序图标，在弹出的菜单中选择“插入”→“子程序（中断程序）”命令。

c. 在编辑窗口右击编辑区，在弹出的菜单中选择“插入”→“子程序（中断程序）”命令。

删除程序只有一种方法：在指令树窗口，右击程序块下的需删除的程序图标，在弹出的菜单中选择“删除”命令。

（2）打开已有文件。

打开一个磁盘中已有的程序文件，应选择“文件”→“打开”命令。

2. 编辑程序

（1）选择编辑器。

根据需要在 STEP 7 编程软件提供的 3 种编辑器中选择一种。这里以梯形图编辑器为例进行介绍，选择“查看”→“梯形图”命令，即可选择梯形图编辑器。

（2）输入编程元件。

梯形图编程元件主要有触点、线圈、指令盒、标号及连接线。其中，触点、线圈和指令盒属于指令元件，连接线分为垂直线和水平线，而垂直线包括下行线和上行线，水平线包括左行线和右行线。编程元件的输入方法有以下两种。

采用指令树中的指令，这些指令是按照类型排放在不同的文件夹中，主要用于选择触点、线圈和指令盒，直观性强。

采用指令工具条上的编程按钮，如图 3-16 所示。点击触点、线圈和指令盒按钮时，会弹出下拉菜单，可在下拉菜单中选择所需命令，如图 3-17 至图 3-23 所示。

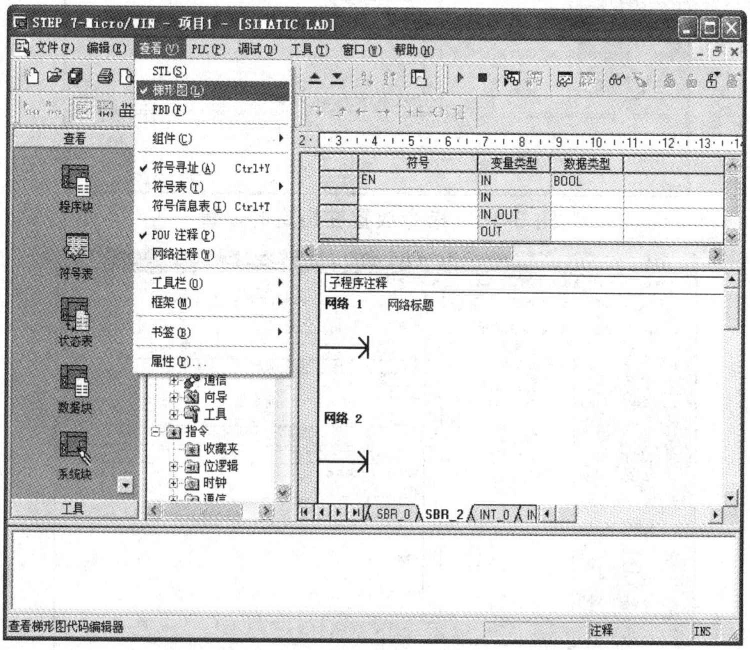

图 3-16　编程元件的梯形图界面选择

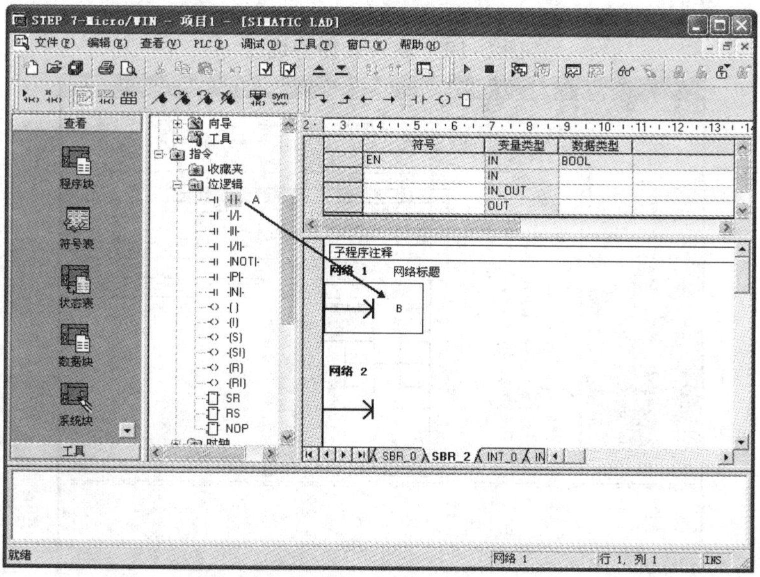

图 3-17　放置指令（触点类指令）

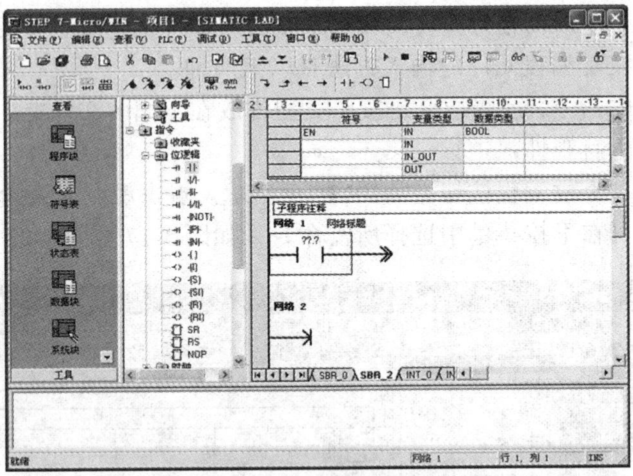

图 3-18 指令放置在指定的位置

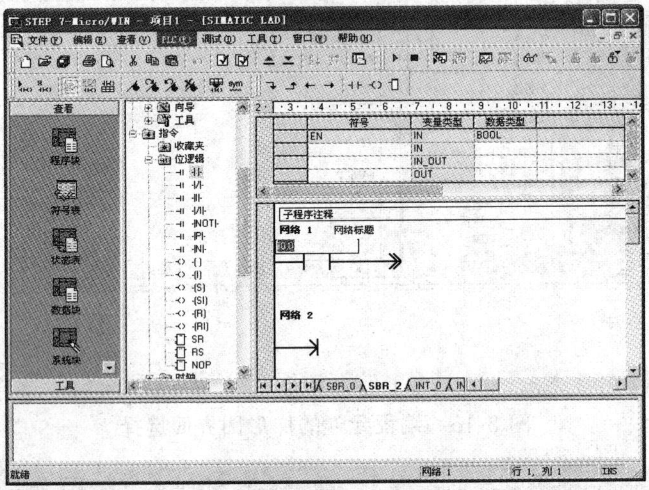

图 3-19 输入元件的地址

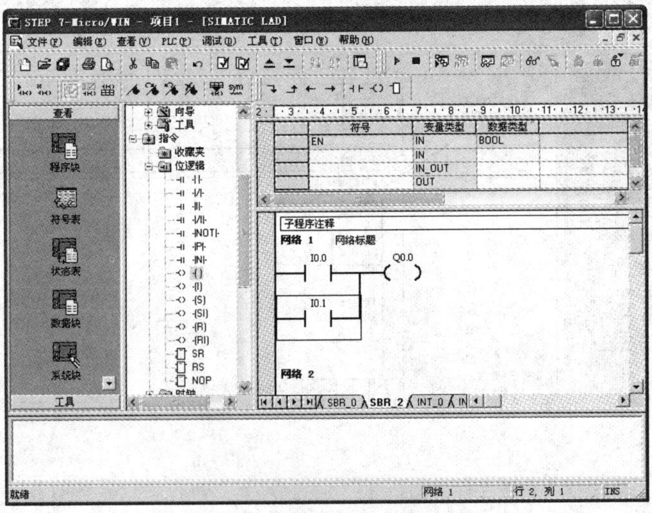

图 3-20 触点并联程序

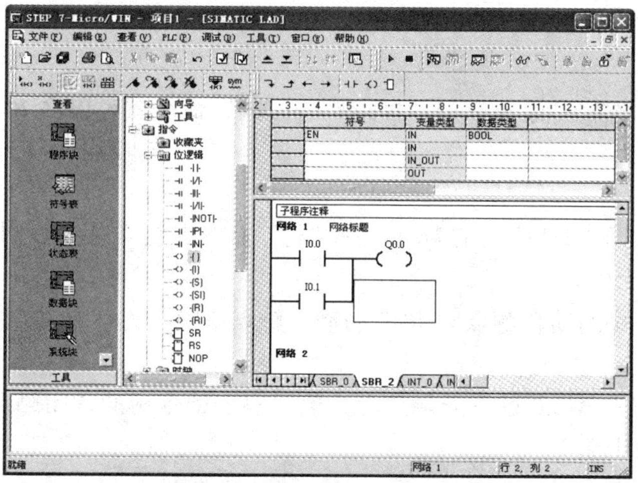

图 3-21　重新放置编辑方框

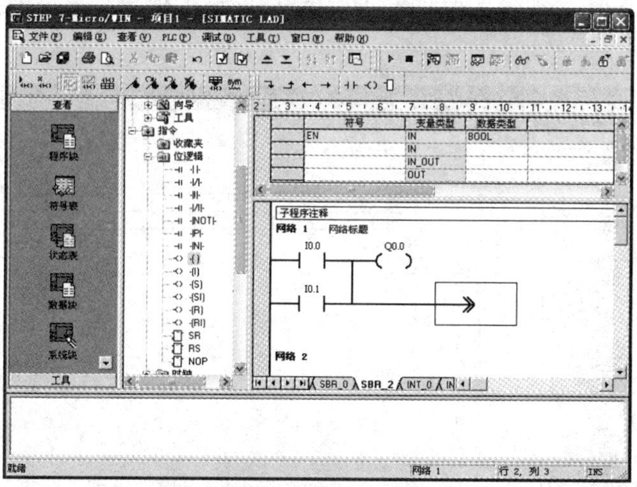

图 3-22　绘制水平线

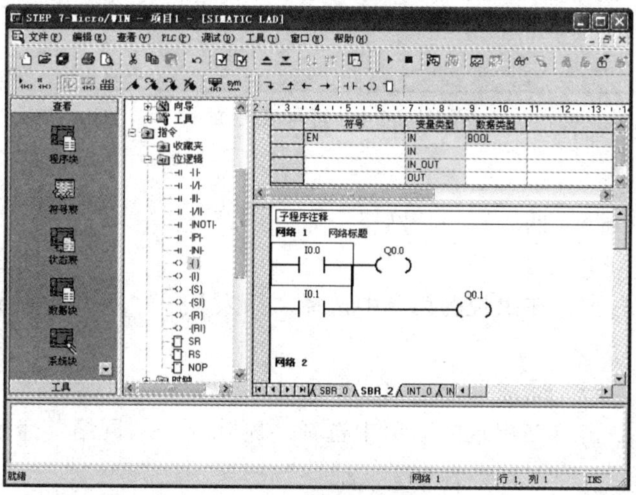

图 3-23　放置线圈

（3）插入列和插入行。

① 插入列。

在图 3-23 中，选择“编辑”→“插入”→“列”命令就可以在 I0.0 前面插入一列的位置。

② 插入行

在图 3-23 中选择“编辑”→“插入”→“行”命令，就可以在 Q0.1 的上面插入一行。

（4）更改指令元件。

① 把原来 M0.0 的动合触点和 I0.1 的动合触点删除，然后在相应的位置直接放置需要的指令。

② 把光标放置在 M0.0 的常开触点上，然后双击指令树的常闭触点，可以看到 M0.0 的常开触点改为常闭触点了。

（5）符号表。

使用符号表，可将元件地址用具有实际意义的符号代替，有利于程序清晰易读（见图 3-24）。

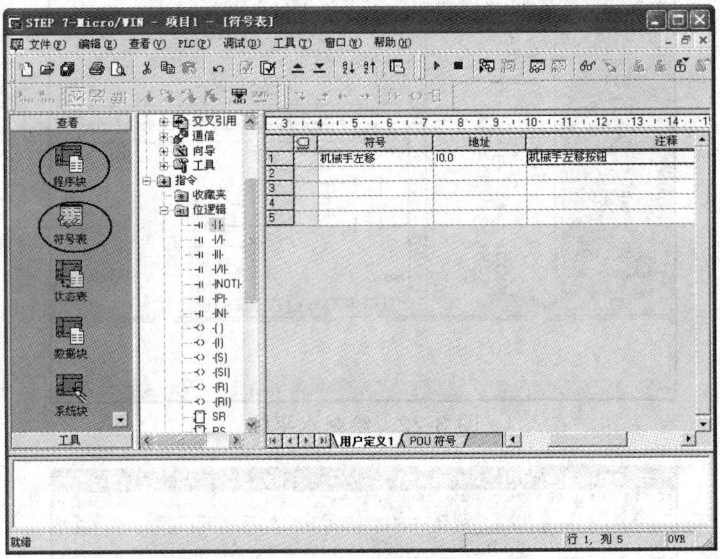

图 3-24　符号表界面

① 插入网络。

a. 选择“编辑”→“插入”→“网络”命令。

b. 使用快捷键<F3>。

c. 在编辑窗口右击，在出现的菜单中选择“插入”→“网络”命令。

② 删除网络。

a. 选择“编辑”→“删除”→“网络”命令。

b. 在编辑界面右击，在出现的菜单中选择“删除”→“网络”命令。

（6）编译。

程序编制完成后，应进行离线编译操作检查程序大小、有无错误及显示错误编码和位置等。可以选择“PLC”→“编译”命令，也可以采用工具条中的编译按钮。

3. 下载与运行程序

程序编制完成并编译无误后，就可将程序下载到 PLC 中运行。

下载程序可将用户程序下载到 PLC 中。若没有设置通信连接，便会在“下载”对话框中出现通信错误提示。

（1）运行程序。

把需要运行的用户程序下载到 PLC 中，再把 PLC 上的 RUN/TERM/STOP 开关扳动到 RUN 位置，然后单击按钮，自动“RUN（运行）”对话框，单击“是”按钮。

（2）停止程序。

单击红色按钮，自动弹出“STOP（停止）”对话框确认停止运行后，CPU 停止运行用户程序。

4. 程序的调试与监控

（1）选择工作方式。

① 选择 STOP 工作方式。在“STOP（停止）”工作方式中，可以创建和编辑程序。在这种工作方式下，PLC 处于半空闲状态，停止用户程序执行，执行输入更新，用户中断条件被禁用。

② 选择运行工作方式。当 PLC 位于“RUN（运行）”工作方式时，不能使用“首次扫描”或“多次扫描”功能。

（2）程序状态显示。

① 起动程序状态。在“STOP（停止）”工作方式中，可以创建和编辑程序。在这种工作方式下，PLC 处于半空闲状态，停止用户程序执行，执行输入更新，用户中断条件被禁用。

② 用程序状态模拟进程条件（读取、强制、取消强制和全部取消强制）。当 PLC 处于“RUN（运行）”工作方式时，不能使用“首次扫描”或“多次扫描”功能。

③ 识别强制图标。

（3）状态图显示。

① 打开状态图。

a. 单击浏览条上的“状态图”按钮。

b. 执行“检视”→“元件”→“状态图”。

c. 打开指令树中的“状态图”文件夹，然后双击“图标”。

② 状态图的创建和编辑。

③ 状态图的起动与监视。

（4）执行有限次扫描。

① 执行有限次扫描。

“单次扫描”使 PLC 从“STOP”转变成“RUN”，执行单次扫描，然后再转回“STOP”，因此与第一次相关的状态信息不会消失。

② 执行多次扫描。

PLC 须位于“STOP（停止）”模式，用菜单“调试”→“多次扫描”→出现“执行扫描”对话框，输入所需的扫描次数数值，单击“确定”。

（5）查看交叉引用。

执行“检视”→“交叉引用”命令或单击浏览条中的“交叉引用”按钮打开“交叉引用”窗口。

单击“交叉引用”窗口底部的标签，可以查看“交叉引用”表、“字节用法”表和“位用法”表。

（6）运行模式下编辑程序。

在运行模式下编辑，可以在对控制过程影响较小的情况下，对用户程序做少量的修改。具体操作步骤如下：

① 选择“排错（Debug）”菜单中的“在运行状态编辑程序”命令。

② 屏幕弹出警告信息。

③ 在运行模式下进行下载。

④ 退出运行模式编辑。

（7）S7-200 的出错处理。

S7-200 的错误类型可以分为致命错误和非致命错误两大类。

① 非致命错误是指用户程序结构问题，用户程序指令执行问题和扩展 I/O 模块问题。

② 致命错误会导致 S7-200 停止程序执行。按照致命错误的严重程度，S7-200 的部分或全部功能无法执行。

5. 项目管理

（1）打印程序和项目文件。

① 单击“打印”按钮。

② 执行“文件”→“打印”命令。

③ 按 Ctrl+P 快捷键。

（2）复制项目。

在 STEP 7-Micro/WIN 项目中可以复制：文本或数据域、指令、单个网络、多个相邻的网络、POU 中的所有网络、状态图行或列或整个状态图、符号表行或列或整个符号表、数据块。但不能同时选择或复制多个不相邻的网络。不能从一个局部变量表成块复制数据并粘贴至另一个局部变量表。

剪切、复制或删除 LAD 或 FBD 程序中的整个网络，必须将光标放在网络标题上。

（3）导入文件。

从 STEP 7-Micro/WIN 之外导入程序，可使用“导入”命令导入 ASCII 文本文件。“导入”命令不允许导入数据块。打开新的或现有项目，才能使用“文件”→“导入”命令。

（4）导出文件。

将程序导出到 STEP 7-Micro/WIN 之外的编辑器，可以使用“导出”命令创建 ASCII 文本文件。默认文件扩展名为“.awl”，可以指定任何文件名称。程序只有成功通过编译才能执行“导出”操作。“导出”命令不允许导出数据块。

复习思考题

一、选择题

1. 一般公认的 PLC 发明时间为（　　）年。

A. 1945　　B. 1968　　C. 1969　　D. 1970

2. 微机的核心是（　　）。

A. 存储器　　B. 总线　　C. CPU　　D. I/O 接口

3. PLC 的工作方式是（　　）。

A. 等待工作方式　　B. 中断工作方式

C. 扫描工作方式　　D. 循环扫描工作方式

4. 在输出扫描阶段，将（　　）寄存器中的内容复制到输出接线端子上。

A. 输入映像　　B. 输出映像

C. 变量存储器　　D. 内部存储器

5. PLC 一般采用（　　）与现场输入信号相连。

A. 光电耦合电路　　B. 可控硅电路　　C. 晶体管电路　　D. 继电器

6. PLC 是在什么控制系统基础上发展起来的（　　）。

A. 继电控制系统　　B. 单片机　　C. 工业电脑　　D. 机器人

7. 工业中控制电压一般是（　　）。

A. 24 V　　B. 36 V　　C. 110 V　　D. 220 V

8. 工业中控制电压一般是（　　）。

A. 交流　　B. 直流　　C. 混合式　　D. 交变电压

9. 下列哪项属于双字寻址（　　）。

A. QW1　　B. V10　　C. IB0　　D. MD28

10. 只能使用字寻址方式来存取信息的寄存器是（　　）。

A. S　　B. I　　C. HC　　D. AI

11. SM 是（　　）存储器的标识符。

A. 高速计数器　　B. 累加器

C. 内部辅助寄存器　　D. 特殊辅助寄存器

12. PLC 处于（　　）模式时，允许进行自由端口通信。

A. RUN 模式　　B. PROGRAM 模式　　C. 监控模式　　D. 都可以

13. CPU 逐条执行程序，将执行结果放到（　　）。

A. 输入映象寄存器　　B. 输出映象寄存器

C. 中间寄存器　　D. 辅助寄存器

二、填空题

1. 描述 PLC 的主要技术指标有________、________、________、________、________和特殊功能模块 6 种。

2. PLC 的输出形式主要有________输出、________输出和________输出 3 种。

3. 可编程序控制器采用微处理器作为中央处理单元，可以对________进行控制，也可以对________进行控制。

4. PLC 具有________和________功能，完成对模拟量的控制与调节。

5. 按结构形式分类，PLC 可分为________式和________式两种。

6. ________模块是可编程序控制器系统的运算控制核心。

7. PLC 的软件系统可分为系统程序和 ________两大部分。

8. PLC 的输入电路采用________隔离方式。

9. 当 CPU 对全部用户程序执行结束后，进入到________阶段，PLC 将所有输出映像寄存器的状态同时送到输出锁存器中，再由输出锁存器经输出端子去驱动各输出继电器所带的负载。

10. 当 PLC 进入程序运行状态时，PLC 工作于独特的________工作方式。

11. PLC 在输入采样阶段，PLC 按顺序逐个采集所有输入端子上的信号，并将顺序读取的全部输入信号写入到________中。

12. PLC 的输出接口电路有________、________和________三种类型。

三、简答题

1. 可编程序控制器有哪些特点？

2. PLC 控制与继电器控制相比，有何相同之处？又有何不同之处？

3. PLC 的软件是指什么？其编程语言常用的有哪几种？各有何特点？

4. PLC 的工作方式是什么？什么是 PLC 的扫描周期？

5. 西门子(SIEMENS)公司有哪些主要系列的 PLC 产品？可以采用哪几种编程语言？

第四章

西门子 S7-200 基本指令系统及编程

PLC 一般都有上百条指令，分为基本指令及功能控制指令。基本指令主要是指逻辑运算指令、触点及线圈指令、定时器、计数器及简单的程序流程指令，是使用频度最高的指令。功能控制指令则是为数据运算及一些特殊功能设置的指令，如传送比较、加减乘除、循环移位、中断及高速计数器与 PID 指令等。

第一节　梯形图的特点及书写原则

PLC 的编程语言有梯形图语言、助记符语言、逻辑功能图语言和某些高级语言。其中前两种语言用得最多，要求掌握。梯形图和电路图很相似，采用诸如触点和线圈的符号。这种编程语言主要针对熟悉接触器控制的技术人员。

一、梯形图语言编程主要特点及格式

1. 梯形图语言编程主要特点及格式

（1）梯形图按行从上至下编写，每一行从左至右顺序编写，即 PLC 程序执行顺序与梯形图的编写顺序一致。

（2）梯形图左、右边垂直线分别称为起始母线和终止母线。每一逻辑行必须从起始母线开始画起（终止母线常可以省略）。

（3）梯形图中的触点有两种，即常开触点和常闭触点，这些触点可以是 PLC 的输入触点或输出继电器触点，也可以是内部继电器、定时器/计数器的状态。与传统的继电器控制图一样，每一触点都有自己的特殊标记（编号），以示区别。同一标记的触点可以反复使用，次数不限。这是因为每一触点的状态存入 PLC 内的存储单元中，可以反复读写。

传统继电器控制中的每个开关均对应一个物理实体，故使用次数有限。这是 PLC 优于传统控制其中的一点。

（4）梯形图最右侧必须接输出元素，PLC 的输出元素用括号表示，并标出输出变量的代号。同一标号输出变量只能使用一次。

（5）梯形图中的触点可以任意串、并联，而输出线圈只能并联，不能串联。每行最多触点数因 PLC 型号不同而不同。

（6）内部继电器、计数器、移位寄存器等均不能直接控制外部负载，只能作中间结果供 PLC 内部使用。

总之，梯形图结构沿用继电器控制原理图的形式，采用了常开触点、常闭触点、线圈等图形语言。对于同一控制电路，继电控制原理与梯形图输入、输出信号基本相同，控制过程等效。

2. 示　例

梯形图示例如图 4-1 所示。

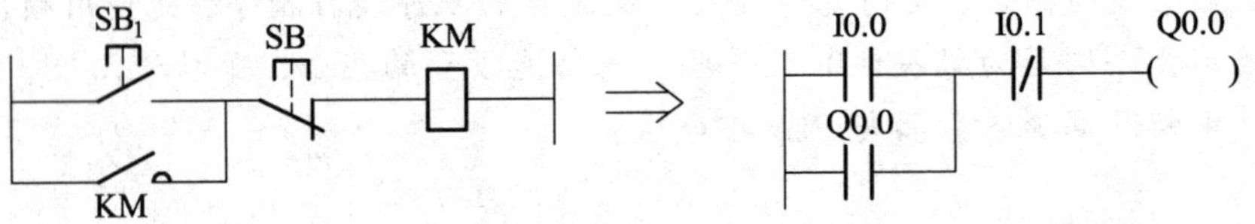

（a）

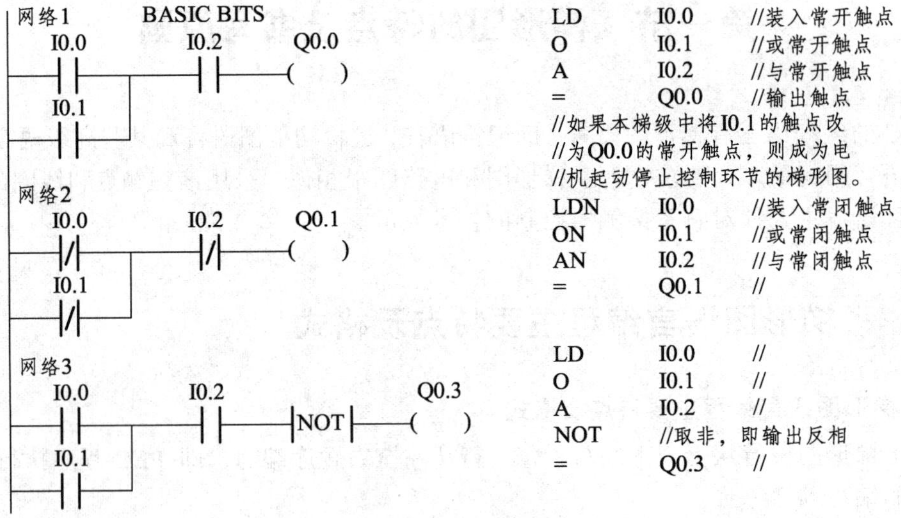

（b）

图 4-1　梯形图示例

二、梯形图编程的基本规则

（1）PLC 内部元器件触点的使用次数是无限制的。

（2）梯形图的每一行都是从左边母线开始，然后是各种触点的逻辑连接，最后以线圈或指令盒结束。触点不能放在线圈的右边，如图 4-2 所示。

（a）错误

（b）正确

图 4-2　梯形图的编制（一）

（3）线圈和指令盒一般不能直接连接在左边的母线上，如图 4-3 所示。

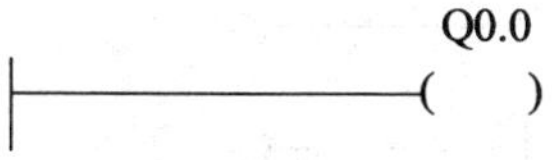

（a）错误

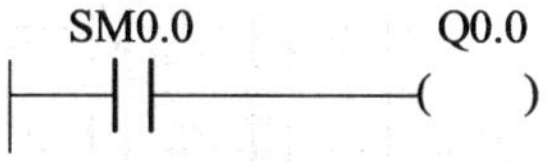

（b）正确

图 4-3　梯形图的编制（二）

（4）在同一程序中，同一编号的线圈使用两次及两次以上称为双线圈输出。双线圈输出非常容易引起误动作，应避免使用。S7-200 中不允许双线圈输出。

（5）在手工编写梯形图时，触点应画在水平线上，不要画在垂直线上，如图 4-4 所示。

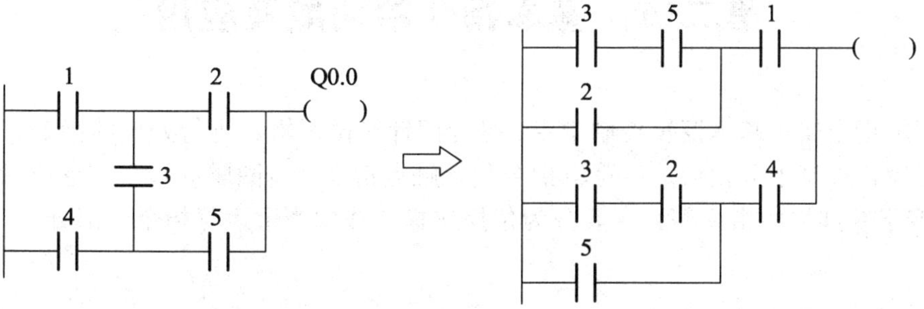

（a）错误　　（b）正确

图 4-4　梯形图的布置（三）

（6）应把串联多的电路块尽量放在最上边，把并联多的电路块尽量放在最左边，可节省指令，如图 4-5 所示。

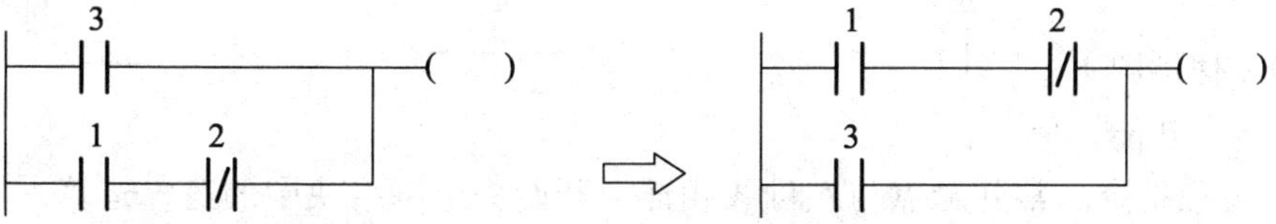

（a）不好　　（b）较好

图 4-5　梯形图的布置（四）

（7）不包含触点的分支线条应放在垂直方向，不要放在水平方向，便于读图直观，如图 4-6 所示。

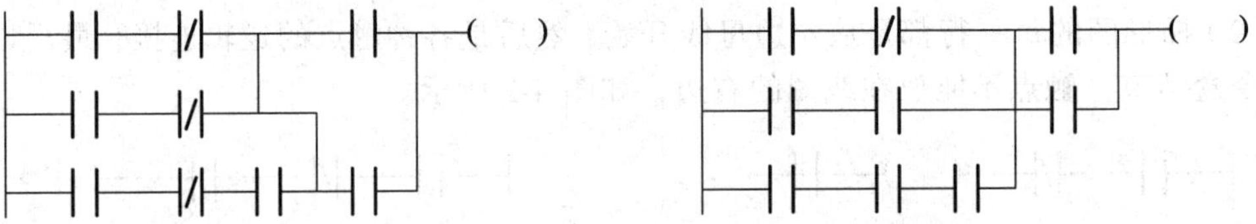

（a）不好　　　　　　（b）较好

图 4-6　梯形图的编制（五）

（8）梯形图的推荐画法如图 4-7 所示。

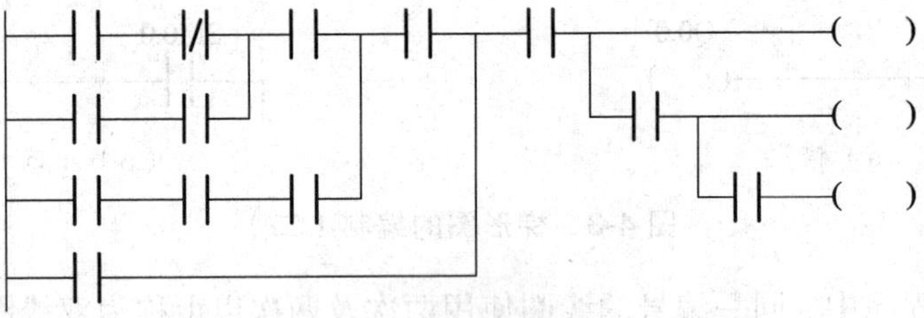

图 4-7　推荐画法

第二节　基本指令的功能及应用

位逻辑指令属于基本逻辑控制指令，是专门针对位逻辑量进行处理的指令，与使用继电器进行逻辑控制十分相似。位逻辑指令包括触点指令、线圈驱动指令、置位/复位指令、正/负跳变指令和堆栈指令等，主要分为位操作指令和位逻辑运算指令两部分。

一、位操作指令

1. LD、LDN 及“=”指令

（1）指令格式。

STL（指令表）：LD　bit　　LDN　bit　　=　bit

LAD（梯形图）：

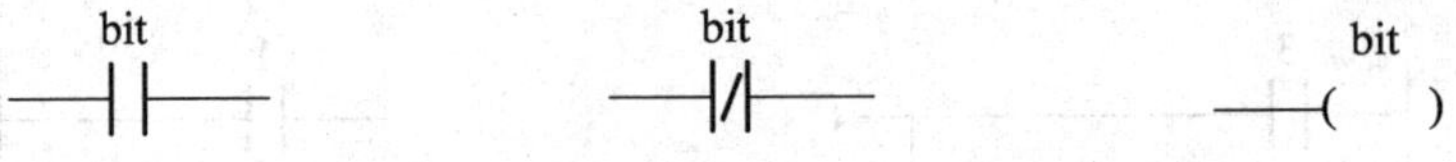

（2）指令功能。

LD：装载指令。常开触点与左母线相连，开始一个网络块中的逻辑运算。

LDN：非装载指令。常闭触点与左母线相连，开始一个网络块中的逻辑运算。

=：线圈驱动指令。

（3）指令应用（见图 4-8）。

① 当 I0.0 闭合时，输出线圈 Q0.0 接通。

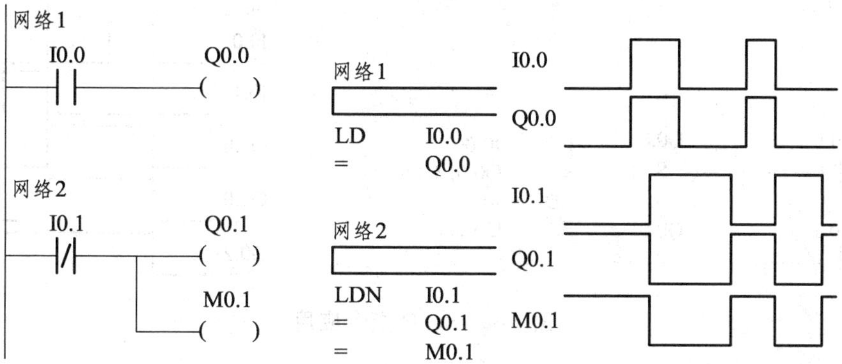

图 4-8　LD、LDN、“ = ” 指令应用

② 当 I0.1 断开时，输出线圈 Q0.1 和内部辅助线圈 M0.1 接通。

（4）指令说明。

① 内部输入触点（I）的闭合与断开仅与输入映像寄存器相应位的状态有关，与外部输入按钮、接触器、继电器的常开/常闭接法无关。输入映像寄存器的相应位为 1，则内部常开触点闭合，常闭触点断开；输入映像寄存器相应位为 0，则内部常开触点断开，常闭触点闭合。

② LD、LDN 指令不仅用于网络块逻辑运算的开始，在块操作 ALD、OLD 中也要配合使用。

③ 在同一个网络块中，“=” 指令可以任意次使用，驱动多个线圈。

④ 同一个编号的线圈在同一个程序中使用两次及两次以上称为线圈重复输出。因为 PLC 在运算时仅将输出结果置于输出映像寄存器中，在所有程序运算结束后才统一输出，所以在线圈重复输出时，后面的运算结果会覆盖前面的结果，容易引起错误动作，建议避免使用。

⑤ 梯形图的每一个网络块均从左母线开始，接着是各种触点的逻辑连接，最后以线圈或指令盒结束。不能将触点置于线圈的右边。线圈和指令盒一般不能直接接在左母线上，如确实需要，可以利用特殊标志位存储器进行连接。

2. S（Set）、R（Reset）指令

（1） 指令格式。

STL：S　bit，　N　　　　　R　bit，　N

LAD：
```
         bit                 bit
   ——( S )          ——( R )
          N                   N
```

（2）指令功能。

S：置位指令，将操作数中定义的 N 个位逻辑量强制置 “ 1 ”。

R：复位指令，将操作数中定义的 N 个位逻辑量强制置 “ 0 ”。

（3）指令应用（见图 4-9）。

① S、R 指令中的 3 表示从指定的 Q0.0 开始的三个触点，即 Q0.0、Q0.1 和 Q0.2。

② 在检测到 I0.0 闭合的上升沿时，输出线圈 Q0.0、Q0.1 和 Q0.2 被置位为“1”并保持，而不论 I0.0 为何种状态。

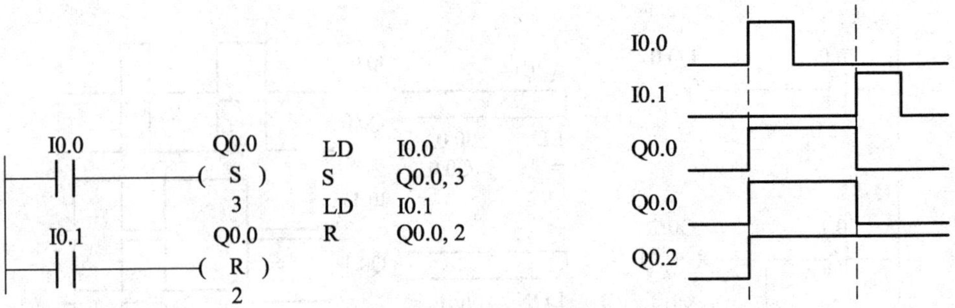

图 4-9　S、R 指令应用

③ 在检测到 I0.1 闭合的上升沿时，输出线圈 Q0.0 和 Q0.1 被复位为 0 并保持，Q0.2 保持 1，而不论 I0.1 为何种状态。

（4）指令说明。

① 指定触点一旦被置位，则保持接通状态，直到对其进行复位操作；而指定触点一旦被复位，则变为断开状态，直到对其进行置位操作。

② 如果对定时器和计数器进行复位操作，则被指定的 T 或 C 的位被复位，同时其当前值被清 0。

③ S、R 指令可多次使用相同编号的各类触点，使用次数不限。

3. EU（Edge　Up）、ED（Edge　Down）指令

（1）指令格式。

STL：　EU　　　　ED

LAD：　—|P|—　　　—|N|—

（2）指令功能。

① EU 正跳变触点：在检测到正跳变（由“OFF”到“ON”）时，使能流接通一个扫描周期的时间。

② ED 负跳变触点：在检测到负跳变（由“ON”到“OFF”）时，使能流接通一个扫描周期的时间。

（3）指令应用（见图 4-10）。

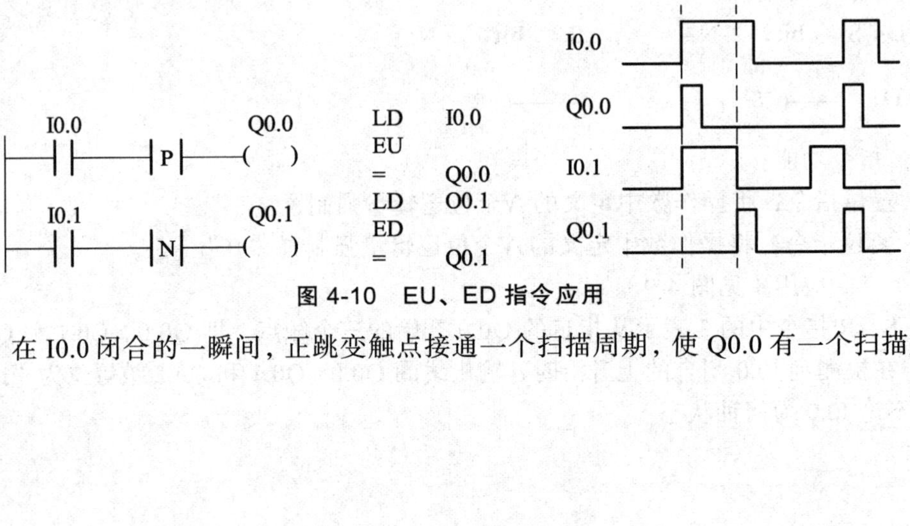

图 4-10　EU、ED 指令应用

① 在 I0.0 闭合的一瞬间，正跳变触点接通一个扫描周期，使 Q0.0 有一个扫描周期的输出。

② 在 I0.1 断开的一瞬间，负跳变触点接通一个扫描周期，使 Q0.1 有一个扫描周期的输出。

（4）指令说明。

① EU、ED 指令可以无限次使用。

② 正/负跳变指令常用于启动或关断条件的判断，以及配合功能指令来完成逻辑控制任务。

二、位逻辑运算指令

1. A（And）、AN（And Not）指令

（1）指令格式。

STL： A bit　　　　AN bit

LAD： 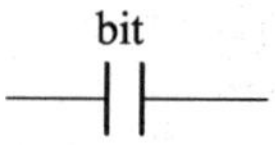　　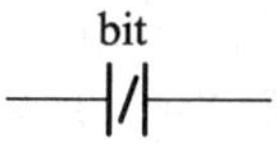

（2）指令功能。

A：单个常开触点串联连接指令，执行逻辑与运算。

AN：单个常闭触点串联连接指令，执行逻辑与运算。

（3）指令应用（见图 4-11）。

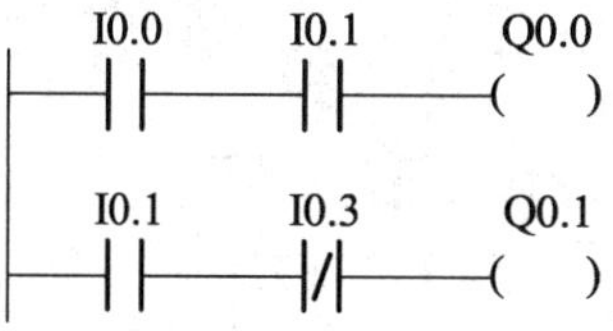


```
LD   I0.0
A    I0.1
=    Q0.0
LD   I0.2
AN   I0.3
=    Q0.1
```

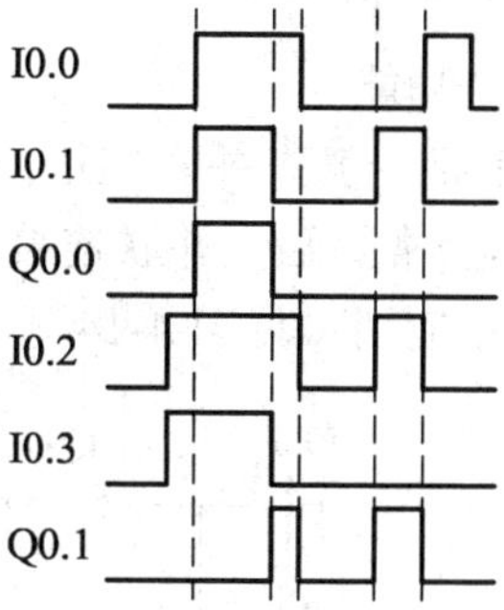

图 4-11　A、AN 指令应用

① I0.0 与 I0.1 执行逻辑与运算。当 I0.0 和 I0.1 都闭合时，线器 Q0.0 接通；I0.0 与 I0.1 只要有一个不闭合，线圈 Q0.0 就不能接通。

② I0.2 与 I0.3 执行逻辑与运算。在 I0.2 闭合、I0.3 断开时，线圈 Q0.1 接通；若 10.2 断开或 I0.3 闭合，则线圈 Q0.1 就不能接通。

（4）指令说明。

① A、AN 指令可以在多个触点串联连接时连续使用，使用次数仅受编程软件的限制，最多串联 32 个触点。

② 如图 4-12 所示，在使用“=”指令进行线圈驱动后，仍然可以使用 A、AN 指令，然后再次使用“=”指令。

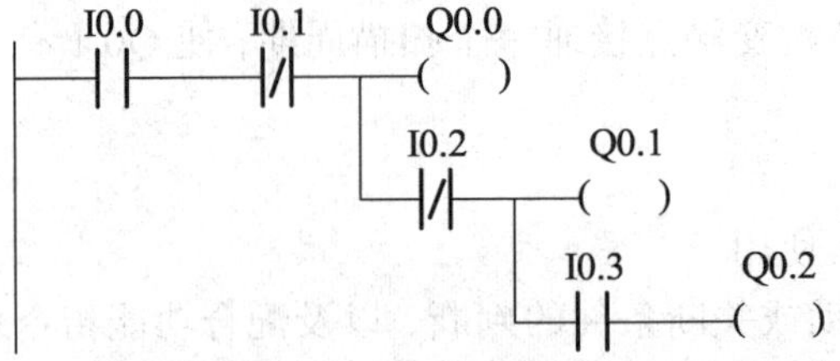


```
LD    I0.0
AN    I0.1
=     Q0.0
AN    I0.2
=     Q0.1
A     I0.3
=     Q0.2
```

图 4-12　A、AN 指令与“=”指令的连续使用

③ 在图 4-12 中，程序的上、下次序不能随意改变，否则，上述指令不能连续使用。如图 4-13 所示，在语句表中就需要使用堆栈指令过渡（堆栈指令将在后面介绍）。

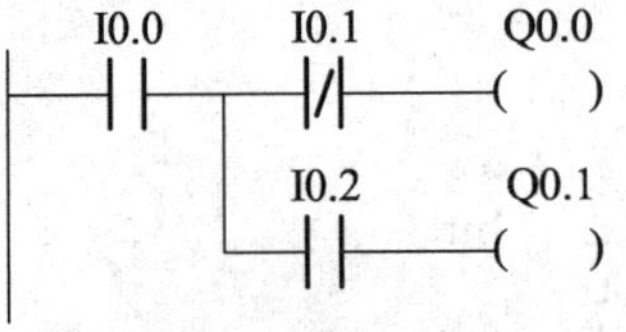


```
LD    I0.0
LPS
AN    I0.1
=     Q0.0
LPP
A     I0.2
=     Q0.1
```

图 4-13　A、AN 指令与“=”指令不能多次连续使用

2. O（Or）、ON（Or Not）指令

（1）指令格式。

STL：　O　　bit　　　　　　ON　　bit

LAD：

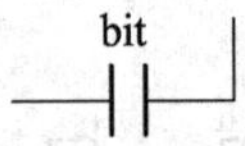

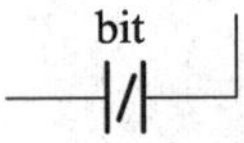

（2）指令功能。

O：单个常开触点并联连接指令，执行逻辑或运算。

ON：单个常闭触点并联连接指令，执行逻辑或运算。

（3）指令应用（见图 4-14）。

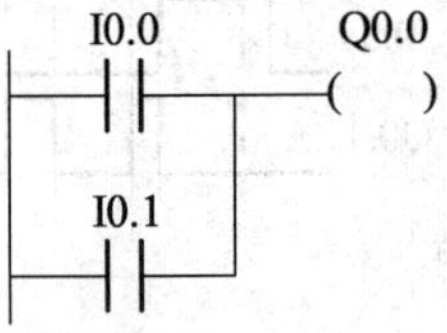


```
LD    I0.0
O     I0.1
=     Q0.0
```

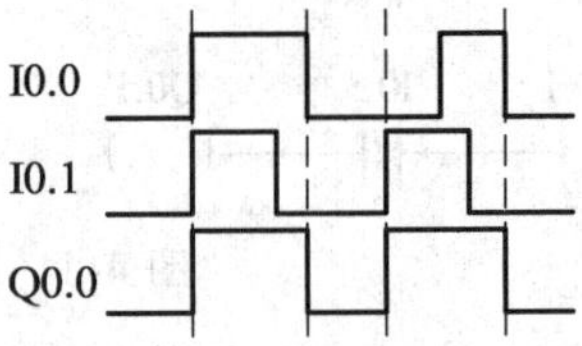

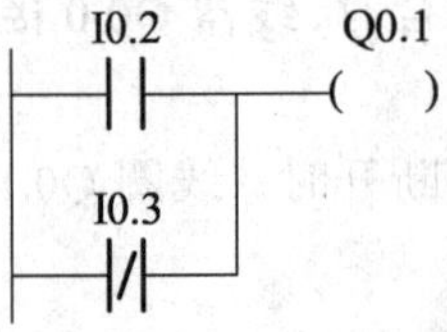


```
LD    I0.2
ON    I0.3
=     Q0.1
```

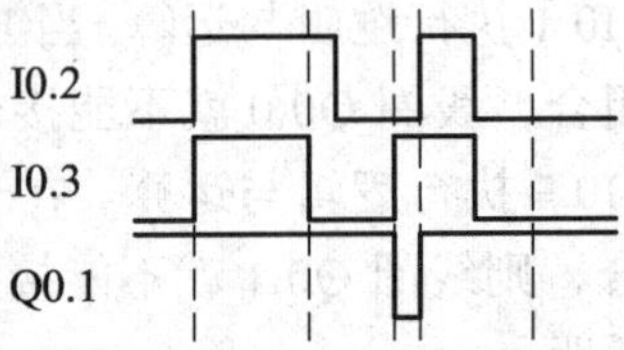

图 4-14　O、ON 指令应用

① I0.0 与 I0.1 执行或逻辑运算。当 I0.0 于 I0.1 中任何一个闭合时，线圈 Q0.0 接通；当 I0.0 与 I0.1 均不闭合时，线圈 Q0.0 不能接通。

② I0.2 与 I0.3 执行或逻辑运算。当 I0.2 闭合或 I0.3 断开时，线圈 Q0.1 接通；若 I0.2 断开，同时 I0.3 闭合，则线圈 Q0.1 不能接通。

（4）指令说明。

① O、ON 指令可以在多个触点并联连接时连续使用，使用次数仅受编程软件的限制，在一个网络块中最多并联 32 个触点。

② O、ON 指令可以进行多重并联，如图 4-15 所示。

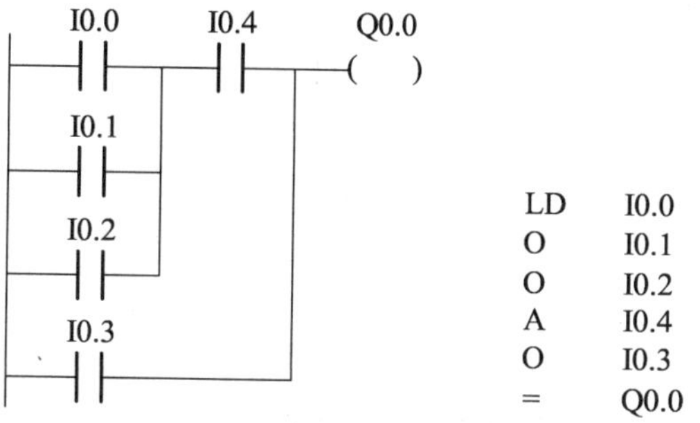

图 4-15 O、ON 多重并联结构

3. NOT 指令

（1）指令格式。

STL: NOT

LAD: ——|NOT|——

（2）指令功能。

NOT：取反指令，可将该指令处的运算结果取反，无操作数。

（3）指令应用（见图 4-16）。

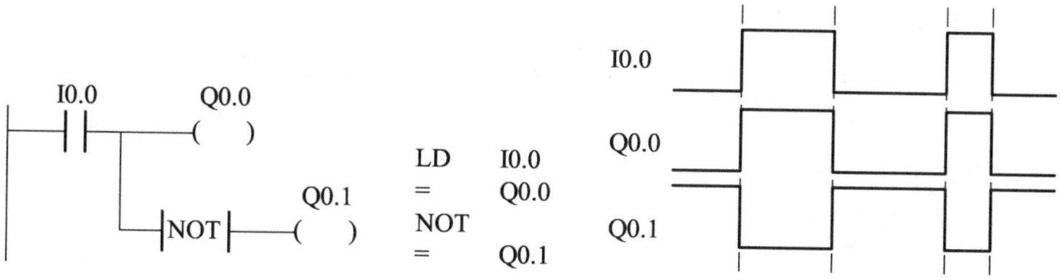

图 4-16 NOT 指令应用

4. LPS（Logic Push）、LRD（Logic Read）、LPP（Logic Pop）、LDS（Load Stack）指令

S7-200 系列 PLC 提供了一个 9 层的堆栈来处理所有的逻辑操作，栈顶用于存储当前逻辑运算的结果，下面是 8 位的栈空间。堆栈中一般按照先进后出的原则进行操作，每一次进行入栈操作，新值放入栈顶，栈底值丢失；每一次进行出栈操作，栈顶值弹出，栈底值补入随机数。

（1）指令功能。

LPS：逻辑入栈指令（分支或主控指令），复制栈顶的值，并将这个值推入栈顶，使栈底的值被压出丢失。在梯形图的分支结构中，用于生成一条新的母线，左侧为主控逻辑块时，第一个完整的从逻辑行从此处开始。

LRD：逻辑读栈指令，复制堆栈中的第二个值到栈顶，不对堆栈进行入栈或出栈操作，但原栈顶值被新值取代。在梯形图的分支结构中，当左侧为主控逻辑块时，开始第二个和后边更多的从逻辑块。

LPP：逻辑出栈指令（分支结束或主控复位指令），堆栈中的第二个值到栈顶，栈底补入随机数。在梯形图的分支结构中，用于将 LPS 指令生成一条新的母线进行恢复。

LDS：复制堆栈中的第 n 个值到栈顶，栈底值丢失。如 LDS 3，是将堆栈中的第 3 个值复制到栈顶，并进行入栈操作，n 的取值为 0 ~ 8。该指令使用较少。

（2）指令应用（见图 4-17）。

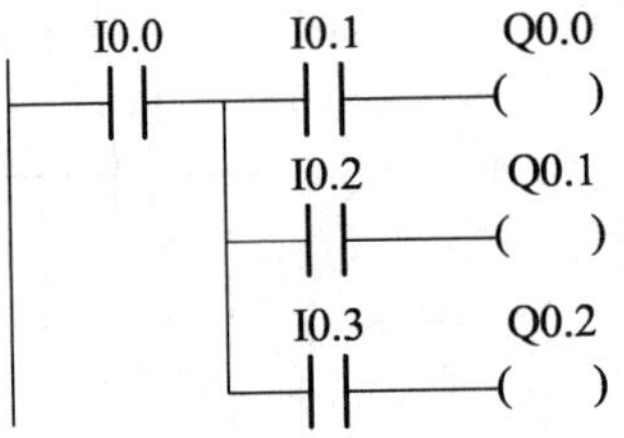


```
LD    I0.0
LPS
A     I0.1
=     Q0.0
LRD
A     I0.2
=     Q0.1
LPP
A     I0.3
=     Q0.2
```

图 4-17　堆栈指令应用

当 I0.0 闭合时，则有下面步骤：

① 将 I0.0 的值由 LPS 指令压入堆栈存储（栈顶），当 I0.1 也闭合时，Q0.0 接通。

② 用 LRD 指令读出堆栈中存储的值，但没有出栈操作，当 I0.2 闭合时，Q0.1 接通。

③ 用 LPP 指令读出堆栈中存储的值，同时执行出栈操作，将 LPS 指令压入堆栈的值弹出，当 I0.3 闭合时，Q0.2 接通。

（3）指令说明。

① 堆栈操作指令用于处理线路的分支点。在编制控制程序时，经常遇到多个分支电路同时受一个或一组触点控制的情况，若采用前述指令不容易编写程序，用堆栈操作指令则可方便地将梯形图转换为语句表。

② 堆栈指令的操作原理如图 4-18 所示。

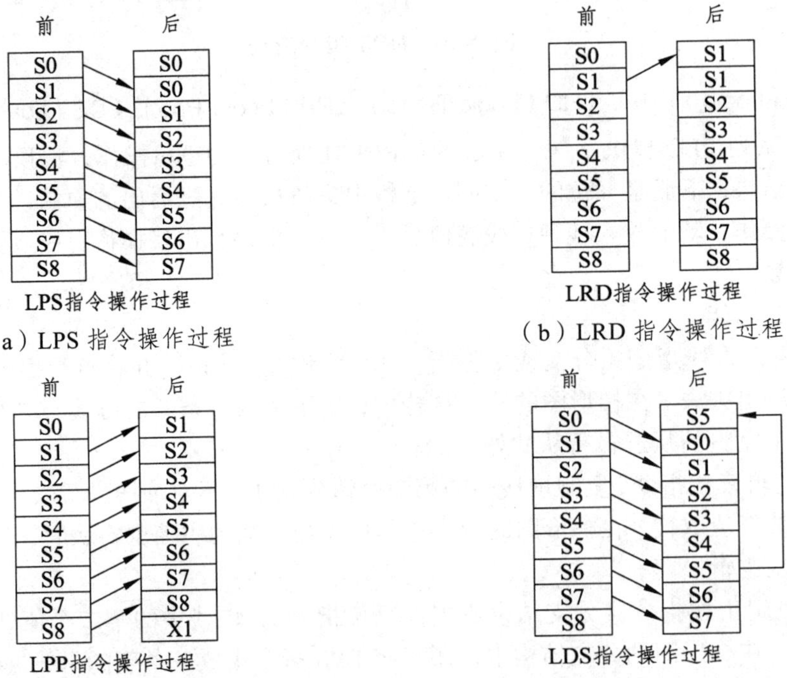

（a）LPS 指令操作过程　（b）LRD 指令操作过程

（c）LPP 指令操作过程　（d）LDS 指令操作过程

图 4-18　堆栈指令操作原理图

③ 逻辑堆栈指令是无操作数指令。

④ 由于堆栈空间有限（9 层），所以 LPS 和 LPP 指令的连续使用不得超过 9 次。

⑤ LPS 和 LPP 指令必须成对使用，在它们之间可以多次使用 LRD 指令（见图 4-19）。

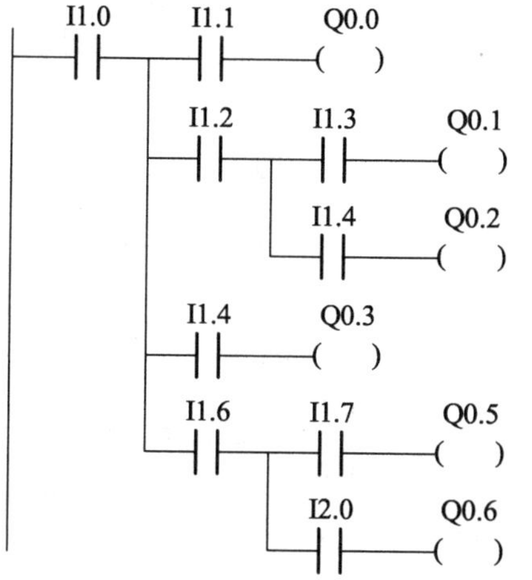

LD	I1.0	LPP	
LPS		A	I1.6
A	I1.1	LPS	
=	Q0.0	A	I1.7
LRD		=	Q0.5
A	I1.2	LPP	
LPS		A	I2.0
A	I1.3	=	Q0.6
=	Q0.1		
APP			
A	I1.4		
=	Q0.2		
LRD			
A	I1.5		
=	Q0.3		

图 4-19　堆栈指令应用

第三节　与块、或块与指令语句表的相互转化

与块、或块指令包括 ALD（And Load）、OLD（Or Load）。

一、指令功能

ALD：实现多个指令块的与运算。

OLD：实现多个指令块的或运算。

指令块：两个以上的触点经过并联或串联后组成的结构。

两个或两个以上串联触点称为串联块，两个或两个以上并联触点称为并联块。两个以上的并联块相串联，用“与块”指令（ALD）编程，两个以上的串联块相并联，用“或块”指令（OLD）编程。指令块结构如图 4-20 所示。

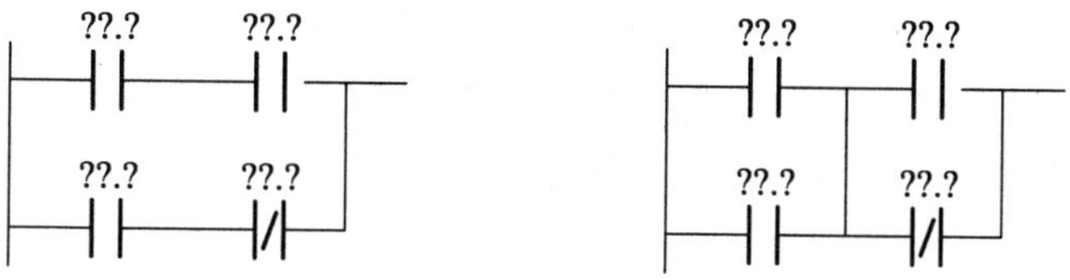

图 4-20　指令块结构

二、指令应用（见图 4-21）

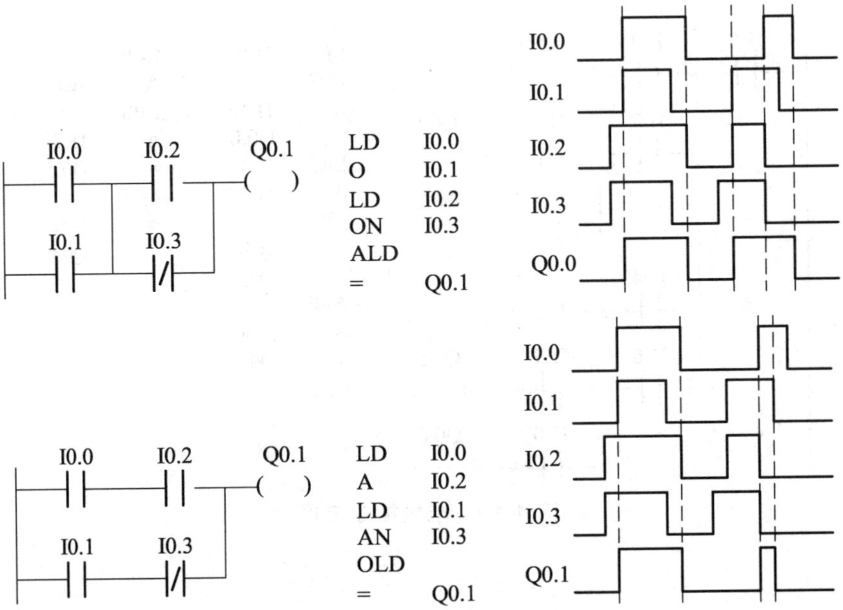

图 4-21 ALD、OLD 指令应用

三、指令说明

（1）几个串、并联支路进行并联或串联连接时，其支路的起点以 LD、LDN 开始，支路终点用 OLD、ALD 指令。

（2）如需将多个支路并联或串联，则从第二条支路开始，在每一条支路后面加 OLD 指令或 ALD 指令。

（3）OLD、ALD 指令均无直接操作数。

第四节 定时器与计数器的应用

定时器是用来定时的，计数器是用来计数的，定时器和计数器是控制设备实现自动运行最基本的元件。使用定时器和计数器可以实现复杂的控制任务。

S7-200 系列 PLC 内部有 256 个定时器，按照分辨率（时基）分类：1 ms 定时器、10 ms 定时器、100 ms 定时器；按功能分类：接通延时定时器（TON）、断开延时定时器（TOF）、有记忆接通延时定时器（TONR）。

定时器有 6 个要素：

（1）预置值——PT。

（2）使能——IN。

（3）复位——3 种定时器不同。

（4）当前值——T*xxx*。

（5）定时器状态（位）——可由触点显示。

（6）定时器值=时基 × 预置值 PT。

一、定时器指令

1. TON 指令

（1）指令格式。

STL：　　　　TON ????，PT

LAD：

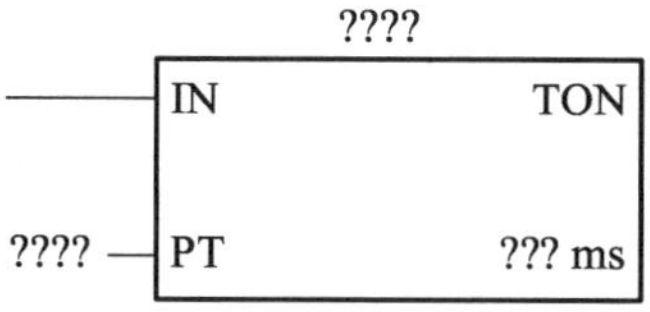

（2）指令功能。

TON：接通延时定时器（On-Delay Timer）。在启用输入为“打开”时，开始计时。当前值（T*xxx*）大于或等于预设时间（PT）时，定时器为“打开”。启用输入为“关闭”时，接通延时定时器，当前值被清除。达到预设值后，定时器仍继续计时，达到最大值 32 767 时，停止计时。

（3）指令应用（见图 4-22）。

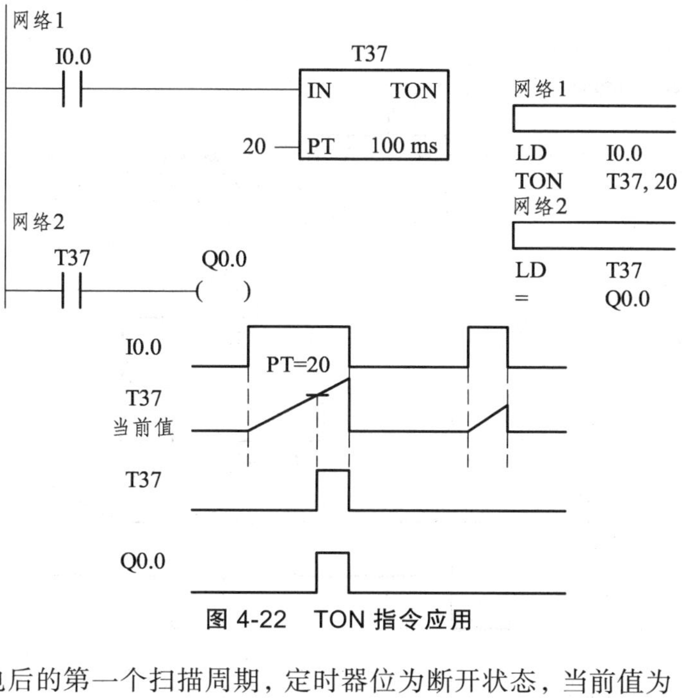

图 4-22　TON 指令应用

① PLC 上电后的第一个扫描周期，定时器位为断开状态，当前值为“0”。输入端 I0.0 接通后，定时器当前值从 0 开始计时，在当前值达到预置值时，定时器位闭合，当前值仍会继续计数到 32 767。

② 在输入断开后，定时器自动复位，定时器位同时断开，当前值恢复为“0”。

③ 若再次将 I0.0 闭合，则定时器重新开始计时，若未到定时时间 I0.0 已断开，则定时器复位，当前值也恢复为“0”。

（4）指令说明。

① 上电时，状态位（T）和定时器内容被清 0。

② 使能输入接通，接通延时定时器（TON）开始计时。

③ 定时器当前值大于或等于预设值，状态位（T）被置为“1”，但继续计时，一直计到最大值 32 767。

④ 当使能输入断开，定时器停止计时，当前值被清除。

2. TOF 指令

（1）指令格式。

STL:　　TOF　????，PT

LAD:

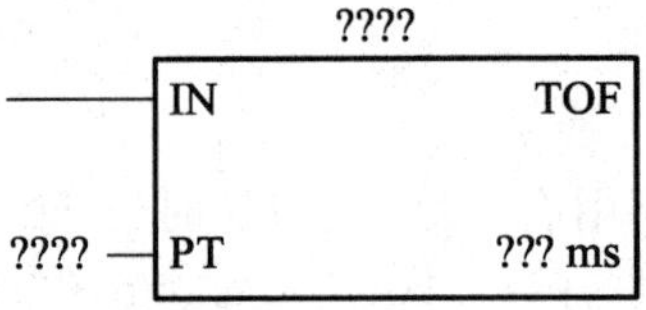

（2）指令功能。

TOF：接通延时定时器（Off-Delay Timer）。用于再输入断开后，延迟固定的一段时间再断开输出。

（3）指令应用（见图 4-23）。

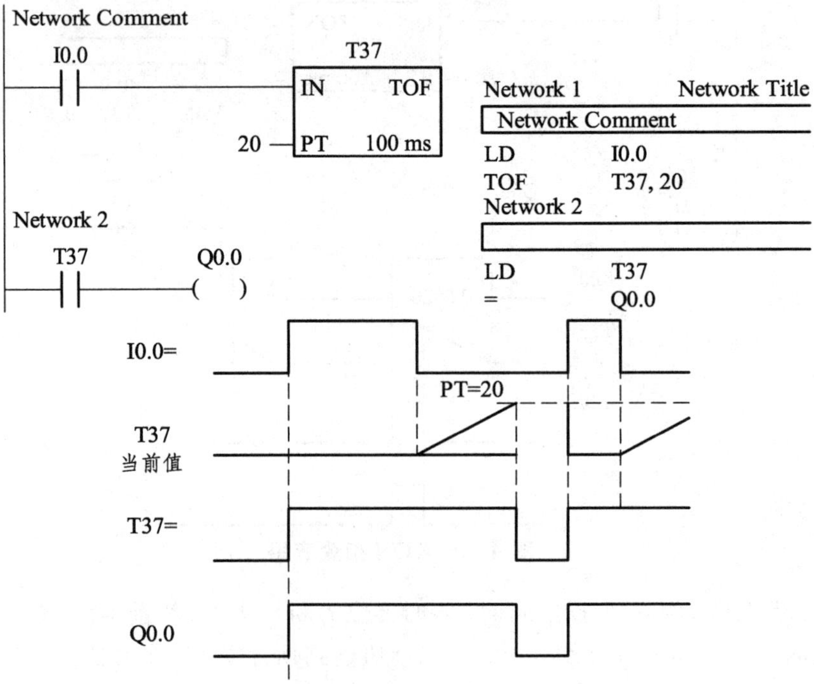

图 4-23　TOF 指令应用

① PLC 上电后的第一个扫描周期，定时器位为断开状态，当前值为“0”。输入端 I0.0 接通后，定时器当前值保持为“0”，状态位为“1”。当输入端由闭合变为断开时，定时器开始计时，当前值达到预置值（PT=20）时，定时器位为断开（0），同时停止计时。

② 定时器动作后，若输入端由断开变为闭合时，TOF 定时器位及当前值复位；若输入端再次断开，定时器可以重复启动。

（4）指令说明。

① 用于在输入断开后延时一段时间才断开输出。

② 上电时，定时器（TOF）状态位（T）和寄存器内容被清 0。

③ 使能输入接通，断开延时定时器（TOF）的状态位（T）立即接通并被置为“1”，并将当前值清 0。此时定时器并不开始定时，这是和接通延时定时器不同的地方。

④ 使能输入断开，TOF 开始计时，直到当前值大于或等于预设值时，状态位（T）被清 0，并停止计时。

3. TONR 指令

（1）指令格式。

STL: TONR ????，PT

LAD:

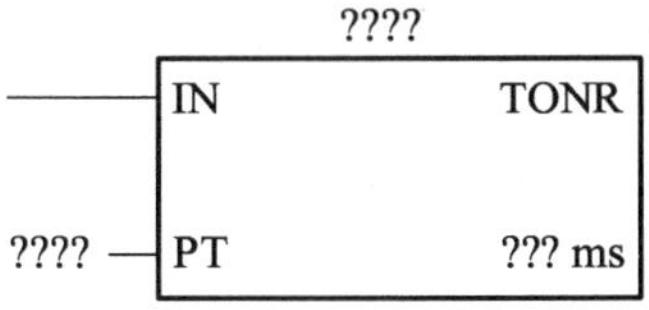

（2）指令功能。

TONR：有记忆接通延时定时器（Retentive On-Delay Timer）。用于累计输入信号的接通时间。

（3）指令应用（见图 4-24）

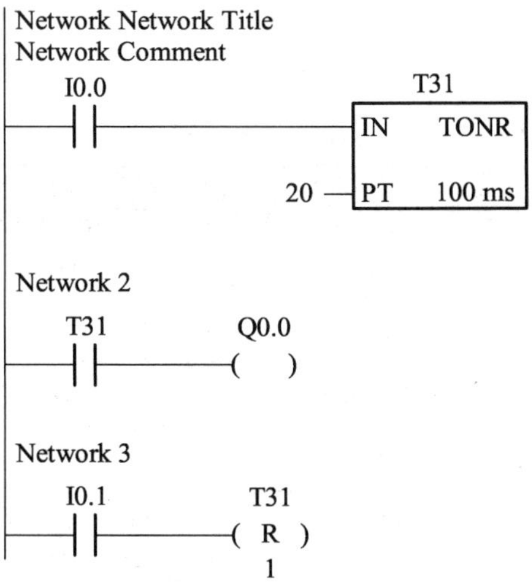


```
Network 1          Network Title
Network Comment
LD      I0.0
TONR    T31, 20
Network 2

LD      T31
=       Q0.0
Network 3

LD      I0.1
R       T31, 1
```

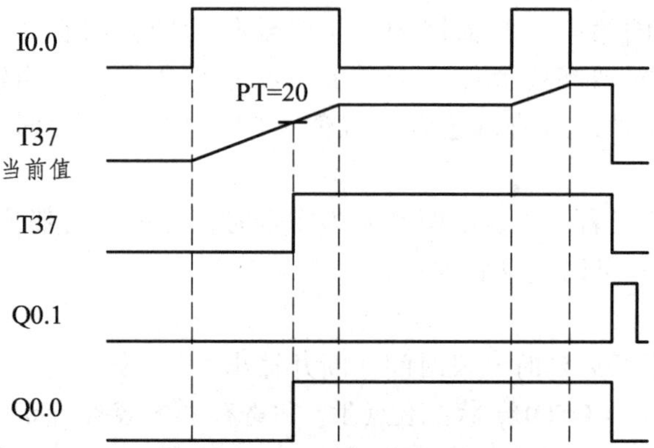

图 4-24　TONR 指令应用

① PLC 上电后的第一个扫描周期，定时器位为断开状态，当前值为“0”。当前值保持为掉电之前的值。每次输入端 I0.0 接通后，定时器从上次的保持值继续计时，当前值达到预置值时，定时器位为“1”，当前值仍然继续计数到最大值为 32 767。

② TONR 的定时器位一旦闭合，只能用复位指令 R 进行复位操作，同时清除当前值。

（4）指令说明。

① 多次时间间隔累计定时。

② 上电时，状态位（T）被清 0，内容保持为上次停机时的值。

③ 使能输入接通，TONR 在上次数值基础上开始计时。

④ 当前值大于或等于预设值，状态位（T）被置为“1”，并继续计时，一直计到最大值为 32 767。

⑤ 输入端断开时，定时器的当前值保持不变，定时器位不变。

⑥ 用有记忆接通延时定时器（TONR）可累计使能输入信号的接通时间。

⑦ 利用复位指令清除有记忆接通延时定时器的当前值。

注意：每个定时器均有一个 16 bit 当前寄存器及一个 1 bit 的状态（反映其触点状态）。

（5）不能把一个定时器号同时用作 TOF 和 TON，如不能既有 TON T32 又有 TOF T32。

（6）各类型定时器参数如表 4-1 所示。

表 4-1　定时器各类型所对应定时器号及分辨率

定时器类型	分辨率/ms	最大定时范围/s	定时器编号
TONR	1	32.767	T0、T64
	10	327.67	T1 ~ T4、T65 ~ T68
	100	3 276.7	T5 ~ T31、T69 ~ T95
TON/TOF	1	32.767	T32 ~ T96
	10	327.67	T33 ~ T36、T97 ~ T100
	100	3276.7	T37 ~ T63、T101 ~ T255

二、计数器指令

计数器用来累计输入脉冲的次数，它也是由集成电路构成的。计数器按计数方式可分为 3 种：增计数（CTU）、增减计数（CTUD）和减计数（CTD）。S7-200 PLC 内部有 256 个计数器（C0 ~ C255）。

1. CTU 指令

（1）指令格式。

STL：　　CTU　????，PV

LAD：

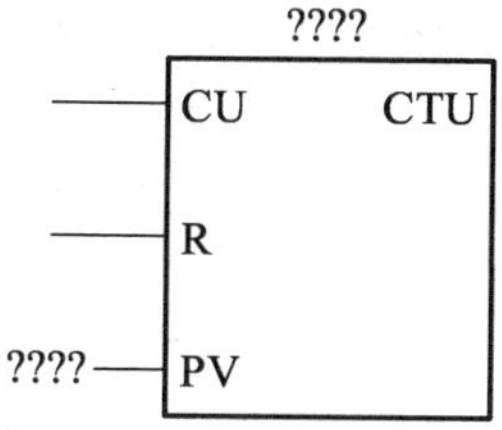

（2）指令功能。

CTU：增计数器（Count Up）。每次增计数器输入 CU 从关闭向打开转换时，增计数（CTU）指令从当前值向上计数。

（3）指令应用（见图 4-25）。

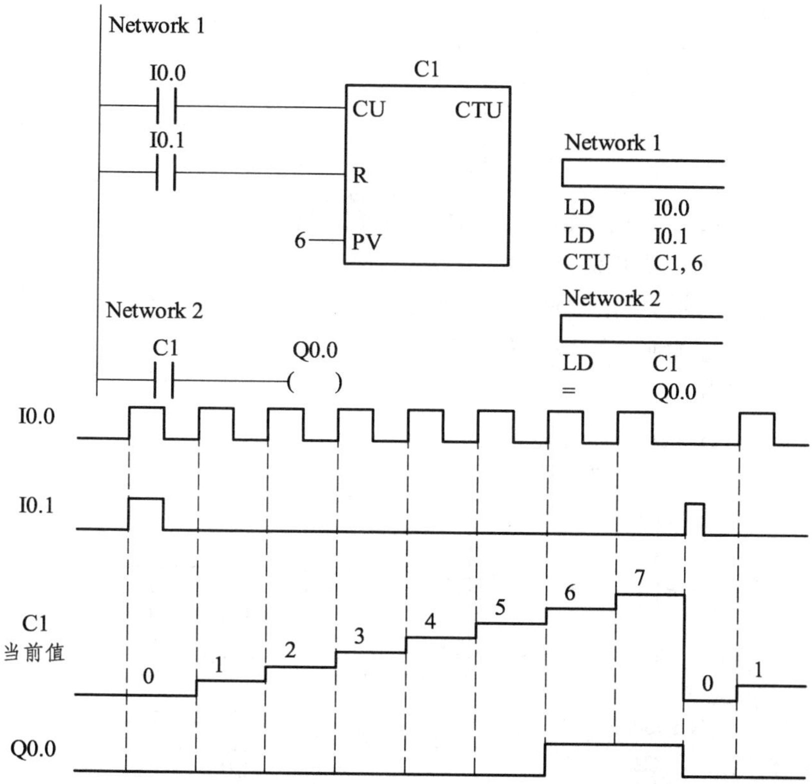

图 4-25　CTU 指令应用

① PLC 上电后的第一个扫描周期，计数器位为断开状态，当前值为 0。计数脉冲输入端 CU 每检测到一个正跳变，当前值就加 1。当前值等于预置值时，计数器状态位为“1”。如果 CU 仍有脉冲输入，则当前值继续计数，一直计到最大值为 32 767，然后停止计数。

② 复位输入端 R 有效时，计数器位将被复位，当前值也将被复位为“0”。也可以直接利用复位指令对计数器进行复位操作。

③ 在本例中，当第 6 个脉冲到来时，计数器状态位为“1”，输出线圈 Q0.0 接通。当 I0.1 闭合时，计数器位被复位，Q0.0 断开。

（4）指令说明。

① 首次扫描，计数器位为“OFF”，当前值为“0”。

② 脉冲输入的每个上升沿，计数器计数 1 次，当前值增加 1 个单位，当前值达到预设值时，计数器位为“ON”，当前值继续计数到 32 767，停止计数。

③ 复位输入有效或执行复位指令，计数器自动复位，即计数器位为“OFF”，当前值为“0”。

2. CTD 指令

（1）指令格式。

STL:　　　　　CTD ????，PV

LAD:

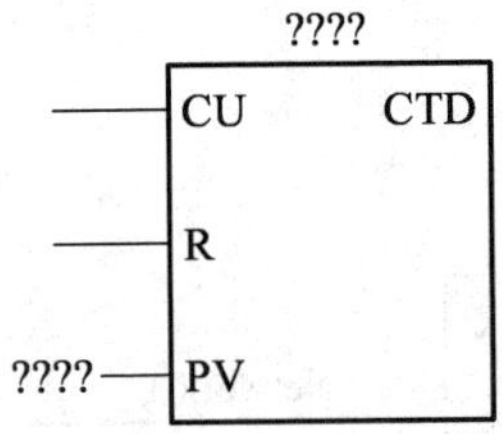

（2）指令功能。

CTD：减计数器（Count Down）。脉冲输入端 CD 用于递减计数。

（3）指令应用（见图 4-26）。

① PLC 上电后的第一个扫描周期，计数器位为断开状态，当前值为预置值 6。计数脉冲输入端 CD 每检测到一个正跳变，当前值就减 1。当前值减小到 0 时，停止计数，计数器位变为闭合状态。

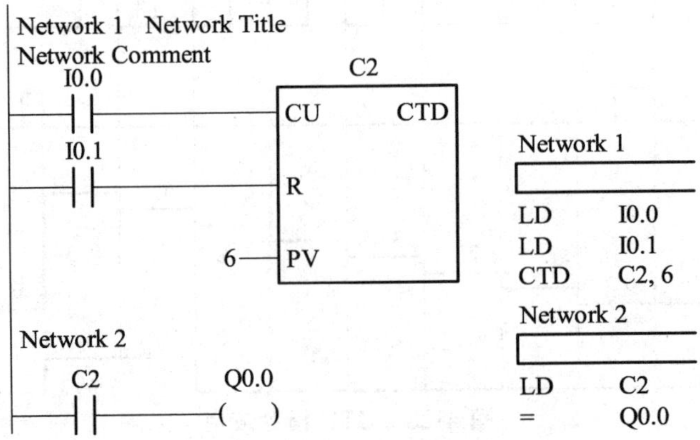

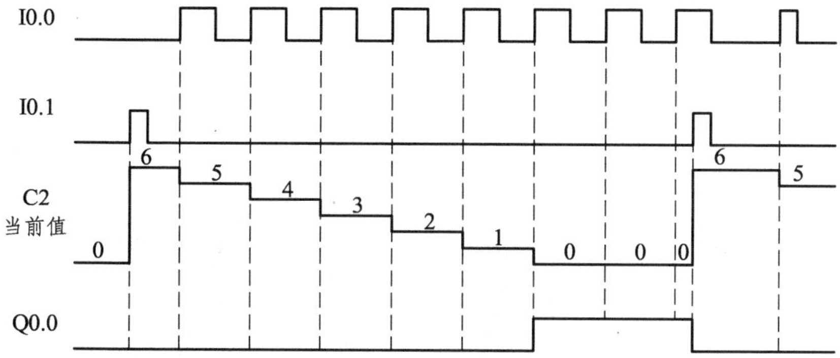

图 4-26　CTD 指令应用

② 复位输入端 LD 有效时，计数器位将被复位。同时将预置值 PV 重新赋给当前值。

③ 在本例中，当第 6 个脉冲到来时，计数器状态位为 1，输出线圈 Q0.0 接通。当 I0.1 闭合时，计数器位被复位，Q0.0 断开。

（4）指令说明。

① 首次扫描，定时器位为“OFF”，当前值等于预设值 PV。

② 计数器检测到 CD 输入的每个上升沿时，计数器当前值减小 1 个单位，当前值减到 0 时，计数器位为“ON”。

③ 复位输入有效或执行复位指令，计数器自动复位，即计数器位为“OFF”，当前值复位为预设值，而不是 0。

3. CTUD 指令

（1）指令格式。

STL:　　　CTUD ????，PV

LAD:

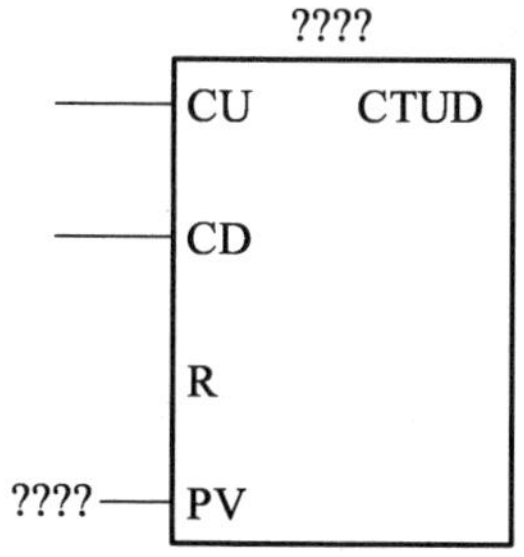

（2）指令功能。

CTUD：增减计数器（Count Up/Down），有两个脉冲输入端：CU 输入端用于递增计数，CD 输入端用于递减计数。

（3）指令应用（见图 4-27）。

① PLC 上电后的第一个扫描周期，计数器位为断开状态，当前值为 0。CU 输入端每检测到一个正跳变，则计数器当前值增加 1；计数脉冲输入端 CD 每检测到一个正跳变，当前值就减 1。当前值大于或等于预置值时，计数器位为闭合状态；当前值小于预置值时，计数器值为断开状态，停止计数，计数器位变为闭合状态。

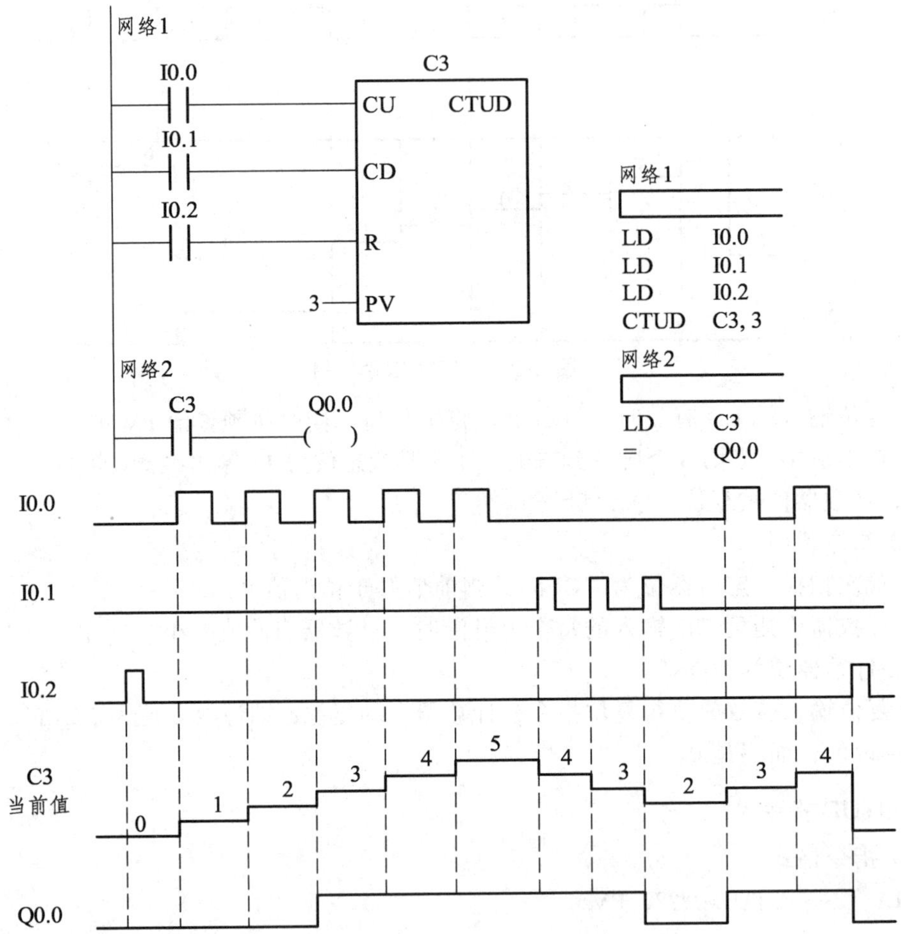

图 4-27　CTUD 指令应用

② 复位输入端 R 有效时，计数器位将被复位。计数器位被复位为断开状态，当前值则复位为 0。

③ 在本例中，当 C3 的当前值大于或等于 3 时，计数器状态位为 1，输出线圈 Q0.0 接通。当前值小于 3 时，C3 触点断开。当 I0.2 闭合时，计数器位被复位，Q0.0 断开。

（4）指令说明。

① 当 CU 端有上升沿输入时，计数器当前值加 1。

② 当 CD 端有上升沿输入时，计数器从预设的当前值中减 1。

③ 当计数器当前值大于或等于预置值（PV）时，该计数器状态位（C）置“1”，即常开触点闭合。

④ 当复位输入端 R 被置位时，则计数器复位，当前值和状态位（C）被清 0。

⑤ 加/减计数器的计数范围为 – 32 768 ~ 32 767。当计数器达到最大值 32 767 时，再来一个加计数脉冲，则当前值转为 – 32 768。当计数器达到最小值 – 32 768 时，再来一个减计数脉冲，则当前值转为 32 767。

三、高速计数器指令

相对普通计数器，高速计数器是对较高频率的信号计数的计数器，由于信号源来自机外，且需以短于扫描周期的时间响应，高速计数器都工作在中断方式，并配有多个专用的输入口用作计数信号输入及外启动、外复位及计数方向的控制。高速计数器一般都是可编程的，通过程序指定及设置控制字，同一高速计数器可工作在不同的工作模式上，为应用带来极大的灵活性。高速计数器还采用专用指令编程，进一步扩大了其应用的功能。在现代技术条件下，许多物理量可以方便地转变为脉冲列，脉冲的数量或频率可对应于转速、位移、温度等而用于控制，因此，高速计数成了工业控制中的重要手段。PLC 所能构成的高速计数器的数量、最高工作频率和高速计数器的工作方式等也是衡量可编程控制器性能的重要标准之一。

可编程序控制器的普通计数器的计数过程与扫描工作方式有关，CPU 通过每一扫描周期读取一次被测信号的方法来捕捉被测信号的上升沿，被测信号的频率较高时，会丢失计数脉冲。因此，普通计数器的工作频率很低，一般仅有几十赫兹。高速计数器可以对普通计数器无能为力的事件进行计数，CPU221 和 CPU222 有 4 个高速计数器，其余的 CPU 有 6 个高速计数器，最高计数频率为 30 kHz，可设置多达 12 种不同的操作模式。

1. 高速计数器定义指令与高速计数器指令

高速计数器定义指令（HDEF）是为指定的高速计数器（HSC）设置一种工作模式（MODE）。每个高速计数器只能用一条 HDEF 指令。可以用每次扫描存储器位 SM0.1，在第一个扫描周期调用包含 HDEF 指令的子程序来定义高速计数器。高速计数器指令（HSC）中的参数 N 用来设置高速计数器的编号。HSC 与 MODE 为字节型常数，N 为字型常数。高速计数器指令如表 4-2 所示。

表 4-2 高速计数器指令

名称	LAD	STL	作用
高速计数器定义	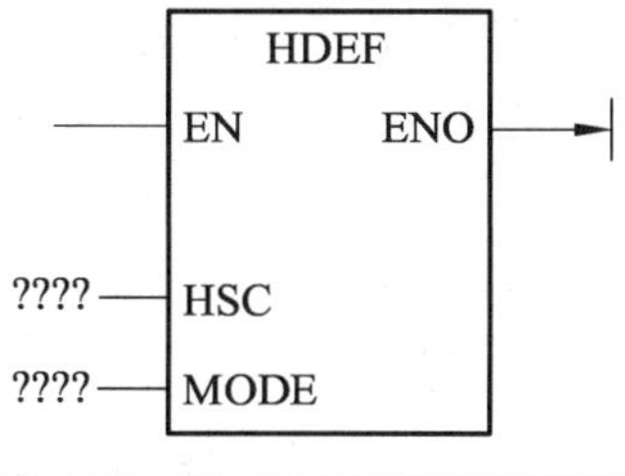	HDEF HSC，MODE	选择具体高速计数器（HSCx）的操作模式。模式选择定义高速计数器的时钟、方向、起始和重设功能
高速计数器	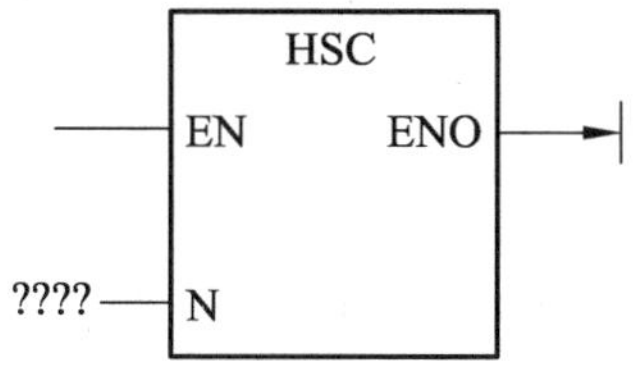	HSC N	根据 HSC 特殊内存的状态配置和控制高速计数器。参数指定高速计数器的号码

使 HDEF 指令出错（ENO=0）的条件：SM4.3（运行时间），0003（输入点冲突），0004（中断中的非法指令），000 A（HSC 重新定义）。

使 HSC 指令出错（ENO=0）的条件：SM4.3（运行时间），0001（在 HDEF 之前使用 HSC 指令），0005（同时操作 HSC 和 PLS）。

高速计数器指令（HSC）在 HSC 特殊存储器位状态的基础上，配置和控制高速计数器，参数 N 指定高速计数器的标号。

高速计数器可以被配置为 12 种模式中的任意一种，如表 4-3 所示，每一个计数器都有时钟、方向控制，复位、启动的特定输入，对于双相计数器，两个时钟都可以运行在最高频率，在正交模式下，可以选择一倍速（1×）或者四倍速（4x）计数速率，所有计数器都可以运行在最高频率下而互不影响。

表 4-3　高速计数器指令的有效操作数

I/O	数据类型	操作数
HSC、MODE	BYTE	常数
N	WORD	常数

高速计数器用于对 S7-200 扫描速率无法控制的高速事件进行计数，高速计数器的最高计数频率取决于 CPU 类型。

注意：CPU221 和 CPU222 支持 HSC0、HSC3、HSC4 和 HSC5，不支持 HSC1 和 HSC2；CPU224、CPU224XP 和 CPU226 全部支持 6 个高速计数器，HSC0～HSC5。

一般来说，高速计数器被用作驱动鼓式计时器，该设备有一个安装了增量轴式编码器的轴，以恒定的速度转动，轴式编码器每圈提供一个确定的计数值和一个复位脉冲，用来自轴式编码器的时钟和复位脉冲作为高速计数器的输入。

高速计数器装入一组预置值中的第一个值，当前计数值小于当前预置值时，希望输出有效，计数器设置成在当前值等于预置值和有复位时产生中断。

随着每次当前计数值等于预置值的中断事件的出现，一个新的预置值被装入，并重新设置下一个输出状态；当出现复位中断事件时，设置第一个预置值和第一个输出状态，这个循环又重新开始。

由于中断事件产生的速率远低于高速计数器的计数速率，用高速计数器可实现精确控制，而与 PLC 整个扫描周期的关系不大，采用中断的方法允许在简单的状态控制中用独立的中断程序装入一个新的预置值（同样的，也可以在一个中断服务程序中处理所有的中断事件）。

2. 理解不同的高速计数器

对于操作模式相同的计数器，其计数功能是相同的。计数器共有 4 种基本类型：带有内部方向控制的单相计数器，带有外部方向控制的单相计数器，带有两个时钟输入的双相计数器和 A/B 相正交计数器。

注意：并不是所有计数器都能使用每一种模式，可以使用以下类型：无复位或启动输入、复位无启动输入或既有启动又有复位输入。

① 当激活复位输入端时，计数器清除当前值并一直保持到复位端失效。

② 当激活启动输入端时，它允许计数器计数；当启动端失效时，计数器的当前值保持为常数，并且忽略时钟事件。

③ 如果在启动输入端无效的同时，复位信号被激活，则忽略复位信号，当前值保持不变；如果在复位信号被激活的同时，启动输入端被激活，当前值被清除。

在使用高速计数器之前，应该用 HDEF（高速计数器定义指令）为计数器选择一种计数模式，使用初次扫描存储器位 SM0.1（该位仅在第一次扫描周期接通，之后断开）来调用一个包含 HDEF 指令的子程序。

3. 高速计数器编程

可以使用指令向导来配置计数器，向导程序使用下列信息：计数器的类型和模式，计数器的预置值、计数器的初始值和计数器的初始方向，要启动 HSC 指令向导，可以在命令菜单窗口中选择“Tools > Instruction Wizard”，然后在向导窗口中选择 HSC 命令。

对高速计数器编程，必须完成下列的基本操作：定义计数器和模式，设置控制字节，设置初始值，设置预置值，指定并使能中断服务程序，激活高速计数器。

（1）定义计数器的模式和输入。

使用高速计数器定义指令来定义计数器的模式和输入。

表 4-4 中给出了与高速计数器相关的时钟、方向控制、复位和启动输入点，同一个输入点不能用于两个不同的功能，但是任何一个没有被高速计数器的当前模式使用的输入点，都可以被用作其他用途。例如，如果 HSC0 正被用于模式 1，占用 I0.0 和 I0.2，则 I0.1 可以被边缘中断或者 HSC0 占用。

注意：HSC0 的所有模式（模式 12 除外）总是使用 I0.0，HSCA 的所有模式总是使用 I0.3。因此，在使用这些计数器时，相应的输入点不能用于其他功能。

表 4-4 高速计数器的输入点

模　式	中断描述	输入点			
	HSC0	I0.0	I0.1	I0.2	
	HSC1	I0.6	I0.7	I1.0	I1.1
	HSC2	I1.2	I1.3	I1.4	I1.5
	HSC3	I0.1			
	HSC4	I0.3	I0.4	I0.5	
	HSC5	I0.4			
0	带有内部方向控制的单相计数器	时钟			
1		时钟		复位	

续表

模式	中断描述	输入点			
2	带有内部方向控制的单相计数器	时钟		复位	启动
3	带有外部方向控制的单相计数器	时钟	方向		
4		时钟	方向	复位	
5		时钟	方向	复位	启动
6	带有增/减计数时钟的双相计数器	增时钟	减时钟		
7		增时钟	减时钟	复位	
8		增时钟	减时钟	复位	启动
9	A/B 相正交计数器	时钟 A	时钟 B		
10		时钟 A	时钟 B	复位	
11		时钟 A	时钟 B	复位	启动
12	只有 HSC0 和 HSC3 支持模式 12 HSC0 计数 Q0.0 输出的脉冲数 HSC0 计数 Q0.1 输出的脉冲数				

① HSC 模式举例。

图 4-28 至图 4-32 给出了每种模式下计数器功能的时序图。

当使用模式 6、7 或者 8 时，如果增时钟输入的上升沿与减时钟输入的上升沿之间的时间间隔小于 0.3 ms，高速计数器会把这些事件看作是同时发生的；如果这种情况发生，当前值不变，计数方向指示不变，只要增时钟输入的上升沿与减时钟输入的上升沿的时间间隔大于 0.3 ms，高速计数器分别捕捉每个事件。在以上两种情况下，都不会有错误产生，计数器保持正确的当前值。

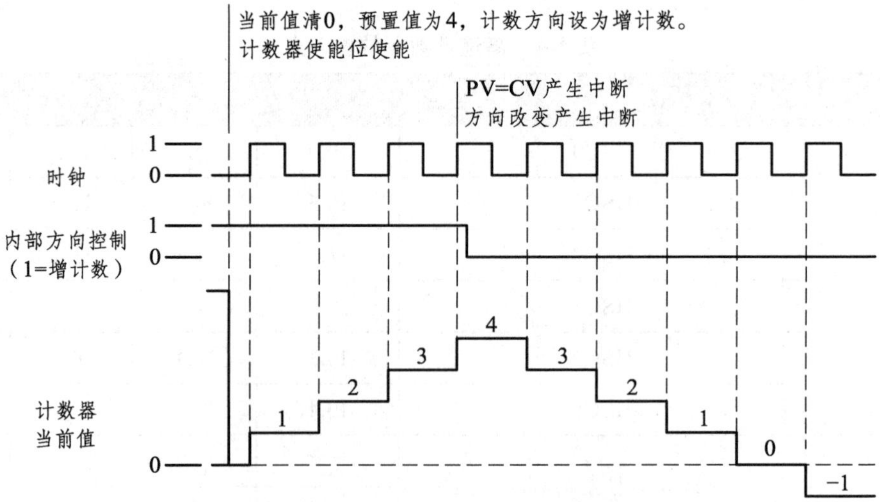

图 4-28　模式 0、1 或 2 操作实例

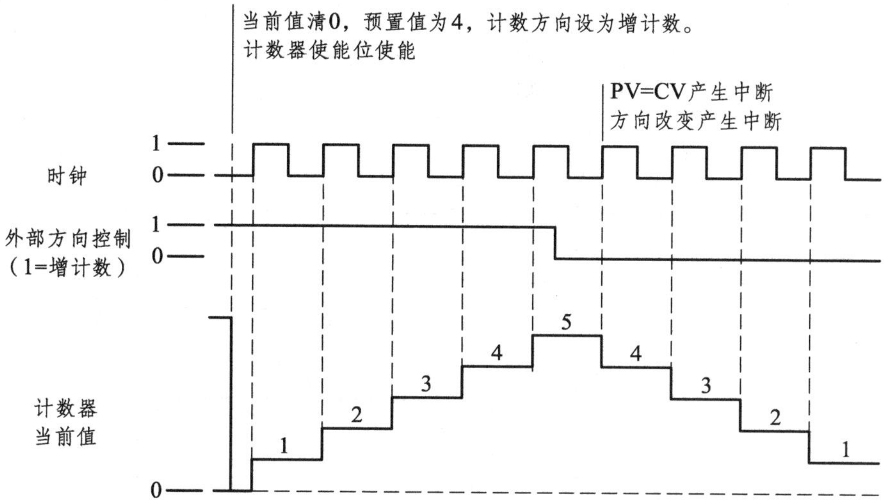

图 4-29　模式 3、4 或 5 操作实例

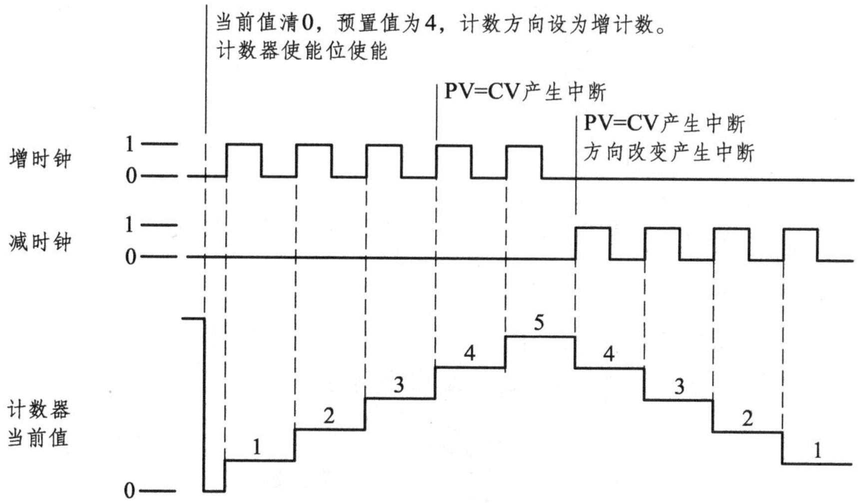

图 4-30　模式 6、7 或 8 操作实例

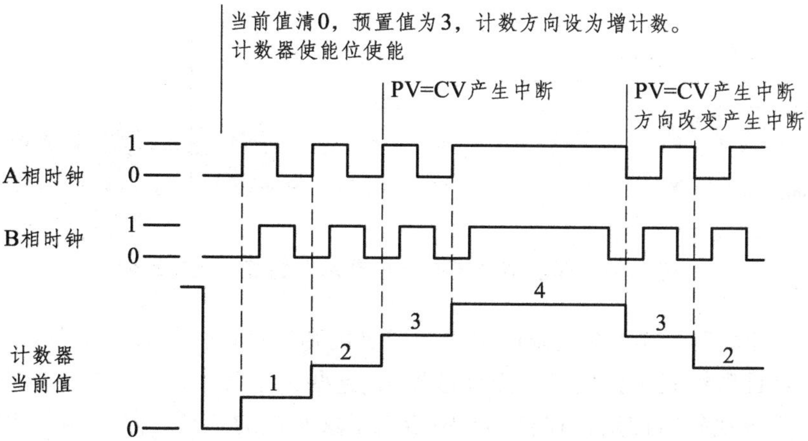

图 4-31　模式 9、10 或 11 操作实例（一倍正交模式）

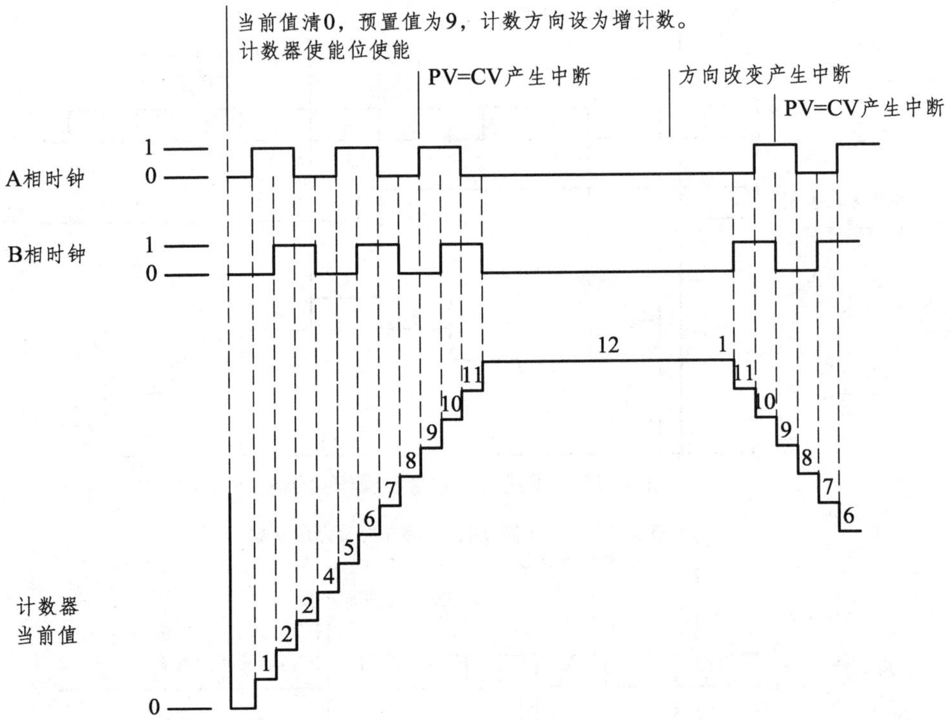

图 4-32　模式 9、10 或 11 操作实例（4 倍正交模式）

② 复位和启动操作。

如图 4-33 所示的复位和启动操作适用于使用复位和启动输入的多有模式，在复位和启动输入图中，复位输入和启动输入都被编程为高电平有效。

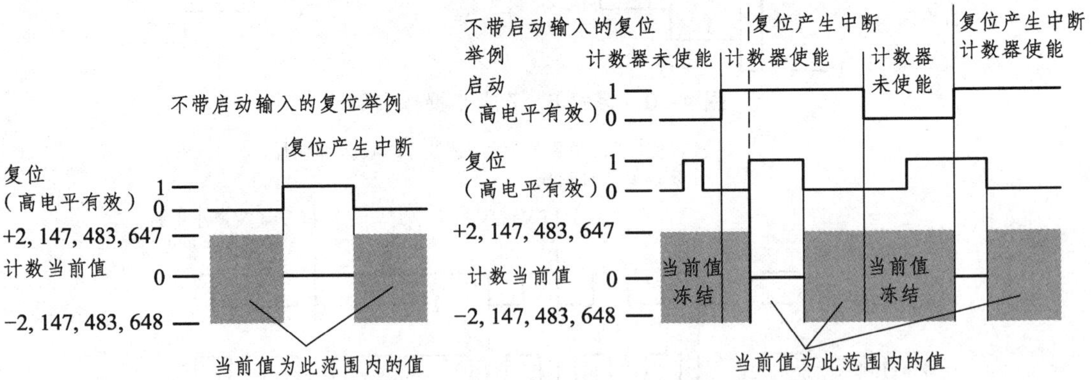

图 4-33　带有或者不带有启动输入的复位操作举例

对于高速计数器，有 3 个控制位用于配置复位和启动信号的有效状态，以及选择 1 倍速或者 4 倍速计数模式（仅用于正交计数器），这些位于各个计数器的控制字节中并且只有在 HDEF 指令执行时使用，在表 4-5 中给出了这些位的定义，图 4-34 给出了一个高速计数器定义指令的示例。

注意：在执行 HDEF 指令前，必须把这些控制位设定到希望的状态；否则，计数器对计数模式的选择取默认设置，一旦 HDEF 指令被执行，就不能再更改计数器的设置，除非是先进入“STOP”模式。

表 4-5　位和启动输入的有效电平及 1x/4x 控制位

HSC0	HSC1	HSC2	HSC4	描述（仅当 HDEF 执行时使用）
SM37.0	SM47.0	SM57.0	SM147.0	复位的有效控制位* 0=复位高电平有效；1=复位低电平有效
—	SM47.1	SM57.1	—	启动有效电平控制位* 0=启动高电平有效；1=启动低电平有效
SM37.2	SM47.2	SM57.2	SM147.2	正交计数器技术速率选择： 0=4×计数率；1=1×计数率

注：默认设置为复位输入和启动输入高电平有效，正交计数率为 4 倍速（4 位输入时钟频率）。

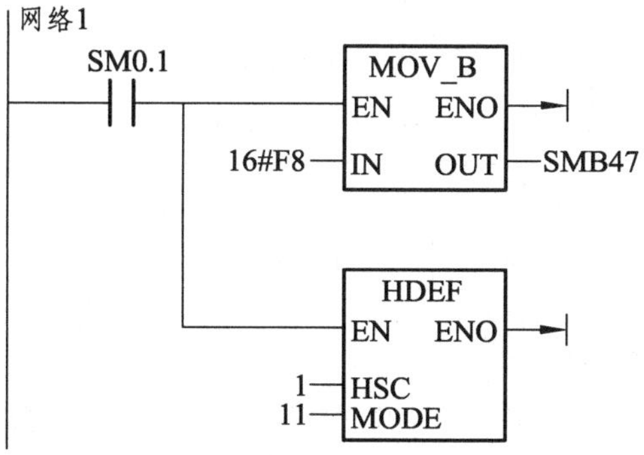

图 4-34　高速计数器定义指令

（2）设置控制字节。

只有定义了计数器和计数器模式，才能对计数器的动态参数进行编程，每个高速计数器都有一个控制字节，包括以下内容：

① 使能或者禁止计数器。

② 控制计数方向（只对模式 0、1 和 2 有效）或者对所有其他模式定义初始化计数方向。

③ 装载初始值。

④ 装载预置值。

在执行 HSC 指令时，要检验控制字节和相关的初始值和预置值，表 4-6 中对这些控制位逐一做了说明。

表 4-6　HSC0～HSC5 的控制位

HSC0	HSC1	HSC2	HSC3	HSC4	HSC5	中断描述
SM37.3	SM47.3	SM57.3	SM137.3	SM147.3	SM157.3	计数方向控制位： 0=减计数，1=增计数
SM37.4	SM47.4	SM57.4	SM137.4	SM147.4	SM157.4	向 HSC 中写入计数方向： 0=不更新，1=更新计数方向
SM37.5	SM47.5	SM57.5	SM137.5	SM147.5	SM157.5	向 HSC 中写入预设值： 0=不更新，1=更新预设值
SM37.6	SM47.6	SM57.6	SM137.6	SM147.6	SM157.6	向 HSC 中写入新的初始值： 0=不更新，1=更新初始值
SM37.7	SM47.7	SM57.7	SM137.7	SM147.7	SM157.7	HSC 允许： 0=禁止 HSC，1=允许 HSC

（3）设置初始值和预设值。

每个高速计数器都有一个 32 位的初始值和一个 32 位的预置值，初始值和预置值都是符号整数，为了向高速计数器装入新的初始值和预置值，必须先设置控制字节，并且把初始值和预置值存入特殊存储器中，然后执行 HSC 指令，从而将新的值传送到高速计数器，表 4-7 对保存新的初始值和预置值的特殊存储器做了说明。

表 4-7　HSC0、HSC1、HSC2、HSC3、HSC4 和 HSC5 的新初始值和新预设值

要装入的值	HSC0	HSC1	HSC2	HSC3	HSC4	HSC5
新初始值	SMD38	SMD48	SMD58	SMD138	SMD148	SMD158
新预置值	SMD42	SMD52	SMD62	SMD142	SMD152	SMD162

除去控制字节和新的初始值与预置值保存字节外，每个高速计数器的当前值只能使用数据类型 HC（高速计数器当前值）加上计数器号（0、1、2、3、4 或 5）的格式进行读取，见表 4-8。可用读操作直接访问当前值，但是写操作只能用 HSC 指令来实现。

表 4-8　HSC0、HSC1、HSC2、HSC3、HSC4 和 HSC5 当前值

值	HSC0	HSC1	HSC2	HSC3	HSC4	HSC5
当前值	HC0	HC1	HC2	HC3	HC4	HC5

如果要指定高速计数器的地址，访问高速计数器的计数值，要使用存储器类型 HC 和计数器号（如 HCO），高速计数器的当前值是只读值，只能以双字（32 位）分配地址，如图 4-35 所示。

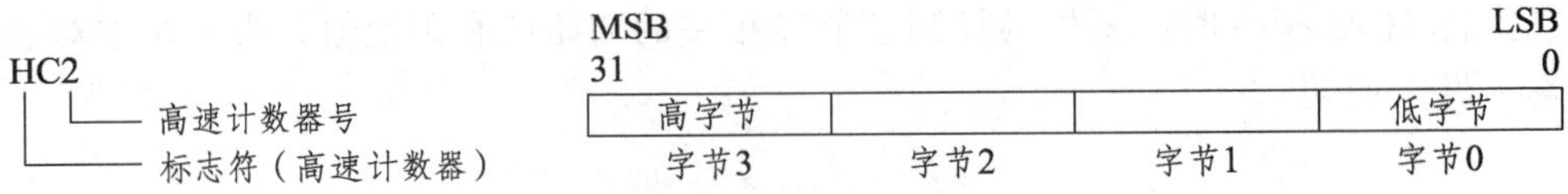

图 4-35　访问高速计数器的当前值

（4）指定中断。

所有计数器模式都支持在 HSC 的当前值等于预设值时产生一个中断事件，使用外部复位端的计数模式支持外部复位中断，除去模式 0、1 和 2 之外，所有计数器模式支持计数方向改变中断，每种中断条件都可以分别使能或者禁止。

注意：当使用外部复位中断时，不要写入初始值或者是在该中断服务程序中禁止再允许高速计数器，否则会产生一个致命错误。

每个高速计数器都有个状态字节，其中的状态存储位指出了当前计数方向，当前值是否大于或者等于预置值。表 4-9 给出了每个高速计数器状态位的定义。

只有在执行中断服务程序时，状态位才有效，监视高速计数器状态的目的是使其他事件能够产生中断以完成更重要的操作。

表 4-9　HSC0 ~ HSC5 的状态位

HSC0	HSC1	HSC2	HSC3	HSC4	HSC5	中断描述
SM36.0	SM46.0	SM56.0	SM136.0	SM146.0	SM156.0	不用
SM36.1	SM46.1	SM56.1	SM136.1	SM146.1	SM156.1	不用
SM36.2	SM46.2	SM56.2	SM136.2	SM146.2	SM156.2	不用
SM36.3	SM46.3	SM56.3	SM136.3	SM146.3	SM156.3	不用
SM36.4	SM46.4	SM56.4	SM136.4	SM146.4	SM156.4	不用
SM36.5	SM46.5	SM56.5	SM136.5	SM146.5	SM156.5	当前计数方向状态位： 0=减计数，1=增计数
SM36.6	SM46.6	SM56.6	SM136.6	SM146.6	SM156.6	当前值等于预置值状态位： 0=不等，1=相等
SM36.7	SM46.7	SM56.7	SM136.7	SM146.7	SM156.7	当前值大于预置值状态位： 0=小于等于，1=大于

（5）高速计数器的初始化步骤。

以 HSC1 为例，对初始化和操作步骤进行描述。在初始化描述中，假设 S7-200 已经置成“RUN”模式。因此，首次扫描标志位为真，如果不是这种情况，请记住在进入“RUN”模式后，对每一个高速计数器的 HDEF 指令只能执行一次。对一个高速计数器第二次执行 HDEF 指令时会引起运行错误，而且不能改变第一次执行 HDEF 指令时对计数器的设置。

注意：虽然下列步骤描述了如何分别改变计数方向、初始值和预置值，但完全可以在同一操作步骤中对全部或者任意参数组合进行设置，只要设置正确的 SMB47 然后执行 HSC 指令即可。

① 初始化模式 0、1 或 2。

HSC1 为内部方向控制的单相增/减计数器（模式 0、1 或 2），初始化步骤如下：

a. 用初次扫描存储器位（SM0.1=1）调用执行初始化操作的子程序，由于采用了这样的子程序调用，后续扫描不会再调用这个子程序，从而减少了扫描时间，也提供了一个结构优化的程序。

b. 初始化子程序中，根据所希望的控制操作对 SMB47 置数，即

SMB47=16#F8

产生如下结果：

◆ 允许计数。

◆ 写入新的初始值。

◆ 写入新的预置值。

◆ 置计数方向为增。

◆ 置启动和复位输入为高电平有效。

c. 执行 HDEF 指令时，HSC 输入置“1”，MODE 输入置“0”（无外部复位或启动）或置“1”（有外部复位和无启动）或置“2”（有外部复位和启动）。

d. 向 SMD48（双字）写入所希望的初始值（若写入 0，则清除）。

e. 向 SMD52（双字）写入所希望的预置值。

f. 为了捕获当前值（CV）等于预置值（PV）中断事件，编写中断子程序，并指定“CV=PV”中断事件（事件号 13）调用该中断子程序。

g. 为了捕获外部复位事件，编写中断子程序，并指定外部复位中断事件（事件号 15）调用该中断子程序。

h. 执行全局中断允许指令（ENI）来允许 HSC1 中断。

i. 执行 HSC 指令，使 S7-200 对 HSC1 编程。

j. 退出子程序。

② 初始化模式 3、4 或 5。

HSC1 为外部方向控制的单相增/减计数器（模式 3、4 或 5），初始化步骤如下：

a. 用初次扫描存储器位（SM0.1=1）调用执行初始化操作的子程序，由于采用了这样的子程序调用，后续扫描不会再调用这个子程序，从而减少了扫描时间，也提供了一个结构优化的程序。

b. 初始化子程序中，根据所希望的控制操作对 SMB47 置数，即

SMB47=16#F8

产生如下的结果：

◆ 允许计数。

◆ 写入新的初始值。

◆ 写入新的预置值。

◆ 置 HSC 的初始计数方向为增。

◆ 置启动和复位输入为高电平有效。

c. 执行 HDEF 指令时，HSC 输入置“1”，MODE 输入置“3”（无外部复位或启动）、置“4”（有外部复位和无启动）或置“5”（有外部复位和启动）。

d. 向 SMD48（双字）写入所希望的初始值（若写入“0”，则清除）。

e. 向 SMD52（双字）写入所希望的预置值。

f. 为了捕获当前值（CV）等于预置值（PV）中断事件，编写中断子程序，并指定“CV=PV”中断事件（事件号 13）调用该中断子程序。

g. 为了捕获计数方向改变中断事件，编写中断子程序，并指定计数方向改变中断事

件（事件号 14）调用该中断子程序。

h. 为了捕获外部复位事件，编写中断子程序，并指定外部复位中断事件（事件号 15）调用该中断子程序。

i. 执行全局中断允许指令（ENI）来允许 HSCI 中断。

j. 执行 HSC 指令，使 S7-200 对 HSC1 编程。

k. 退出子程序。

③ 初始化模式 6、7 或 8。

HSC1 为具有增/减两种始终的双向增/减计数器（模式 6、7 或 8），初始化步骤如下：

a. 用初次扫描存储器位（SM0.1=1）调用执行初始化操作的子程序，由于采用了这样的子程序调用，后续扫描不会再调用这个子程序，从而减少了扫描时间，也提供了一个结构优化的程序。

b. 初始化子程序中，根据所希望的控制操作对 SMB47 置数，即

SMB47=16#F8

产生如下的结果：

◆ 允许计数。

◆ 写入新的初始值。

◆ 写入新的预置值。

◆ 置 HSC 的初始计数方向为增。

◆ 置启动和复位输入为高电平有效。

c. 执行 HDEF 指令时，HSC 输入置“1”，MODE 输入置“6”（无外部复位或启动）、置“7”（有外部复位和无启动）或置“8”（有外部复位和启动）。

d. 向 SMD48（双字）写入所希望的初始值（若写入“0”，则清除）。

e. 向 SMD52（双字）写入所希望的预置值。

f. 为了捕获当前值（CV）等于预置值（PV）中断事件，编写中断子程序，并指定 CV=PV 中断事件（事件号 13）调用该中断子程序。

g. 为了捕获计数方向改变中断事件，编写中断子程序，并指定计数方向改变中断事件（事件号 14）调用该中断子程序。

h. 为了捕获外部复位事件，编写中断子程序，并指定外部复位中断事件（事件号 15）调用该中断子程序。

i. 执行全局中断允许指令（ENI）来允许 HSC1 中断。

j. 执行 HSC 指令，使 S7-200 对 HSC1 编程。

k. 退出子程序。

④ 初始化模式 9、10 或 11。

HSC1 为 A/B 相正交计数器（模式 9、10 或 11），初始化步骤如下：

a. 用初次扫描存储器位（SM0.1=1）调用执行初始化操作的子程序，由于采用了这样的子程序调用，后续扫描不会再调用这个子程序，从而减少了扫描时间，也提供了一个结构优化的程序。

b. 初始化子程序中，根据所希望的控制操作对 SMB47 置数，如 1× 计数方式，即

SMB47=16#FC

产生如下的结果：

◆ 允许计数。

◆ 写入新的初始值。

◆ 写入新的预置值。

◆ 置 HSC 的初始计数方向为增。

◆ 置启动和复位输入为高电平有效。

又如 4× 计数方式，即

SMB47=16#F8

产生如下的结果：

◆ 允许计数。

◆ 写入新的初始值。

◆ 写入新的预置值。

◆ 置 HSC 的初始计数方向为增。

◆ 置启动和复位输入为高电平有效。

c. 执行 HDEF 指令时，HSC 输入置“1”，MODE 输入置“9”（无外部复位或启动）、置“10”（有外部复位和无启动）或置“11”（有外部复位和启动）。

d. 向 SMD46（双字）写入所希望的初始值（若写入“0”，则清除）。

e. 向 SMD52（双字）写入所希望的预置值。

f. 为了捕获当前值（CV）等于预置值（PV）中断事件，编写中断子程序，并指定“CV=PV”中断事件（事件号 13）调用该中断子程序。

g. 为了捕获计数方向改变中断事件，编写中断子程序，并指定计数方向改变中断事件（事件号 14）调用该中断子程序。

h. 为了捕获外部复位事件，编写中断子程序，并指定外部复位中断事件（事件号 15）调用该中断子程序。

i. 执行全局中断允许指令（ENI）来允许 HSC1 中断。

j. 执行 HSC 指令，使 S7-200 对 HSC1 编程。

k. 退出子程序。

⑤ 初始化模式 12。

HSC0 为 PTO0 产生的脉冲计数（模式 12），初始化步骤如下：

a. 用初次扫描存储器位（SM0.1=1）调用执行初始化操作的子程序，由于采用了这样的子程序调用，后续扫描不会再调用这个于程序，从而减少了扫描时间，也提供了一个结构优化的程序。

b. 初始化子程序中，根据所希望的控制操作对 SMB47 置数，即

SMB47=16#F8

产生如下结果：

◆ 允许计数。

◆ 写入新的初始值。

◆ 写入新的预置值。

◆ 置计数方向为增。

◆ 置启动和复位输入为高电平有效。

c. 执行 HDEF 指令时，HSC 输入置“1”，MODE 输入置“12”。

d. 向 SMD38（双字）写入所希望的初始值（若写入“0”，则清除）。

e. 向 SMD42（双字）写入所希望的预置值。

f. 为了捕获当前值（CV）等于预置值（PV）中断事件，编写中断子程序，并指定“CV=PV”中断事件（事件号 13）调用该中断子程序。

g. 执行全局中断允许指令（ENI）来允许 HSC1 中断。

h. 执行 HSC 指令，使 S7-200 对 HSC0 编程。

i. 退出子程序。

⑥ 改变模式 0、1、2 或者 12 的计数方向。

对具有内部方向（控制模式 0、1、2 或者 12）的单相计数器 HSC1，改变其计数方向的步骤如下：

a. 向 SMB47 写入所需的计数方向，即

SMB47=16#90

产生如下结果：

◆ 允许计数。

◆ 置 HSC 计数方向为减。

SMB47=16#98

产生如下结果：

◆ 允许计数。

◆ 置 HSC 计数方向为增。

b. 执行 HSC 指令，使 S7-200 对 HSC1 编程。

写入新的初始值（任何模式下）：

在改变初始值时，迫使计数器处于非工作状态；当计数器被禁止时，它既不计数也不产生中断，以下步骤描述了如何改变 HSC1 的初始值（任何模式下）。

i. 向 SMB47 写入新的初始值的控制位，即

SMB47=16#C0

产生如下结果：

◆ 允许计数。

◆ 写入新的初始值。

ii. 向 SMD48（双字）写入所希望的初始值（若写入“0”，则清除）。

iii. 执行 HSC 指令，使 S7-200 对 HSC1 编程。

（6）写入新的预置值（任何模式下）。

以下步骤描述了如何改变 HSC1 的预设值（任何模式）。

① 向 SMB47 写入允许写入新的预置值的控制位，即

SMB47=16#A0

产生如下结果：

◆ 允许计数。

◆ 写入新的预置值。

② 向 SMD52（双字）写入所希望的预置值。

③ 执行 HSC 指令，使 S7-200 对 HSC1 编程。

（7）禁止 HSC（任何模式下）。

以下步骤描述了如何禁止 HSC1 高速计数器（任何模式）。

① 写入 SMB47 以禁止计数，即

SMB47=16#00

产生如下结果：禁止计数。

② 执行 HSC 指令，以禁止计数。

4. 高速计数器应用举例

高速计数器应用如图 4-36 所示。

<table>
<tr><td>MAIN</td><td>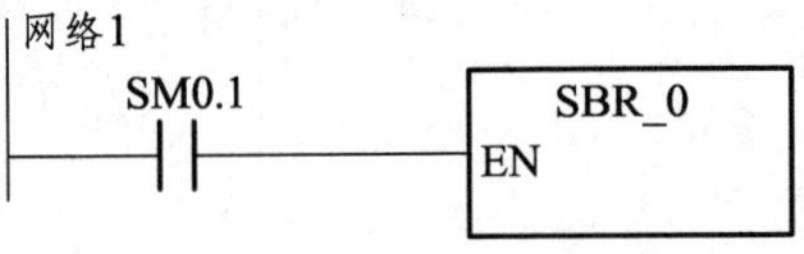
</td><td>LD
CALL</td><td>SM0.1
0</td><td>Network1 //在首次扫描，调用子程序 0</td></tr>
<tr><td>SBR0</td><td>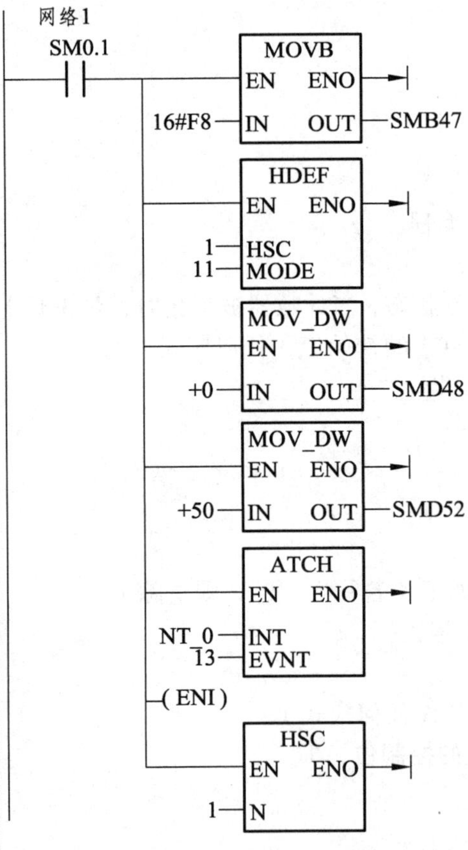
</td><td>LD
MOVB
HDEF
MOVD
MOVD
ATCH
ENI
HSC</td><td>SM0.1 INT0
16#F8, SMB47
1，11
0，SMD48
50，SMD52
0，13

1</td><td>Network1 //在首次扫描，配置 HSC1：
//1. 使能计数器。
// -写初始值。
// -写预置值。
// -设初始方向为增计数。
// -选择启动和复位输入高电平有效。
//2. 配置 HSC1 为带启动和复位输入的正交模式。
//3. 清除 HSC1 为初始值。
//4. 置 HSC1 的预置值为 50。
//5. 当 HSC1 的当前值=预设值时，执行 INT_0.</td></tr>
</table>

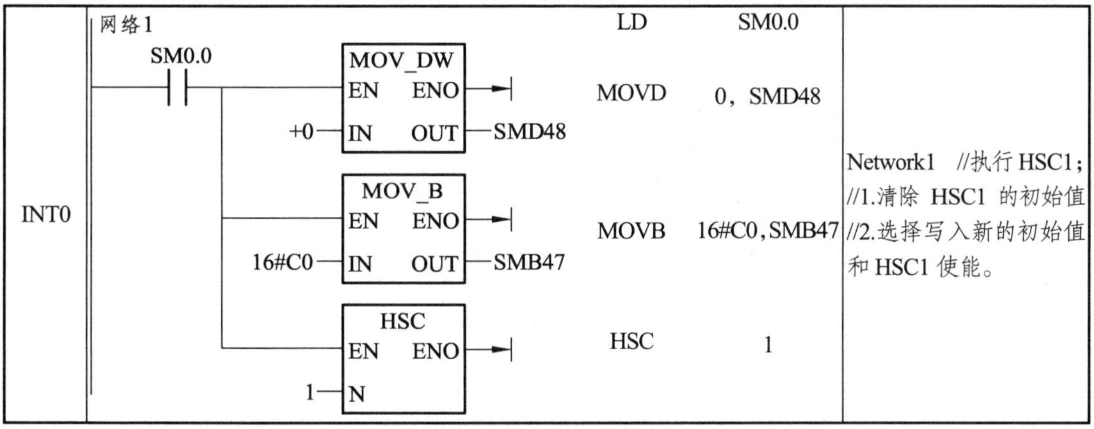

图 4-36 高速计数器应用

第五节 简单程序编写的步骤、方法和技巧

一、PLC 程序的简单设计法

PLC 程序简单设计法的一般步骤和要求如下：

（1）设计主电路（同继电控制系统）。

（2） 设计控制电路。

① 首先把系统的 I/O 点找出来，分配好对应 PLC 的 I/O 地址（或画出 PLC 主机接线图）；

② 按要求设计梯形图或指令语句。

（3）对程序进行全面检查和修改。

二、应用举例

例 4-1：具有电气联锁的电动机正反转控制。

主电路：如图 2-13 所示，接触器 KM1 控制正转，KM2 控制反转。

输入点分配：停车按钮接 I0.0，正向启动按钮 I0.1，反向启动按钮 I0.2，热继电器过载保护接 I0.3。

输出点分配：Q0.1 控制 KM1 的线圈，Q0.2 控制 KM2 的线圈。

梯形图如图 4-37 所示。

例 4-2：电机顺序启/停电路。仍以第二章的例子为例，说明 PLC 程序设计的灵活和方便。

要求：3 台电机按启动按钮后，M1、M2、M3 正序启动；按停止按钮后，逆序停止，且要有一定时间间隔。

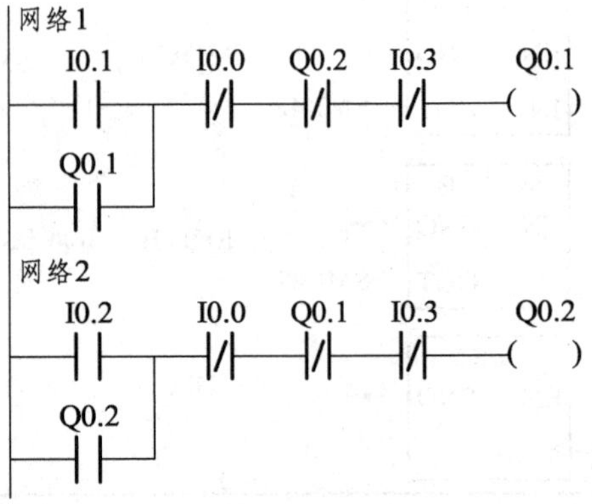

图 4-37 带电气互锁的电动机正反转控制

分析：主电路与第二章。KM1 控制 M1、KM2 控制 M2、KM3 控制 M3。

控制电路设计：该控制电路有 2 个输入点，即启动按钮 I0.0，停止按钮 I0.1；3 个输出点，即控制 KM1 线圈的 Q0.0、控制 KM2 线圈的 Q0.1 和控制 KM3 线圈的 Q0.2。

梯形图如图 4-38 所示。

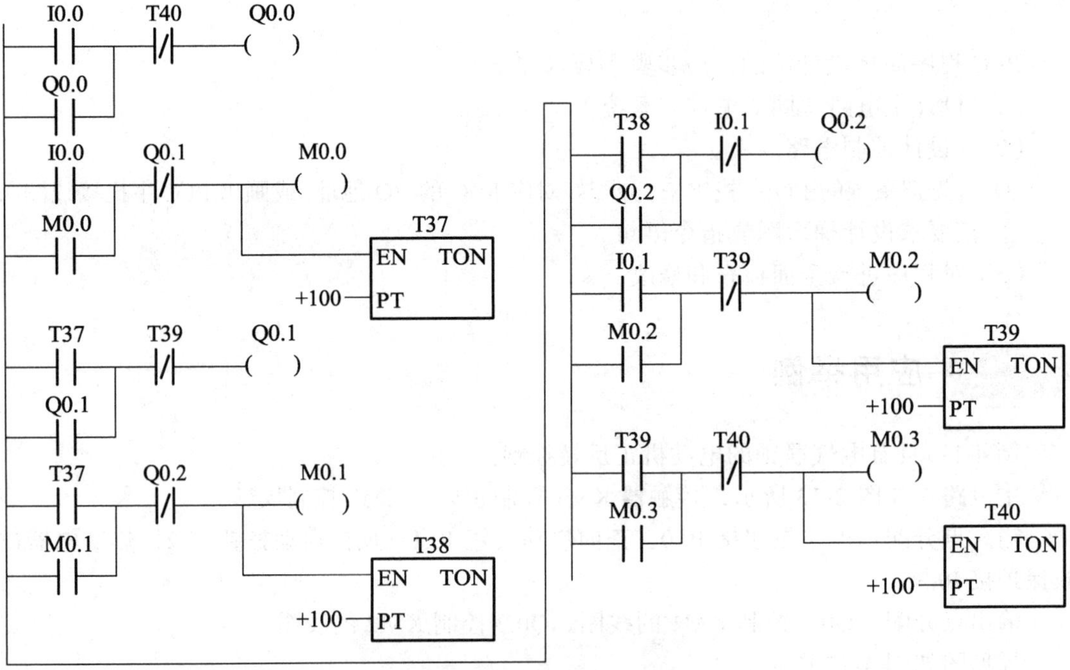

图 4-38 电机顺序启、停程序

例 4-3：定子串电阻降压启动控制线路，如图 4-39 所示。

例 4-4：Y-△降压启动自动控制，如图 4-40 所示。

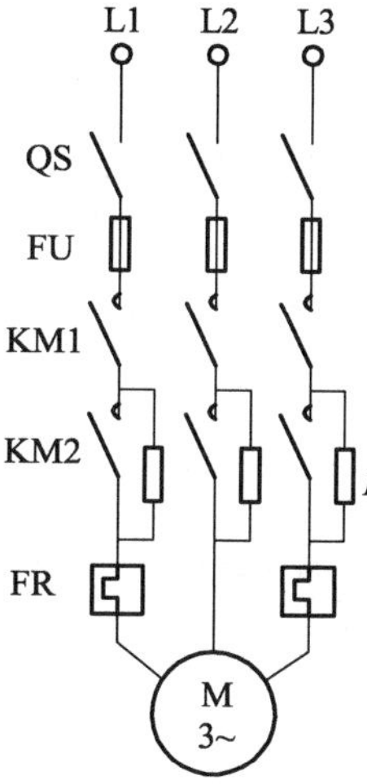

（a）主电路

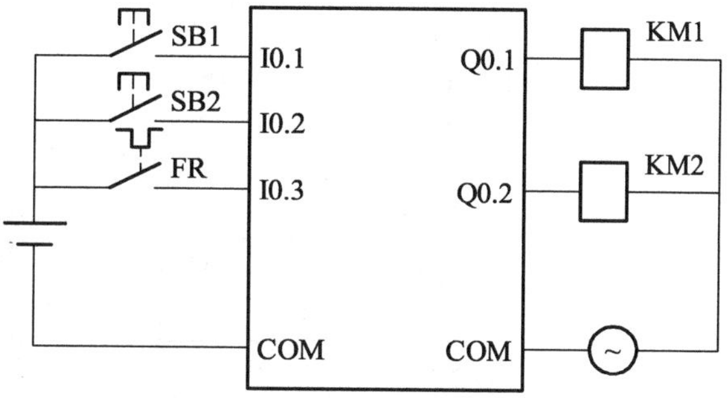

（b）PLC 主机接线

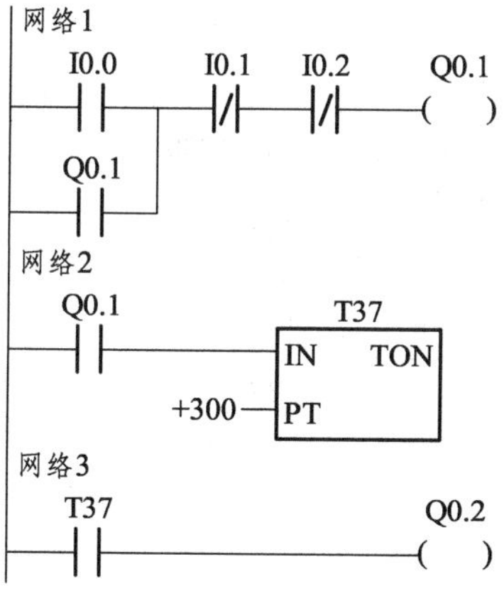

网络1	定子串电阻减压启动
LD	I0.0
O	Q0.1
AN	I0.1
AN	I0.2
=	Q0.1
网络2	
LD	Q0.1
TON	T37, +300
网络3	
LD	T37
=	Q0.2

（c）梯形图及指令语句表

图 4-39　定子串电阻降压启动

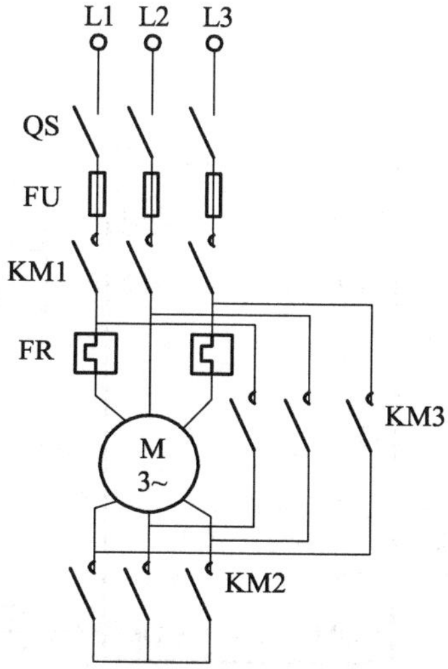

（a）主电路

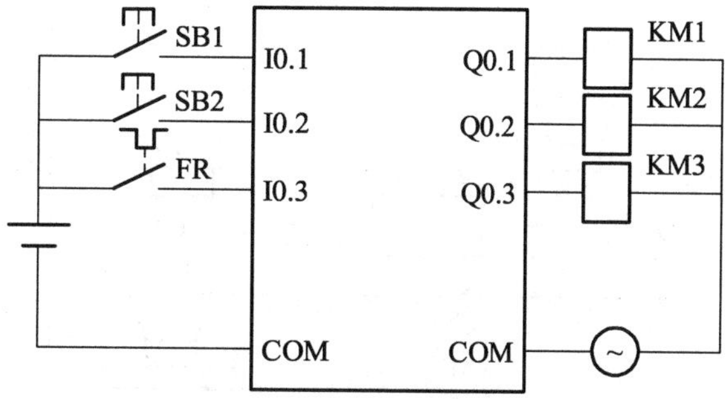

（b）PLC 主机接线

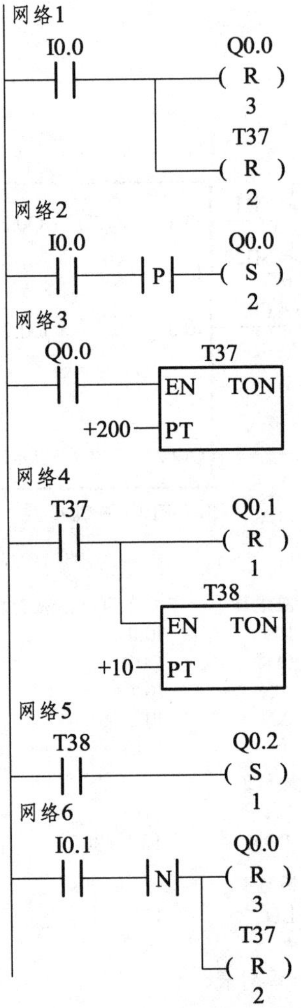

网络1	Y-△降压起动控制
LD	SM0.1
R	Q0.0, 3
R	T37, 2
网络2	
LD	I0.0
EU	
S	Q0.0, 2
网络3	
LD	Q0.0
TON	T37, +200
网络4	
LD	T37
R	Q0.1, 1
TON	T38, +10
网络5	
LD	T38
S	Q0.2, 1
网络6	
LD	I0.1
ED	
R	Q0.1, 3
R	T37, 2

（c）梯形图及指令语句表

图 4-40　Y-△降压启动

例 4-5：送料车自动循环控制，如图 4-41 所示。

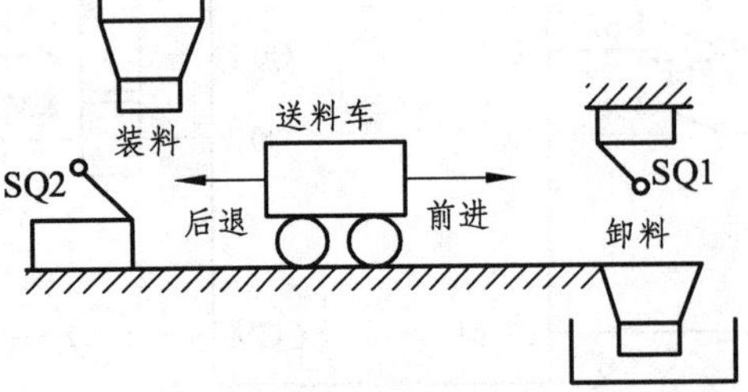

（a）工作示意图

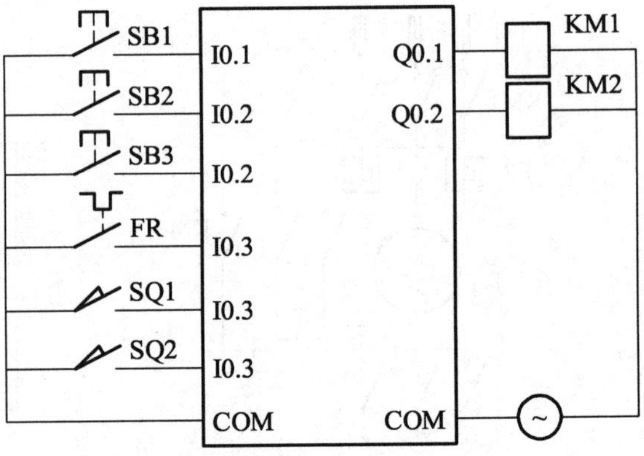

（b）主机接线

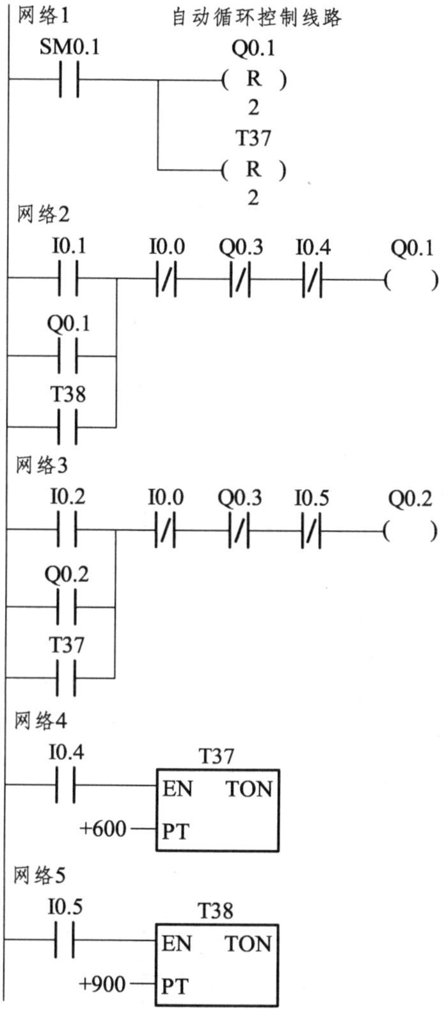

网络1	自动循环控制线路
LD	SM0.1
R	Q0.1, 2
R	T37, 2
网络2	
LD	I0.1
O	Q0.1
O	T38
AN	I0.0
AN	I0.3
AN	I0.4
=	Q0.1
网络3	
LD	I0.2
O	Q0.2
O	T37
AN	I0.0
AN	I0.3
AN	I0.5
=	Q0.2
网络4	
LD	I0.4
TON	T37, +600
网络5	
LD	I0.5
TON	T38, +900

（c）自动循环控制程序

图 4-41　送料车自动循环控制

送料车工作示意如图 4-41（a）示：车子由电动机拖动，电动机正转小车前进，电动机反转小车后退。对送料车自动循环控制的要求为：第一次按动送料车按钮，预先装满料的车子前进送料，到达卸料处自动停下卸料，经过卸料所需时间 60 s 后，小车自动返回到装料处；经过装料所需设定时间 90 s 后，小车自动再次前进送料，卸完料后又自动返回装料；如此自动循环，按下停车按钮过程停止。

第六节　数据处理指令

数据处理功能包括数据传送、移位、比较、转换和运算。

一、传送指令

传送指令是单个数据或多个连续数据从源地址传送到目的地址，主要用于 PLC 内部数据传送。数据传送指令分为单数据传送指令和块数据传送指令。

（1）单数据传送指令——次传送一个字节、字、双字或实数。

（2）块数据指令——将一个由N个字节组成的数据块按字节、字或双字方式进行传送。

1. MOVB、MOVW、MOVD 和 MOVR 指令

（1）指令格式。

STL：MOVB IN，OUT　MOVW IN，OUT　MOVD　IN，OUT　MOVR　IN，OUT

LAD：

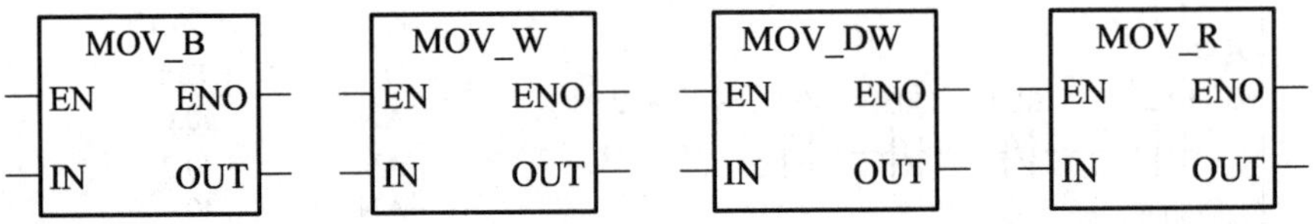

（2）指令功能。

① MOVB：字节传送指令。将输入字节（IN）移至输出字节（OUT），不改变原来的数值。

② MOVW：字传送指令。将输入字（IN）移至输出字（OUT），不改变原来的数值。

③ MOVD：双字传送指令。将输入字（IN）移至输出双字（OUT），不改变原来的数值。

④ MOVR：实数传送指令。将 32 位、实数输入双字（IN）移至输出双字（OUT），不改变原来的数值。

（3）指令应用（见图 4-42）。

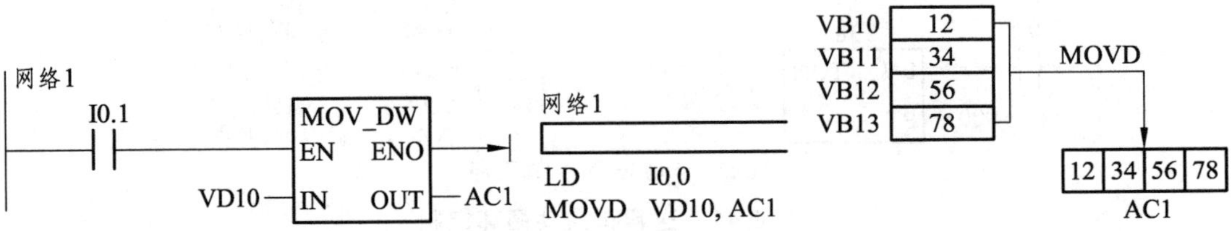

图 4-42　传送指令应用

当 I0.0 闭合时，将 VD10 中的数据传送到 AC1 中。

2. BMB、BMW 和 BMD 指令

（1）指令格式。

STL：BMB IN，OUT，N　BMW　IN，OUT，N　BMD　IN，OUT，N

LAD：

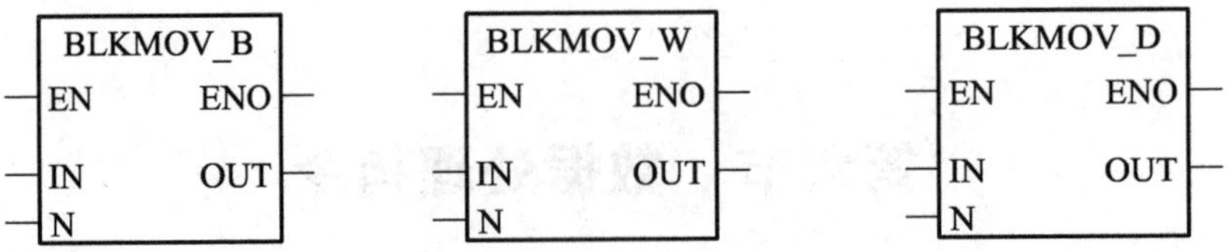

（2）指令功能。

BMB：字节块传送指令。指令将字节数目（N）从输入地址（IN）移至输出地址（OUT）。

N 的取值为 1～255。

BMW：字块传送指令。指令将字数目（N）从输入地址（IN）移至输出地址（OUT）。N 的取值为 1～255。

BMD：双字块传送指令。指令将双字数目（N）从输入地址（IN）移至输出地址（OUT）。N 的取值为 1～255。

（3）指令应用（见图 4-43）。

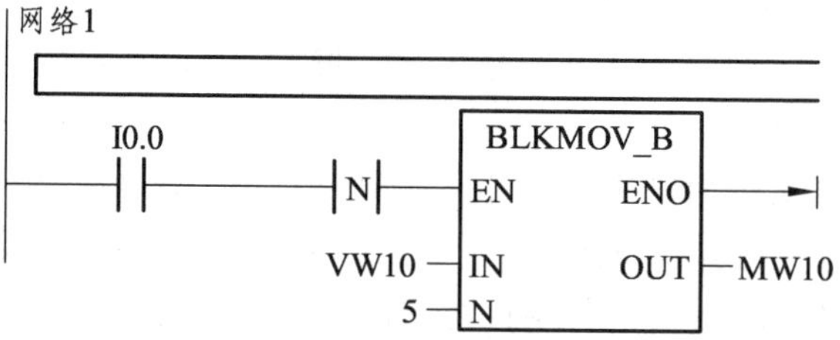


```
网络1
LD      I0.0
ED
BMW     VW10, MW10, 5
```

IN源区

VB10	VB11	VB12	VB13	VB14	VB15	VB16	VB17	VB18	VB19

OUT目的区

MB10	MB11	MB12	MB13	MB14	MB15	MB16	MB17	MB18	MB19

图 4-43　块传送指令应用

由于负跳变指令的作用，当 I0.0 闭合到断开的第一个扫描周期时，BMW 指令执行，将以 VW10 开始的 5 个字传送到以 MW10 开始的存储单元中。

二、移位和循环移位指令

数据移位指令是对数值的每一位进行左移或右移，从而实现数值变换。数据移位指令主要包括字节、字和双字的左、右移位指令。

1. SRB、SLB、SRW、SLW、SRD 和 SLD 指令

（1）指令格式。

STL　：SRB　OUT，N　　SLB　OUT，N　　SRW　OUT，N

LAD：

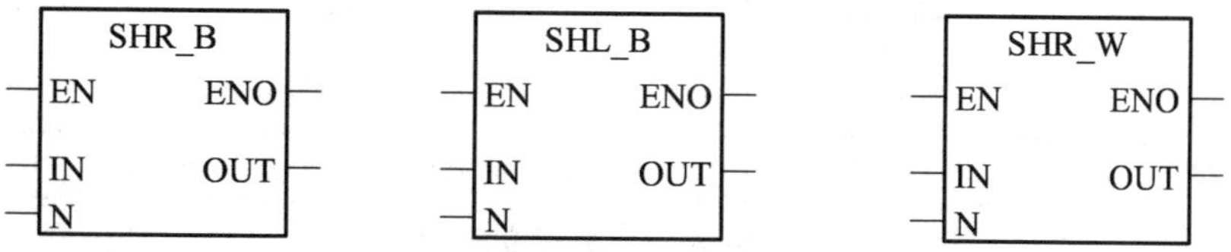

STL：　SLW　OUT，N　　SRD　OUT，N　　SLD　OUT，N

LAD：

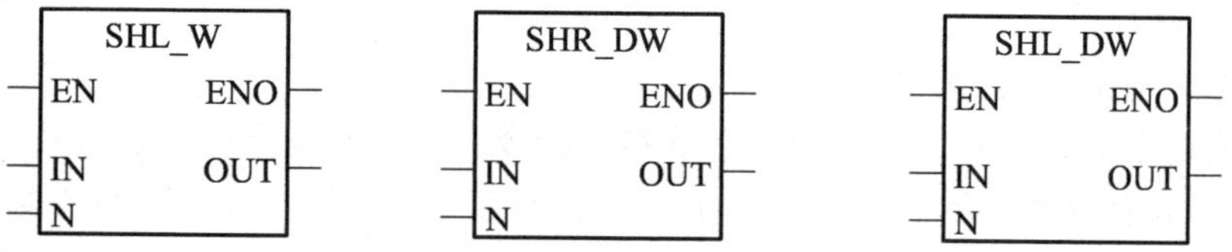

（2）指令功能。

SRB：字节右移移位指令。当 EN 端口执行条件存在时，将 IN 端口指定的字节数据右移 N 位后，输出到 OUT 端口指定的字节单元。

SLB：字节左移移位指令。当 EN 端口执行条件存在时，将 IN 端口指定的字节数据左移 N 位后，输出到 OUT 端口指定的字节单元。

SRW：字右移移位指令。当 EN 端口执行条件存在时，将 IN 端口指定的字数据右移 N 位后，输出到 OUT 端口指定的字单元。

SLW：字左移移位指令。当 EN 端口执行条件存在时，将 IN 端口指定的字数据左移 N 位后，输出到 OUT 端口指定的字单元。

SRD：双字右移移位指令。当 EN 端口执行条件存在时，将 IN 端口指定的双字数据右移 N 位后，输出到 OUT 端口指定的双字单元。

SLD：双字左移移位指令。当 EN 端口执行条件存在时，将 IN 端口指定的双字数据左移 N 位后，输出到 OUT 端口指定的双字单元。

（3）指令应用。

传送指令应用如图 4-44 所示。

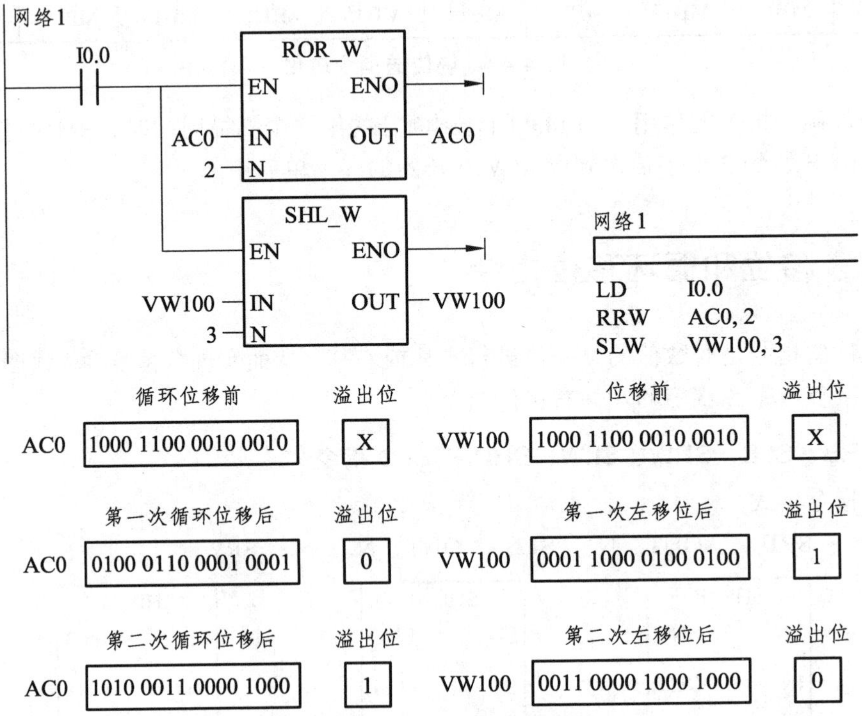

图 4-44 传送指令应用

（4）指令说明。

① 以上 6 条指令均为无符号操作。

② 移位指令对每个移出位补 0。字节移位指令：如果移位数目（N）大于或等于 8，则数值最多被移位 8 次；字移位指令：如果移位数目（N）大于或等于 16，则数值最多被

移位 16 次；双字移位指令：如果移位数目（N）大于或等于 32，则数值最多被移位 32 次。

2. RRB、RLB、RRW、RLW、RRD 和 RLD 指令

（1）指令格式。

STL：RRB　OUT，N　　RLB　OUT，N　　RRW　OUT，N

LAD：

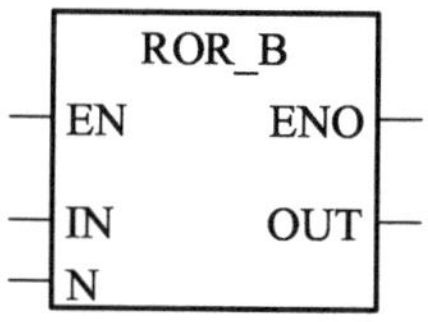

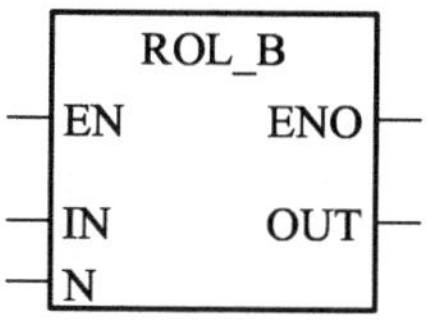

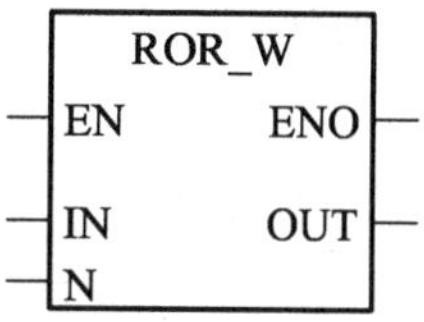

STL：RLW　OUT，N　　RRD　OUT，N　　RLD　OUT，N

LAD：

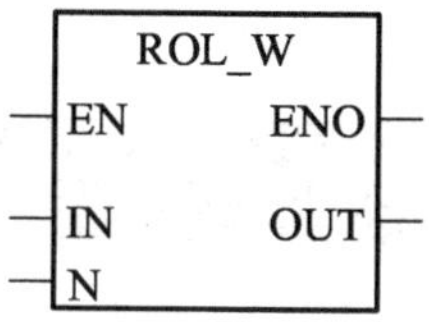

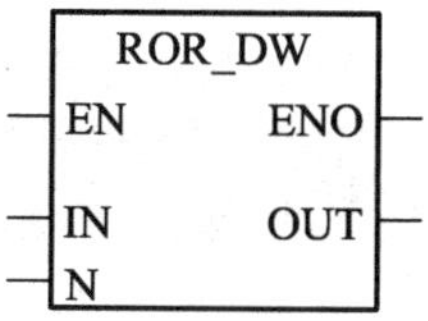

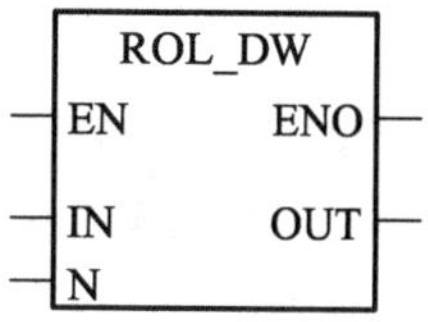

（2）指令功能。

RRB：字节循环右移移位指令。当 EN 端口执行条件存在时，将 IN 端口指定的字节数据循环右移 N 位后，输出到 OUT 端口指定的字节单元。

RLB：字节循环左移移位指令。当 EN 端口执行条件存在时，将 IN 端口指定的字节数据循环左移 N 位后，输出到 OUT 端口指定的字节单元。

RRW：字循环右移位指令。当 EN 端口执行条件存在时，将 IN 端口指定的字数据循环右移 N 位后，输出到 OUT 端口指定的字单元。

RLW：字循环左移位指令。当 EN 端口执行条件存在时，将 IN 端口指定的字数据循环左移 N 位后，输出到 OUT 端口指定的字单元。

RRD：双字循环右移移位指令。当 EN 端口执行条件存在时，将 IN 端口指定的双字数据循环右移 N 位后，输出到 OUT 端口指定的双字单元。

RLD：双字循环左移移位指令。当 EN 端口执行条件存在时，将 IN 端口指定的双字数据循环左移 N 位后，输出到 OUT 端口指定的双字单元。

（3）指令应用（见图 4-44）

（4）指令说明。

① 以上 6 条指令均为无符号操作。

② 对于字节循环移位指令，如果移位数目（N）大于或等于 8，执行循环之前先对位数（N）进行模数 8 操作，从而使位数在 0 ~ 7；对于字循环移位指令，如果移动位数（N）大于或等于 16，在循环执行之前的移动位数（N）上执行模数 16 操作。从而使移动位数在 0 ~ 15；

对于双字循环移位指令，如果移位数目（N）大于或等于 32，执行循环之前在移动位数（N）上执行模数 32 操作。从而使位数在 0 ~ 31。

③ 如果取模后移动位数为 0，则不执行循环操作。如果执行循环操作，循环的最后

一位数值被复制至溢出位（SM1.1）。

④ 特殊内存位：SM1.0 当需要循环的数值是零时，设置为零位；而 SM1.1 为溢出标志位，即循环出的最后一个位。

三、比较指令

比较指令用于比较两个值，即 IN1 和 IN2，包括 IN1=IN2、IN1>=IN2、IN1<=IN2、IN1>IN2、IN1<IN2 或 IN1<>IN2。

1. 指令格式（见表 4–10）

表 4-10　比较指令格式

	字节比较	整数比较	双字整数比较	实数比较	字符串比较
LAD	IN1 ─┤==B├─ IN2	IN1 ─┤==I├─ IN2	IN1 ─┤==D├─ IN2	IN1 ─┤==R├─ IN2	IN1 ─┤==S├─ IN2
STL	LDAB=IN1，IN2 AB=IN1，IN2 OB = IN1，IN2 LDB< >IN1，IN2 AB< >IN1，IN2 OB< >IN1，IN2 LDB<IN1，IN2 AB<IN1，IN2 OB<IN1，IN2 LDB<=IN1，IN2 AB<=IN1，IN2 OB<=IN1，IN2 LDB>IN1，IN2 AB>IN1，IN2 OB>IN1，IN2 LDB>=IN1，IN2 AB>=IN1，IN2 OB>=IN1，IN2	LDAW=IN1，IN2 AW=IN1，IN2 OW = IN1，IN2 LDW< >IN1，IN2 AW< >IN1，IN2 OW< >IN1，IN2 LDW<IN1，IN2 AW<IN1，IN2 OW<IN1，IN2 LDW<=IN1，IN2 AW<=IN1，IN2 OW<=IN1，IN2 LDW>IN1，IN2 AW>IN1，IN2 OW>IN1，IN2 LDW>=IN1，IN2 AW>=IN1，IN2 OW>=IN1，IN2	LDAD=IN1，IN2 AD=IN1，IN2 OD = IN1，IN2 LDD< >IN1，IN2 AD< >IN1，IN2 OD< >IN1，IN2 LDD<IN1，IN2 AD<IN1，IN2 OD<IN1，IN2 LDD<=IN1，IN2 AD<=IN1，IN2 OD<=IN1，IN2 LDD>IN1，IN2 AD>IN1，IN2 OD>IN1，IN2 LDD>=IN1，IN2 AD>=IN1，IN2 OD>=IN1，IN2	LDAR=IN1，IN2 AR=IN1，IN2 OR = IN1，IN2 LDR< >IN1，IN2 AR< >IN1，IN2 OR < >IN1，IN2 LDR <IN1，IN2 AR <IN1，IN2 OR<IN1，IN2 LDR<=IN1，IN2 AR <=IN1，IN2 OR <=IN1，IN2 LDR >IN1，IN2 AR >IN1，IN2 OR >IN1，IN2 LDR >=IN1，IN2 AR >=IN1，IN2 OR >=IN1，IN2	LDAS=IN1，IN2 AS=IN1，IN2 OS = IN1，IN2 LDS< >IN1，IN2 AS< >IN1，IN2 OS< >IN1，IN2

注：LAD 中只给出了“等于”的比较关系。

2. 指令功能

字节比较不带符号。在 LAD 中，比较为真实时，触点打开。在 FBD 中，比较为真实时，输出打开。在 STL 中，比较为真实时，1 位于堆栈顶端，指令执行载入、AND（与）或 OR（或）操作。

3. 指令应用（见图 4-45）

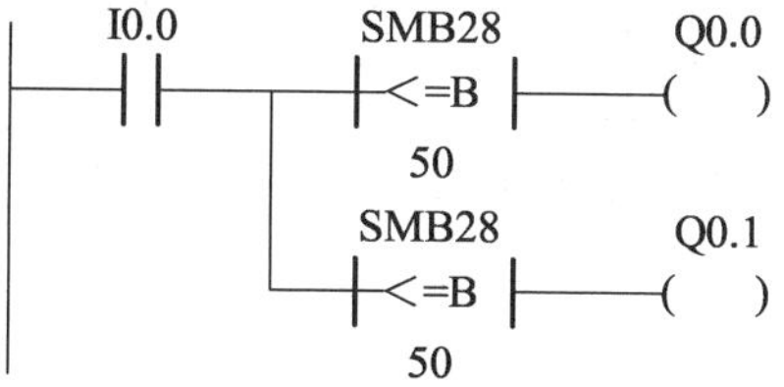


```
LD      I0.0
LPS
AB<=    SMB28, 50
=       Q0.0
LPP
AB>=    SMV28, 50
=       Q0.1
```

图 4-45　比较指令应用

4. 指令说明

以下条件为严重错误，会使 S7-200 立即停止执行程序：

（1）遇到非法间接地址（任何比较指令）。

（2）遇到非法实数（例如，NAN、“比较实数”指令）。

为了防止出现此类错误，请务必在执行此类数值的比较指令之前，以适当的方式初始化指针和包含实数的数值。无论使能位状态如何，“比较”指令均会执行。

第七节　程序控制指令

程序控制指令用于对程序流转的控制，可以控制程序的结束、分支、循环、子程序或中断程序调用等。本书中重点介绍子程序指令和中断程序指令。

一、子程序指令

程序中有些部分可能要实现相同的功能，而且这些功能需要经常用到，用子程序实现这个功能是很适合的。子程序通常是与主程序分开的、完成特定功能的一段程序。当主程序（调用程序）需要执行这个功能时，就可以调用该子程序（被调用程序）。于是，程序转移到这个子程序的起始处执行。当运行完子程序后，再返回调用它的主程序。子程序由主程序执行子程序调用指令 CALL 来调用。子程序执行完后用子程序返回指令 RET，返回主程序继续执行。CALL 和 RET 指令均不影响标志位。

1. 指令格式

STL：CALL　SBR_N　　　　　CRET

LAD：

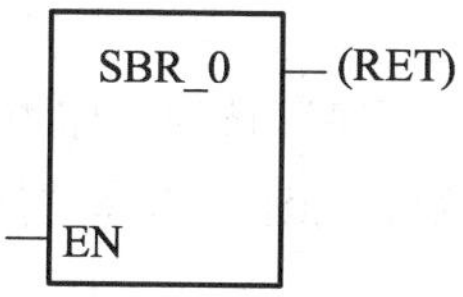

2. 指令功能

CALL：子程序调用指令。当 EN 条件满足时，将主程序转到子程序入口开始执行子程序。SBR_N 是子程序名，标志子程序入口地址。

CRET：有条件子程序返回指令。在其逻辑条件成立时，结束子程序执行，返回主程序中的子程序调用处继续向下执行。

3. 指令应用（见图 4-46）

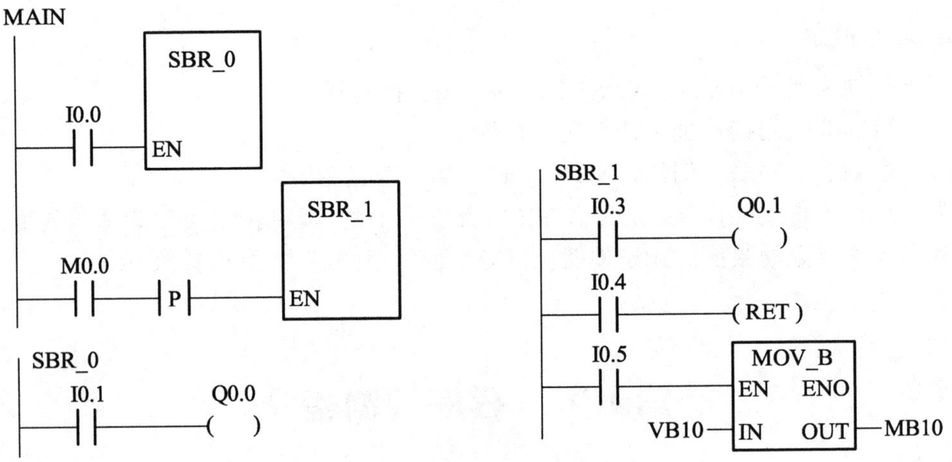

图 4-46　子程序调用指令应用

（1）当 I0.0 闭合时，调用子程序 SBR_0，子程序所有指令执行完毕，返回主程序调用处，继续执行主程序。每个扫描周期，此程序运行一次，直到 I0.0 断开。在子程序调用期间，若 I0.1 闭合，则线圈 Q0.0 接通。

（2）在 M1.0 闭合期间，调用子程序 SBR_1，执行过程同子程序 SBR_0。在子程序 SBR_1 执行期间，若 I0.3 闭合，则线圈 Q0.1 接通；若 I0.4 断开且 I0.5 闭合，则 MOV_B 指令执行；若 I0.4 闭合，则执行有条件子程序返回指令 CRET，程序返回主程序继续执行，MOV_B 指令不执行。

4. 指令说明

① CRET 多用于子程序内部，在条件满足时起结束子程序的作用。在子程序的最后，编程软件将自动添加子程序的无条件结束指令 RET。

② 子程序可以嵌套运行。子程序的嵌套深度最多为 8 层。

要调用子程序，首先要建立子程序。下面给出 3 种建立子程序的方法：

（1）打开编辑软件，选择“编辑”菜单中“插入”子菜单下的“子程序”选项来建立一个新的子程序，如图 4-47 所示。

（2）打开编程软件，单击鼠标右键，选择“插入”→“子程序”选项，如图 4-48 所示。

（3）打开编程软件，在软件的下方 SBR_0 处，单击鼠标右键，选择“插入”→“子程序”选项，如图 4-49 所示。

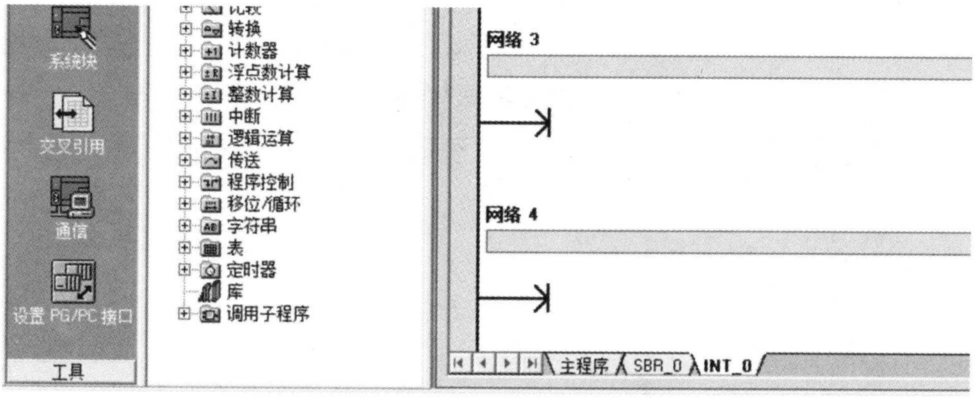

（a）插入前

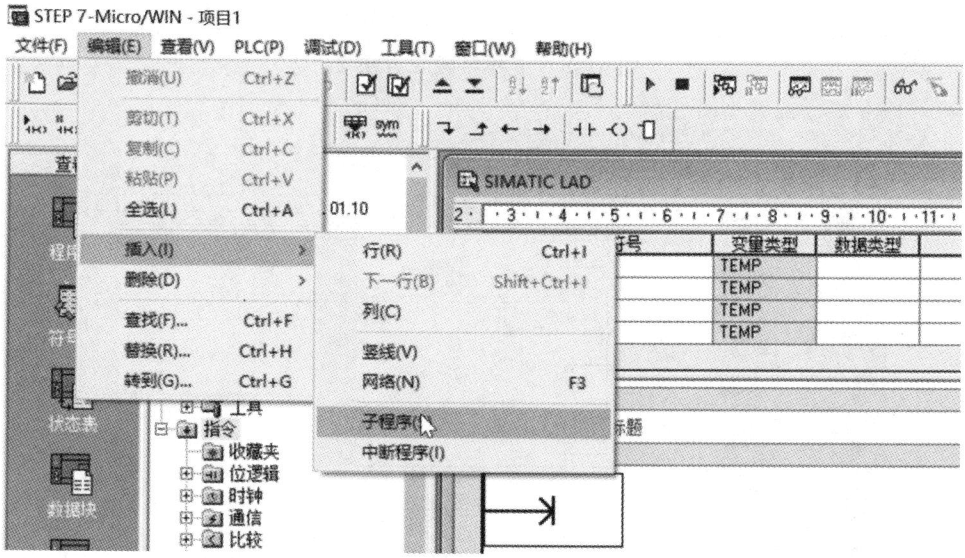

（b）插入中

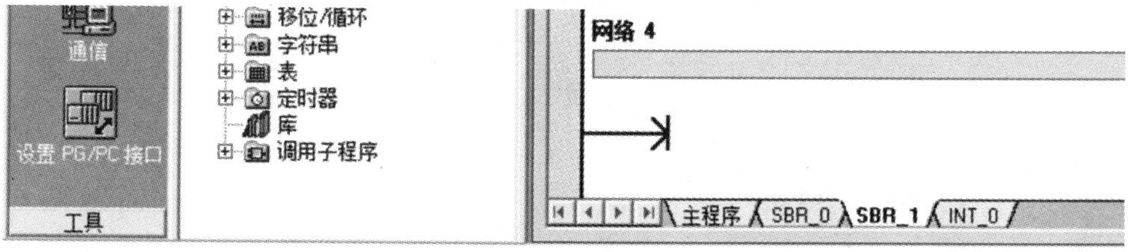

（c）插入后

图 4-47　子程序建立方法 1

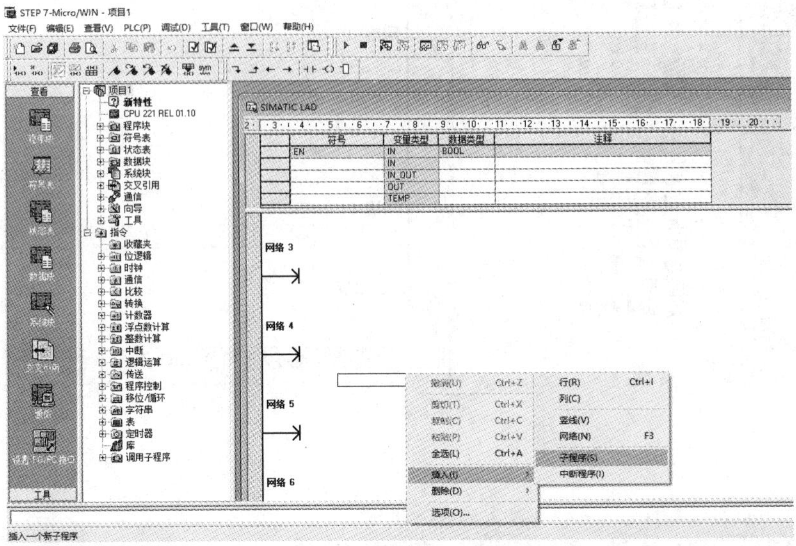

图 4-48　子程序建立方法 2

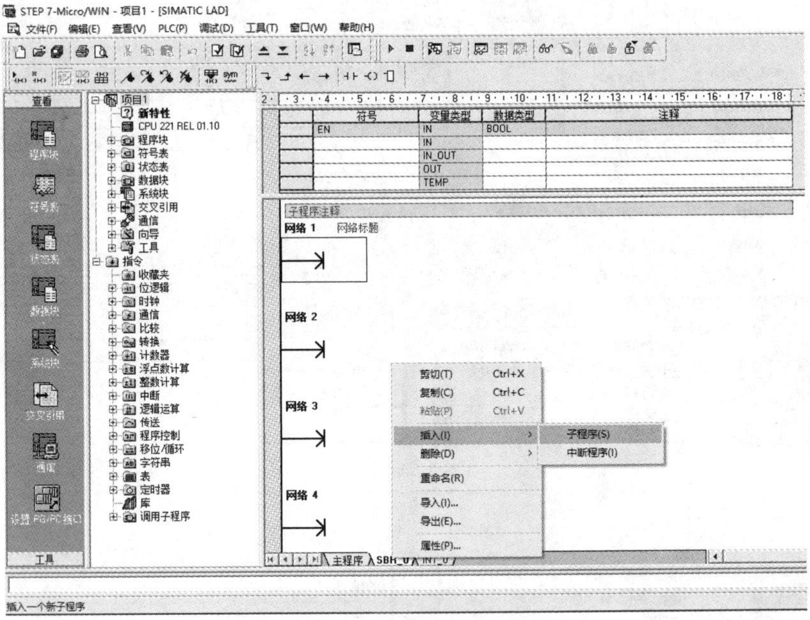

图 4-49　子程序建立方法 3

二、中断程序指令

中断是指系统暂时中断正在执行的程序，而转到中断服务程序中去处理急需处理的事件，处理后再返回到原程序执行，所以中断是由中断源和中断服务程序构成的。

中断源就是引起中断的原因，或者说，就是能发出中断请求信号的来源。S7-200 系列 PLC 最多具有 34 个中断源，系统给每个中断源都分配了一个编号，称为中断事件号。不同 CPU 模块可用的中断源有所不同，如图表 4-11 所示。

表 4-11　不同 CPU 模块可用的中断源

CPU 模块	CPU221、CPU222	CPU224	CPU226
可用中断事件号	0～12，19～23，27～33	0～23，27～33	0～33

1. 中断的分类

34 个中断源主要分为三大类，即通信中断、I/O 中断、时基中断。

（1）通信中断。

PLC 的串行通信口可由用户程序来控制。通信口的这种操作模式称为自由端口模式。在自由端口模式下，用户程序定义波特率、每个字符位数、奇偶校验和通信协议。利用接收和发送中断可简化程序对通信的控制。通信口中断号有 8、9、23～26。

（2）I/O 中断。

I/O 中断包含了上升沿或下降沿中断、高速计数器和脉冲串输出中断。S7-200 CPU 可用输入点（I0.0～I0.3）的上升沿或下降沿产生中断，CPU 检测出这些上升沿或下降沿事件，可用来指示某个事件发生时的故障状态。

（3）时基中断。

时基中断包括定时中断和定时器 T32/T96 中断。定时中断可以设置一个周期性触发的中断响应，通常可以用于模拟量的采样周期或执行一个 PID 周期。周期时间以 1 ms 为单位增量，周期可以设置为 5～255 ms。S7-200 系列 PLC 提供了两个定时中断，定时中断 0 和定时中断 1。不同的是，定时中断 0 的周期时间值要写入 SMB34，定时中断 1 的周期时间值要写入 SMB35。当定时中断被允许，则定时中断相关定时器开始计时，在定时时间值与设置周期值相等时，相关定时器溢出，开始执行定时中断连接的中断程序。每次重新连接时，定时中断功能能够清除前一次连接时的各种累计值，并用新值重新开始计时。定时器中断使用且只能使用 1 ms 定时器 T32 和 T96，对一个指定时间段产生中断。T32 和 T96 使用方法同其他定时器，只是在定时器中断被允许时，一旦定时器的当前值和预置值相等，则执行被连接的中断程序。CPU226 中的中断事件及其优先级如表 4-12 所示。

表 4-12　CPU226 中的中断事件及其优先级

中断事件号	中断描述	组优先级	组内优先级
8	通信口 0：接收字符	通信（最高）	0
9	通信口 0：发送信息完成		0
23	通信口 0：接收信息完成		0
24	通信口 1：接收信息完成		1
25	通信口 1：接收字符		1
26	通信口 1：发送信息完成		1

续表

中断事件号	中断描述	组优先级	组内优先级
19	PTO0 完成脉冲输出	I/O 中等	0
20	PTO1 完成脉冲输出		1
0	I0.0 上升沿		2
2	I0.1 上升沿		3
4	I0.2 上升沿		4
6	I0.3 上升沿		5
1	I0.1 下降沿		6
3	I0.3 下降沿		7
5	I0.5 下降沿		8
7	I0.7 下降沿		9
12	HSC0 CV=PV（当前值=设定值）		10
27	HSC0 输入方向改变		11
28	HSC0 外部复位		12
13	HSC1 CV=PV（当前值=设定值）		13
14	HSC1 输入方向改变		14
15	HSC1 外部复位		15
16	HSC2 CV=PV（当前值=设定值）		16
17	HSC2 输入方向改变		17
18	HSC2 外部复位		18
32	HSC3 CV=PV（当前值=设定值）		19
29	HSC4 CV=PV（当前值=设定值）		20
30	HSC4 输入方向改变	I/O（中等）	21
31	HSC4 外部复位		22
33	HSC4 CV=PV（当前值=设定值）		23

续表

中断事件号	中断描述	组优先级	组内优先级
10	定时中断 0	定时（最低）	0
11	定时中断 1		1
21	定时器 T32 CT=PT 中断		2
22	定时器 T96 CT=PT 中断		3

2. 中断指令

（1）指令格式。

STL：　ATCH　INT，EVENT　　DTCH　EVENT　　ENI　　DISI　　CRETI

LAD：

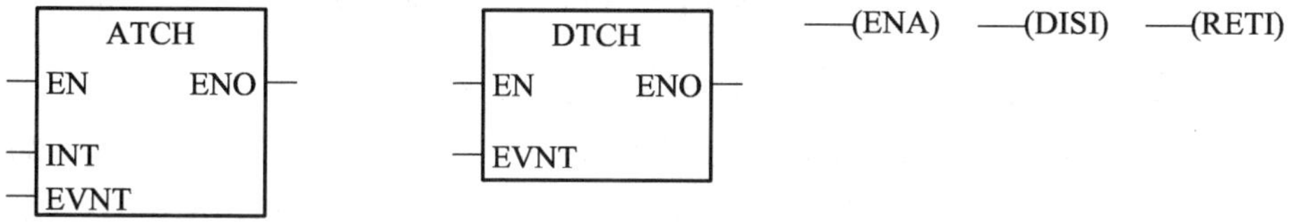

（2）指令功能。

ATCH：中断连接指令。当 EN 条件满足时，将一个中断源和一个中断程序建立响应联系，并允许该中断事件。INT 端口指定中断程序入口地址，即中断程序名称。EVNT 端口指定与中断程序相联系的中断源，即表 4-12 中的中断事件号。

DTCH：中断分离指令。当 EN 条件满足时，单独截断一个中断源和所有中断程序的联系，并禁止该中断事件。EVNT 端口指定被禁止的中断源。

ENI：中断允许指令。在其逻辑条件成立时，全局地允许所有被连接的中断事件。

DISI：中断禁止指令。在其逻辑条件成立时，全局地禁止处理所有的中断事件。

CRETI：有条件中断返回指令。在其逻辑条件成立时，结束中断程序执行，返回主程序中继续执行。若要执行有条件中断返回的话，可由用户编程实现。

（3）指令应用。

例 4-6：中断程序指令应用 1 如图 4-50 所示。

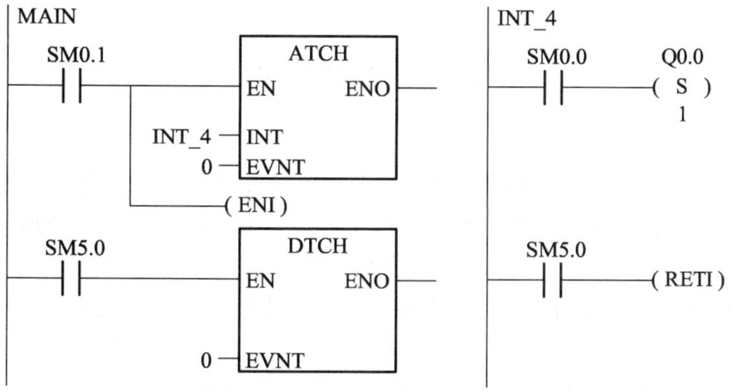

图 4-50　中断程序指令应用 1

例 4-7：中断程序指令应用 2 如图 4-51 所示。

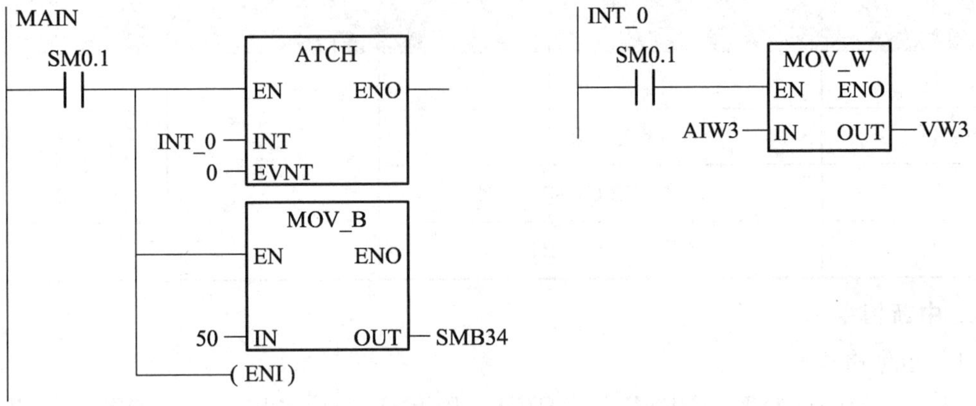

图 4-51 中断程序指令应用 2

例 4-8：中断程序指令应用 3 如图 4-52 所示。

控制要求：I0.5 闭合时，Q0.0 被置位，同时建立中断事件 0、2 与中断程序 INT_0、INT_1 的联系，并全局开中断。在 I0.0 闭合时复位 Q0.0，在 I0.1 闭合时复位 Q0.1，同时切断中断事件与中断程序的联系。

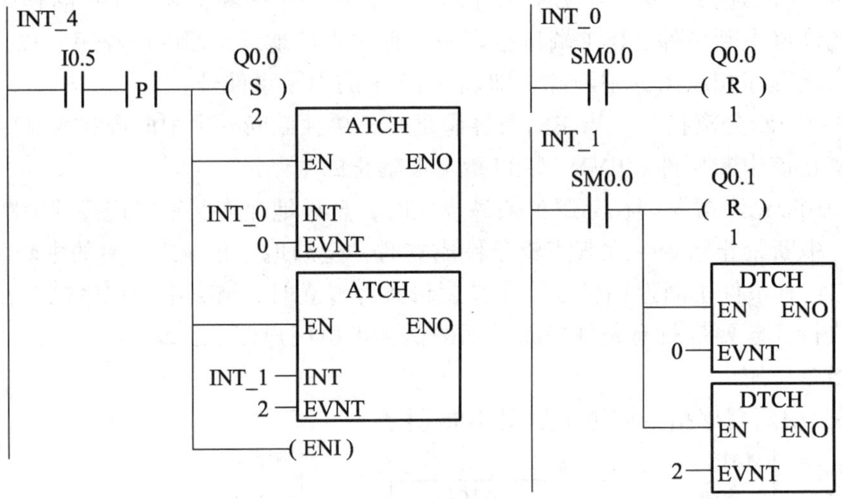

图 4-52 中断程序指令应用 3

（4）指令说明。

① PLC 系统每次切换到“RUN”状态时，自动关闭所有中断事件。可以通过编程，在“RUN”状态时，使用 ENI 指令开放所有中断。若用 DISI 指令关闭所有中断，则中断程序不能被激活，但允许发生的中断事件等候，直到重新允许中断。

② 多个中断事件可以调用同一个中断程序，但同一个中断事件不能同时连接多个中断服务程序。

③ 中断程序是由操作系统调用的，而子程序是由主程序调用的。

④ 中断程序的建立方法与子程序类似。

第八节　脉冲输出指令

脉冲输出指令（PLS）用于在高速输出（Q0.0 和 Q0.1）上控制脉冲串输出（PTO）和脉宽调制（PWM）功能，改进的位控向导可以创建为应用程序定制的指令，可以简化编程任务并充分利用 S7-200 CPU 的独有特性。

可以继续使用旧的 PLS 指令创建自己的运动应用，但是只有改进的位控向导创建的指令才支持 PTO 上的线性斜坡，PTO 可以输出一串脉冲（占空比为 50%），用户可以控制脉冲的周期和个数。脉冲输出指令如表 4-13 所示。

表 4-13　脉冲输出指令

名　称	LAD	STL	作用
脉冲输出指令	PLS EN　ENO Q0.X	PLS　Q0.X	脉冲输出指令（PLS）用于在高速输出（Q0.0 和 Q0.1）上控制脉冲输出（PTO）和脉宽调制（PWM）功能

PWM 可以输出连续的、占空比可调的脉冲串，用户可以控制脉冲的周期和脉宽，S7-200 有两个 PTO/PWM 发生器，它们可以产生一个高速脉冲串或者一个脉宽调制波形：一个发生器是数字输出点 Q0.0；另一个发生器是数字输出点 Q0.1。一个指定的特殊寄存器（SM）位置为每个发生器存储下列数据：一个控制字节（8 位），一个计数值（32 位无符号数）和一个周期或脉宽值（16 位无符号数）。

PTO/PWM 发生器与过程映像寄存器共用 Q0.0 和 Q0.1。当在 Q0.0 或 Q0.1 上激活 PTO 或 PWM 功能时，PTO/PWM 发生器对输出拥有控制权。同时，普通输出点功能被禁止，输出波形不受过程映像区状态、输出点强制值或者立即输出指令执行的影响，当不使用 PTO/PWM 发生器功能时，对输出点的控制权交回到过程映像寄存器，过程映像寄存器决定输出波形的起始和结束状态，以高低电平产生波形的启动和结束。脉冲输出指令的有效操作数如表 4-14 所示。

表 4-14　脉冲输出指令的有效操作数

I/O	数据类型	操作数
Q0.X	WORD	常数：　0（=Q0.0）或者 1（=Q0.1）

注：1. 在使能 PTO 或者 PWM 操作之前，将 Q0.0 和 Q0.1 过程映像寄存器清 0。

2. 所有控制位、周期、脉宽和脉冲计数值的默认值均为“0”。

3. PTO/PWM 的输出负载至少为 10%的额定负载，才能提供陡直的上升沿和下降沿。

一、脉冲串操作（PTO）

PTO 按照给定的脉冲个数和周期输出一串方波(占空比为 50%)，如图 4-53 所示，PTO 可以产生单段脉冲串或者多段脉冲串（使用脉冲包络），可以指定脉冲数和周期（以微秒或毫秒为增加量）。脉冲个数：1 ~ 4294967295；周期：10 ~ 65535 μs 或者 2 ~ 65 535 ms。

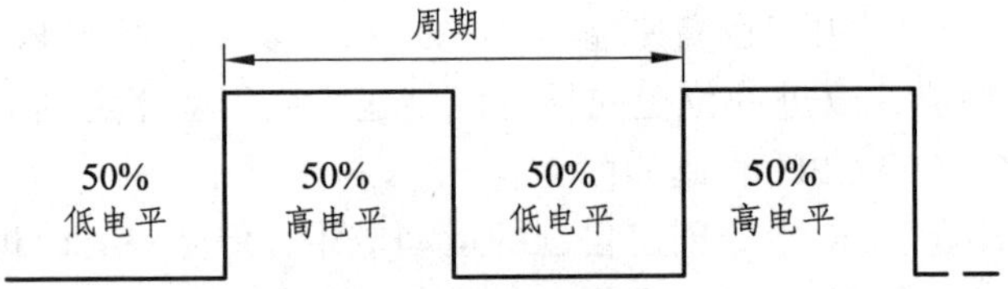

图 4-53　脉冲串输出（PTO）

如果周期指定一个奇的微秒数或毫秒数（如 75 ms），将会引起占空比失真。

表 4-15 中是对脉冲计数和周期的限定。

表 4-15　PTO 功能的脉冲个数及周期

脉冲个数/周期	结　果
周期<2 个时间单位	将周期默认地设定为 2 个时间单位
脉冲个数=0	将脉冲个数默认地设定为 1 个

PTO 功能允许脉冲串“链接”或者“排队”。当前脉冲串输出完成时，会立即开始输出一个新的脉冲串，这保证了多个输出脉冲串之间的连续性。

1. 使用位控向导

位控向导自动处理 PTO 脉冲的单段管线及多段管线、脉宽调制、SM 位置配置和创建包络表。

2. PTO 脉冲串的单段管线

在单段管线模式，需要为下一个脉冲串更新特殊寄存器。一旦启动了起始 PTO 段，就必须按照第二个波形的要求改变特殊寄存器，并再次执行 PLS 指令，第二个脉冲串的属性在管线中一直保持到第一个脉冲串发送完成。在管线中一次只能存储一脉冲串的属性。当第一个脉冲串发送完成时，接着输出第二个波形，此时，管线可以用于下一个新的脉冲串。重复这个过程可以再次设定下一个脉冲串的特性。

除去以下两种情况，脉冲串之间可以做到平滑转换：时间基准发生了变化或者利用 PLS 指令捕捉到新脉冲之前，启动的脉冲串已经完成。

3. PTO 脉冲串的多段管线

在多段管线模式，CPU 自动从 V 存储器区的包络表中读出每个脉冲串的特性。在该模式下，仅使用特殊存储器区的控制字节和状态字节，选择多段操作，必须装入包络表在

V 存储器中的起始地址偏移量（SMW168 或 SMW178）。时间基准可以选择毫秒或者微秒，但在包络表中的所有周期值必须使用同一个时间基准，而且在包络正在运行时不能改变，执行 PLS 指令来启动多段操作。

每段记录的长度为 8 个字节，由 16 位周期值、16 位周期增量值和 32 位脉冲个数值组成，表 4-16 中给出了包络表的格式，可以通过编程的方式使脉冲的周期自动增减，在周期增量处输入一个正值将增加周期；输入一个负值将减小周期：输入 0 将不改变周期。

当 PTO 包络执行时，当前启动的段的编号保存在 SMB166（或 SMB176）。

表 4-16　多段 PTO 操作的包络表格式

字节偏移量	包络段数	描　述
0		段数 1～255*
1	#1	初始周期（2～65 535 时间基准单位）
3		每个脉冲的周期增量（有符号值）（－32 768～32 767 时间基准单位）
5		脉冲数（1～4 294 967 265）
9	#2	初始周期（2～65 535 时间基准单位）
11		每个脉冲的周期增量（有符号值）（－32 768～32 767 时间基准单位）
13		脉冲数（1～4 294 967 265）
（连续）	#3	（连续）

注：输出 0 作为脉冲串的段数会产生一个非致命错误，将不产生 PTO 输出。

二、脉宽调制（PWM）

PWM产生一个占空比变化周期固定的脉冲输出（见图 4-54），可以以微秒和毫秒为单位指定周期和脉冲宽度。周期：10～65 535 μs 或者 2～65 535 ms；脉宽：0～65 535 μs 或者 0～65 535 ms。

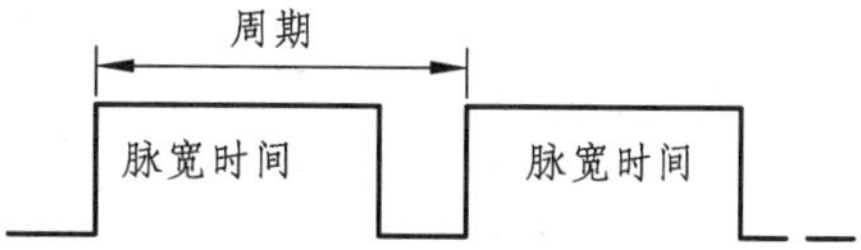

图 4-54　脉宽调制

如表 4-17 所示，设定脉宽等于周期（使占空比为 100%），输出连续接通；设定脉宽等于 0（使占空比为 0%），输出断开。

表 4-17　脉宽、周期和 PWM 功能的执行结果

脉宽/周期	结　果
脉宽>周期值	占空比为 100%，输出连续接通
脉宽=0	占空比为 0%，输出断开
周期<2 个时间单位	将周期默认地设定为 2 个时间单位

有如下两个方法改变 PWM 波形的特性。

（1）同步更新：如果不需要改变时间基准，就可以进行同步更新。利用同步更新，波形特性的变化发生在周期边沿，提供平滑转换。

（2）异步更新：PWM 的典型操作是当周期时间保持常数时变化脉冲宽度。所以，不需要改变时间基准。但是，如果需要改变 PTO/PWM 发生器的时间基准，就要使用异步更新。异步更新会造成PTO/PWM功能被瞬间禁止和PWM波形不同步，这会引起被控设备的振动，由于这个原因，建议使用 PWM 同步更新，选择一个适合于所有周期时间的时间基准。

注意：控制字节中的 PWM 更新方式位（SM67.4 或 SM77.4）用于指定更新方式。当 PLS 指令执行时变化生效。如果改变了时间基准，会产生一个异步更新，与 PWM 更新方式位的状态无关。

三、使用 SM 来配置和控制 PTO/PWM 操作

PLS 指令会从特殊存储器 SM 中读取数据，使程序按照其存储控制 PTO/PWM 发生器。

SMB67 控制 PTO0 或者 PWM0，SMB77 控制 PTO1 或者 PWM1。表 4-18 对用于控制 PTO/PWM 操作的存储器给出了描述。可以使用表 4-19 作为一个快速参考，用其中的数值作为 PTO/PWM 控制寄存器的值来实现需要的操作。

可以通过修改 SM 存储区（包括控制字节），然后执行 PLS 指令来改变 PTO 或 PWM 波形的特性。可以在任意时刻禁止 PTO 或者 PWM 波形，方法：首先将控制子节中的使能位（SM67.7 或者 SM77.7）清 0，然后执行 PLS 指令。

PTO 状态字节中的空闲位（SM66.7 或者 SM76.7）标志着脉冲串输出完成。另外，在脉冲串输出完成时，可以执行一段中断服务程序。如果使用多段操作，可以在整个包络表完成之后执行中断服务程序。

注意：如果要装入新的脉冲数（SMD72、SMD82）、脉冲宽度（SMW70、SMW80）或周期（SMW68、SMW78），应该在执行 PLS 指令前装入这些值和控制寄存器。如果要使用多段脉冲串操作，在使用 PLS 指令前也需要装入包络表的起始偏移量（SMW168 或 SMW178）和包络表的值。

下列条件使 SM66.4（或 SM76.4）、SM66.5（或 SM76.5）置位：

（1）如果周期增量使 PTO 在许多脉冲后产生非法周期值，会产生一个算术溢出错误，这会终止 PTO 功能并在状态字节中将增量计算错误位（SM66.4 或者 SM76.4）置“1”，PLC 的输出变为由映像寄存器控制。

（2）如果要手动终止一个正在进行中的 PTO 包络，要把状态字节中的用户终止（SM66.5 或 SM76.5）置“1”。

（3）当管线满时，如果试图装载管线，状态存储器中的 PTO 溢出位（SM66.6 或者 SM76.6）置“1”，如果想用该位检测序列的溢出，必须在检测到溢出后手动清除该位。当 CPU 切换至“RUN”模式时，该位被初始化为“0”。

表 4-18　PTO/PWM 控制存储器的 SM 标志

Q0.0	Q0.1	状态字节
SM66.4	SM76.4	PTO 包络由于增量计算错误而终止　0=无错误；1=终止
SM66.5	SM76.5	PTO 包络由于用户命令而终止　0=无错误；1=终止
SM66.6	SM76.6	PTO 管线上溢/下溢　0=无溢出；1=上溢/下溢
SM66.7	SM76.7	PTO 空闲　0=执行中；1=PTO 空闲
Q0.0	Q0.1	控制字节
SM67.0	SM77.0	PTO/PWM 更新周期值　0=不更新；1=更新周期值
SM67.1	SM77.1	PWM 更新脉冲宽度值　0=不更新；1=脉冲宽度值
SM67.2	SM77.2	PTO 更新脉冲数　0=不更新；1=更新脉冲数
SM67.3	SM77.3	PTO/PWM 时间基准选择　0=1 μs/格；1=1 ms/格
SM67.4	SM77.4	PWM 更新方法　0=异步更新；1=同步更新
SM67.5	SM77.5	PTO 操作　0=单段操作；1=多段操作
SM67.6	SM77.6	PTO/PWM 模式选择　0=选择 PTO；1=选择 PWM
SM67.7	SM77.7	PTO/PWM 允许　0=禁止；1=允许
Q0.0	Q0.1	其他 PTO/PWM 寄存器
SMW68	SMW78	PTO/PWM 周期值（2～65 535）
SMW70	SMW80	PWM 脉冲宽度值（0～65 535）
SMD72	SMD82	PTO 脉冲计数值（1～4，294，967，295）
SMB166	SMB176	进行中的段数（仅用在多段 PTO 操作中）
SMW168	SMW178	包络表的起始位置，用从 VD 开始的字节偏移表示（仅用在多段 PTO 操作中）
SMB170	SMB180	线性包络状态字节
SMB171	SMB181	线性包络结果寄存器
SMD172	SMD182	手动模式频率寄存器

表 4-19　PTO/PWM 控制字节参考

控制寄存器（十六进制）	执行 PLS 指令的结果							
16#81	允许	模式选择	PTO 段操作	PWM 更新方法	时基	脉冲数	脉冲宽度	周期
16#84	Yes	PTO	单段		1 μs/周期			装入
16#85	Yes	PTO	单段		1 μs/周期	装入		
16#89	Yes	PTO	单段		1 μs/周期	装入		装入
16#8C	Yes	PTO	单段		1 μs/周期			装入
16#8D	Yes	PTO	单段		1 μs/周期	装入		
16#AD	Yes	PTO	单段		1 μs/周期	装入		装入
16#A8	Yes	PTO	多段		1 μs/周期			

续表

控制寄存器（十六进制）	执行 PLS 指令的结果							
16#D1	Yes	PWM	多段		1 μs/周期			装入
16#D2	Yes	PWM		同步	1 μs/周期		装入	
16#D3	Yes	PWM		同步	1 μs/周期		装入	装入
16#D9	Yes	PWM		同步	1 μs/周期			装入
16#DA	Yes	PWM		同步	1 μs/周期		装入	
16#DB	Yes	PWM		同步	1 μs/周期		装入	装入

四、计算包络表的值

PTO/PWM发生器的多段线管功能在许多应用中非常有用，尤其在步进电动机控制中。例如，可以用带有脉冲包络的 PTO 来控制一台步进电动机，来实现一个简单的加速、匀速和减速过程或者一个由最多 255 段脉冲包络组成的复杂过程，而其中每一段包络都是加速，匀速或者减速操作。

图 4-55 中的示例给出的包络表值要求产生一个输出波形包括三段：步进电动机加速（第一段）、步进电动机匀速（第二段）和步进电动机减速（第三段）。对该例，假设需要 4 000 个脉冲达到要求的电动机转动数，启动和结束频率是 2 kHz，量大脉冲频率是 10 kHz，由于包络表中的值是用周期表示的，而不是用频率，需要把给定的频率值转换成周期值。所以，启动和结束的脉冲周期为 500 μs，最高频率的对应周期为 100 μs，在输出包络的加速部分，要求在 200 个脉冲左右达到最大脉冲频率，假设包络的减速部分，在 400 个脉冲完成。

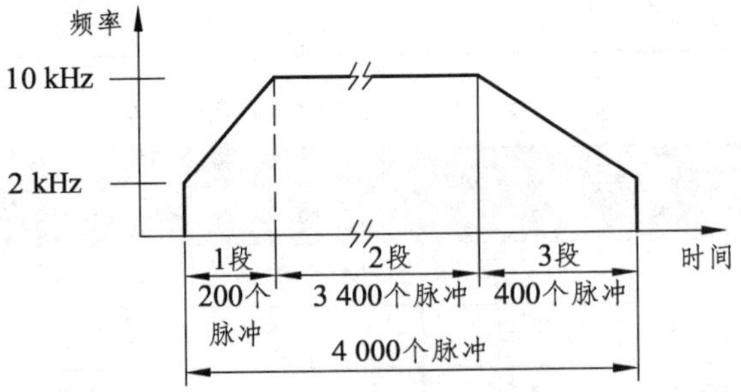

图 4-55 频率/时间图

在该例中，使用一个简单公式计算 PTO/PWM 发生器用来调整每个脉冲周期所使用的周期增量值，公式如下：

$$给定段的周期增量=|ECT-ICT|/Q$$

式中 ECT——该段结束周期时间；

ICT——该段初始化周期时间；

Q——该段的脉冲数量。

利用上面这个公式，可算得加速部分（第 1 段）的周期增量是 – 2，由于第 2 段是恒速控制，因此，该段的周期增量是“0”。相似地，减速部分（第 3 段）的周期增最是“1”。

假设包络表存放在从 VB500 开始的 V 存储器区，表 4-20 给出了产生所要求波形的值。该表的值可以在用户程序中用指令放在 V 存储器中，另一种方法是在数据块中定义包络表的值。

表 4-20　包络表值

V 存储器地址	值	中断描述	
VB500	3	总段数	
VW501	500	初始周期	段#1
VW503	– 2	周期增量	
VD505	200	脉冲数	
VW509	100	初始周期	段#2
VW511	0	周期增量	
VD513	3 400	脉冲数	
VW517	100	初始周期	段#3
VW519	1	周期增量	
VD521	400	脉冲数	

段的最后一个脉冲的周期在包络中不直接给定，但必须计算出来（除非周期增量是“0”）。如果在段之间需要平滑转换，段的最后一个脉冲的周期是有用的。计算段的最后一个脉冲周期的公式为：

段的最后个脉冲的周期时间=ICT+[DEL×（Q – 1）]

式中　ICT——该段的初始化周期时间；

DEL——该段的增量周期时间；

Q——该段的脉冲数量。

周期增量只能以微秒数或毫秒数指定，周期的修改在每个脉冲上进行。这两项的影响使对于一个段的周期量的计算可能需要迭代方法。对于结束周期值或给定段的脉冲个数，可能需要做调整。在确定校正包络表值的过程中，包络段的持续时间很有用。按照下面的公式可以计算完成一个包络段的时间长短：

包络段的持续时间=Q×[ICT+（DEL/2）×（Q – 1）]

式中　Q——该段的脉冲基数；

ICT——该段的初始化周期时间；

DEL——该段的增量周期时间。

五、脉冲输出指令应用举例

CPU 214 有两个脉冲输出，可以用来产生控制步进电动机驱动器的脉冲。功率驱动器将控制脉冲按照某种模式转换成步进电动机线圈的电流，产生旋转磁场，使得转子只能按固定的步数（步角）来改变它的位置。连续的脉冲序列产生与其对应的同频率（同步机）步序列。如果控制频率足够高，步进电动机的转动可看作一个连续的转动。

下面用 Q0.0 的输出脉冲触发步进电动机驱动器。示意图和流程图分别如图 4-56 和图 4-57 所示，当输入端 I1.0 发出“START”（启动）信号后，控制器将输出固定数目的方法脉冲，使步进电动机按对应的步数转动。当输入端 I1.1 发出“STOP”（停止）信号后，步进电动机停止转动。接在输入端 I1.5 的方向开关位置决定电动机正转或反转。

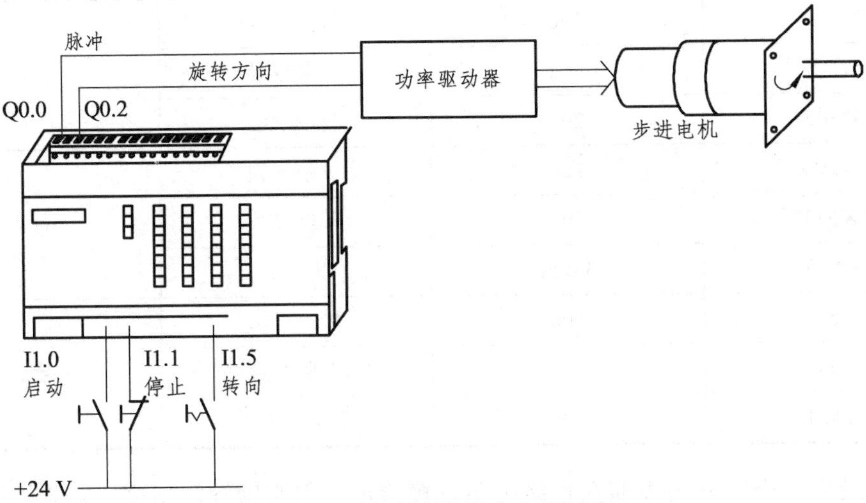

图 4-56 脉冲输出指令应用示意

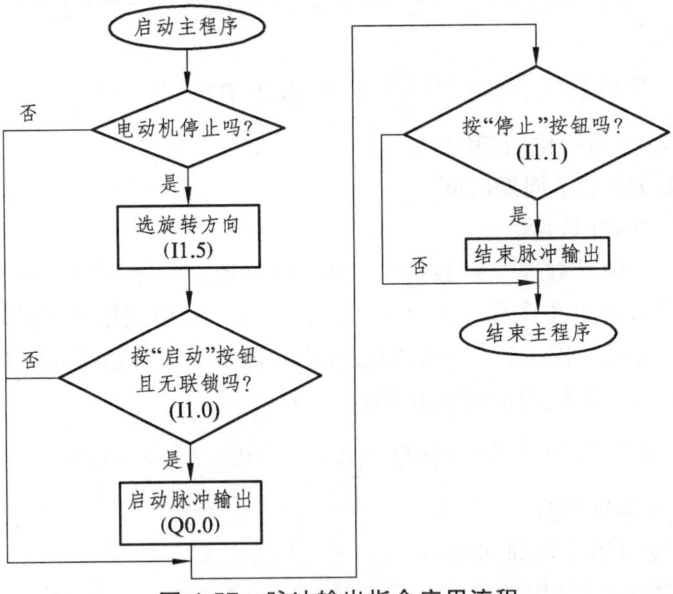

图 4-57 脉冲输出指令应用流程

1. 硬件要求（见表 4-21）

表 4-21　设备清单

数量	设 备	制造厂定货号
1	SIMATIC S7-200 CPU-214	Siemens/6ES7214-1 AC00-0XB0
1	PC/PPI 电缆	Siemens/6ES7901-3BF00-0XA0
1	编程设备或 PC	
1	带有标准的功率驱动器和相关连接电缆的步进电动机	
1	用于传输控制信号到功率驱动器的电缆	
1	开关	
2	按钮	

2. 程序和注释

（1）初始化。

在程序的第一个扫描周期（SM0.1=1），为两种脉冲输出功能（PTO 和 PTW）选择参数，本例从中选择了 PTO，并规定了脉冲周期和脉冲数。

（2）选择转动方向。

用接在输入端 11.5 的开关来选择转动方向。如果 I1.5=1，将输出 Q0.2 置成高电位，电动机逆时针转动；如果 I1.5=0，将输出 Q0.2 置成低电位，电动机顺时针转动。为保护电动机避免漏步，电动机转动方向的改变只能在电动机处于停止状态（M0.1=0）时进行。

（3）启动电动机。

启动电动机的 3 个条件如下：

① 单击“START”（启动）按钮，在输入端 I1.0 产生脉冲上升沿（从 0 升到 1）。

② 无联锁，即联锁标志 M0.2=0。

③ 电动机处于停止状态，即操作标志 M0.1=0。

如果同时具备上述 3 个条件，则将 M0.1 置位（M0.1=1），控制器执行 PLS0 指令，在输出端 Q0.0 输出脉冲，其他必须预先具备的条件，已经在首次扫描（SM0.1=1）设置，主要是脉冲输出功能的基本数据，如时基、周期和脉冲数。这些数据置于相应的属于 PTO/PWM 的特殊存储字 SWM68、SWM70 和 SWD72。

（4）停止电动机。

停止电动机的两个条件如下：

① 单击“STOP”（停止）按钮，在输入端产生脉冲上升沿（从“0”升到“1”）。

② 电动机处于转动状态，即操作标志 M0.1=1。

如果同时具备上述两个条件，则将标志 M0.1 复位（M0.1=0），并中断输出端 Q0.0 的脉冲输出。这与执行 PLS0 指令有关，它将脉宽调制（PWM）输出的脉冲宽度减为“0”（所需的基本设置已在第一个扫描周期中定义了），因而输出信号被抑制。

在完整的脉冲序列输出后，中断程序 0 将标志 M0.1 复位（M0.1=0），从而使电动机能够重新启动。为更清晰起见，这部分程序不包括在本例程序流程图中。

（5）联锁。

为保护人员和设备的安全，在单击“STOP”（停止）按钮（I1.1）之后，必须规定驱动器联锁（或称阻塞），将联锁标志 M0.2 置位（M0.2=1），立即关断驱动器。只有在 M0.2 复位（M0.2=0）后，才能重新启动电动机。当“STOP”按钮松开后，为防止电动机被意外启动，只有在“START”按钮和“STOP”按钮都松开后，才能将 M0.2 复位（M0.2=0），如果要再次启动电动机，则必须再发出一个启动信号。

（6）程序清单。

本程序长度为 64 个字。

```
//标题：驱动器功能测试
LD      SM0.1              //仅首次扫描周期 SM0.1 位置（SM0.1 = 1）
MOVW    500，SMW68         //输出脉冲周期为 500 μs
MOVW    0，SMW70           //脉宽为 0（脉宽调制）
MOVD    40000，SMD72       输出 40000 个脉冲
ATCH    0，19              把中断程序 0 分配给中继事件 19（LPS0 脉冲输出结束）
ENI                        //允许中断
//设置转动方向
LDN     M0.1               //若电动机处于停止状态
A       I1.5               //且转向开关置于 1
S       Q0.2，1            //则逆时针转动（Q0.2 = 1）
LDN     M0.1               //若电动机处于停止状态
AN      I1.5               //且转向开关置于 0
R       Q0.2，1            //则顺时针转动（Q0.2 = 0）
//联锁和解除联锁
LD      I1.1               //若按“STOP”（停止）按钮
S       M0.2，1            //则联锁有效（M0.2 = 1）
LDN     I1.0               //若“START”（启动）按钮松开
AN      I1.1               //且“STOP”（停止）按钮松开
R       M0.2，1            //则解除连锁（M0.2 = 0）
//启动电动机
LD      I1.0               //若按“START”（启动）按钮
EU                         //上升沿
AN      M0.2               //且无联锁
AN      M0.1               //且电动机停止
MOVB    16#85，SMB67       //则置永冲输出功能的控制位
PLS     0                  //启动脉冲输出（Q0.0）
S       M0.1，1            //电动机运行标志 M0.1 置位（M0.1 = 1）
```

```
//停止电动机
LD      I1.1              //若按“STOP”(停止)按钮
EU                        上升沿
A       M0.1              //且电动机正在转动
R       M0.1, 1           //则电动机运行标志 M0.1 复位(M0.1 = 0)
MOVO    16#CB, SMB67      //置脉冲输出功能的控制位,PWM 的脉宽为 0
PLS     0                 //输出端 Q0.0 无脉冲
MEND                      //主程序结束
//**************************
INT0                      //中断程序 0
R       M0.1, 1           //电动机运行标志 M0.1 复位(M0.1 = 0)
RET1                      //中断程序 0 结束
```

第九节　PID 指令

PID 回路控制指令（PID）利用表（TBL）中的输入和配置信息，在被参考的 LOOP 上执行 PID 回路计算，如表 4-22 所示。

表 4-22　PID 指令

名　称	LAD	STL	作用
比例/积分、微分回路控制指令	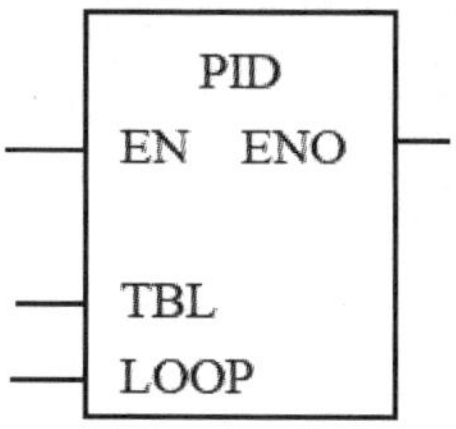	PID TBL，LOOP	在 EN 端口执行条件存在时，运用回路表中的输入信息和组态信息，进行 PID 运算

PID 回路指令（包含比例、积分、微分回路）可以用来进行 PID 运算。但是，可以进行这种 PID 运算的前提条件是逻辑堆栈栈顶（TOS）值必须为“1”。该指令有两个操作数：TBL 和 LOOP。TBL 是回路表的起始地址；LOOP 是回路号，可以是 0 ~ 7 的整数。

在程序中最多可用 8 条 PID 指令，如果两个或两个以上的 PID 指令用了同一个回路号，那么即使这些指令的回路表不同，这些 PID 运算之间也会相互干涉，产生不可预料的结果。

回路表包含 9 个参数，用来控制和监视 PID 运算，这些参数分别是过程变量当即值（PV_n）、过程变量前值（PV_{n-1}）、给定值（SP_n）、输出值（M_n）、增益（K_c）、采样时间（T_s）、积分时间（T_I）、微分时间（T_D）和积分项前值（MX）。

为了让 PID 运算以预想的采样频率工作，PID 指令必须用在定时发生的中断程序中，或者用在主程序中被定时器所控制以一定频率执行。采样时间必须通过回路表输入到 PID 运算中。自整定功能已经集成到 PID 指令中。PID 整定控制面板只能用于由 PID 向导创建的 PID 回路。

STEP7-Micro/WIN 提供了 PID 指令向导，指导定义一个闭环控制过程的 PID 算法。在命令菜单中选择“Tools>Instruction Wizard”，然后在指令向导窗口中选择 PID 指令。

注意：下限设置点和上限设置点要和过程变量的下限和上限相对应。

一、PID 算法

PID 控制器调节输出，保证偏差（e）为零，使系统达到稳定状态，偏差（e）是给定值（SP）和过程变量（PV）的差。PID 控制的原理基于下面的算式；输出 $M(t)$ 是比例项、积分项和微分项的函数。

$$M(t)=K_{\mathrm{c}}\times e+K_{\mathrm{c}}\int_{0}^{t}e\mathrm{d}t+M_{\mathrm{initial}}+K_{\mathrm{c}}\times \mathrm{d}e/\mathrm{d}t$$

输出=比例项+积分项+微分项

式中 $M(t)$——PID 回路的输出，是时间的函数；

K_{c}——PID 回路的增益；

e——PID 回路的偏差（给定值与过程变量之差）；

M_{initial}——PID 回路输出的初始值。

为了能让数字计算机处理这个控制算式，连续算式必须离散化为周期采样偏差算式，才能用来计算输出值。数字计算机处理的公式如下：

$$M_{n}=K_{\mathrm{c}}\times e_{n}+K_{\mathrm{I}}\times\sum_{1}^{n}e_{x}+M_{\mathrm{initial}}+K_{\mathrm{D}}\times(e_{n}-e_{n-1})$$

输出=比例项+积分项+微分项

式中 M_n——在第 n 采样时刻，PID 回路输出的计算值；

K_{c}——PID 回路的增益；

e_n——采样时刻 n 的回路偏差值；

e_{n-1}——采样时刻 $n-1$ 的回路偏差值；

e_x——采样时刻 x 的回路偏差值；

K_{I}——积分项的比例常数；

M_{initial}——回路输出的初始值；

K_{D}——微分项的比例常数。

从这个公式可以看出，积分项是从第一个采样周期到当前采样周期所有误差项的函数，微分项是当前采样和前一次采样的函数，比例项仅是当前采样的函数。在数字计算机中，不保存所有的误差项，实际上也不必要。

由于计算机从第一次采样开始，每有一个偏差采样值必须计算一次输出值，只需要保存偏差前值和积分项前值，作为数字计算机解决的重复性的结果，可以得到在任何采样时刻必须计算的方程的一个简化公式：

$$M_n = K_c \times e_n + K_I \times e_n + MX + K_D \times (e_n - e_{n-1})$$

输出=比例项+积分项+微分项

式中 M_n——在采样时刻 n，PID 回路输出的计算值；

K_c——PID 回路的增益；

e_n——采样时刻 n 的回路偏差值；

e_{n-1}——采样时刻 $n-1$ 的回路偏差值；

K_I——积分项的比例常数；

MX——积分项前值；

K_D——微分项的比例常数。

CPU 实际使用以上简化公式的改进形式计算 PID 输出：

$$M_n = MP_n + MI_n + MD_n$$

式中 M_n——第 n 采样时刻的计算值；

MP_n——第 n 采样时刻的比例项值；

MI_n——第 n 采样时刻的积分项值；

MD_n——第 n 采样时刻的微分项值。

1. PID 方程的比例项

比例项 MP 是增益（K_c）和偏差（e）的乘积。其中，K_c 决定输出对偏差的灵敏度，偏差（e）是给定值（SP）与过程变量值（PV）之差。S7-200 解决的求比例项的公式如下：

$$MP_n = K_c \times (SP_n - PV_n)$$

式中 MP_n——第 n 采样时刻比例项的值；

K_c——增益；

SP_n——第 n 采样时刻的给定值；

PV_n——第 n 采样时刻的过程变量值。

2. PID 方程的积分项

积分项值 MI_n 与偏差和成正比。S7-200 解决的求积分的公式如下：

$$M_n = K_c \times T_S / T_I \times (SP_n - PV_n) + MX$$

式中 M_n——第 n 采样时刻的积分项值；

K_c——增益；

T_S——采样时间间隔；

T_I——积分时间；

SP_n——第 n 采样时刻的给定值；

PV_n——第 n 采样时刻的过程变量值；

MX——第 $n-1$ 采样时刻的积分值（积分项前值），也称积分和或偏置。

积分和（MX）是所有积分项前值之和，在每次计算出 MI_n 之后，都要用 MI_n 去更新 MX。其中，MI_n 可以被调整或限定。MX 的初值通常在第一次计算输出以前被设置为 M_{initial}（初值），积分项还包括其他几个常数：增益（K_c）、采样时间间隔（T_S）和积分时间（T_I）。其中，采样时间是重新计算输出的时间间隔，而积分时间控制积分项在整个输出结果中影响的大小。

3. PID 方程的微分项

微分项值 MD 与偏差的变化成正比。S7-200 使用下列公式来求解微分项：

$$MD_n = K_c \times T_D / T_S \times [(SP_n - PV_n) - (SP_{n-1} - PV_{n-1})]$$

为了避免给定值变化的微分作用而引起的跳变，假设给定值不变（$SP_n=SP_{n-1}$）。这样，可以用过程变量的变化替代偏差的变化，计算公式可改进为

$$MD_n = K_c \times T_D / T_S (SP_n - PV_n - SP_n + PV_{n-1})$$

或

$$MD_n = K_c \times T_D / T_S \times (PV_n - PV_{n-1})$$

式中 MD_n——第 n 采样时刻的微分项值；

K_c——回路增益；

T_S——回路采样时间；

T_D——微分时间；

SP_n——第 n 采样时刻的给定值；

SP_{n-1}——第 $n-1$ 采样时刻的给定值；

PV_n——第 n 采样时刻的过程变量值；

PV_{n-1}——第 $n-1$ 采样时刻的过程变量值。

为了下次计算微分项值，必须保存过程变量，而不是偏差。在第一采样时刻，初始化为

$$PV_n = PV_{n-1}$$

4. 回路控制类型的选择

在许多控制系统中，只需要一种或两种回路控制类型。例如，只需要比例回路或者比例积分回路。通过设置常量参数，可以选择需要的回路控制类型。

如果不想要积分动作（PID 计算中没有“I”），可以把积分时间（复位）置为无穷大“INF”。即使没有积分作用，积分项还是不为零，因为有初值 MX。

如果不想要微分回路，可以把微分时间置为零。

如果不想要比例回路，但需要积分或积分微分回路，可以把增益设为“0.0”，系统会在计算积分项和微分项时，把增益当作 1.0 看待。

二、回路输出的转化和标准化

每个 PID 回路有两个输入量，给定值（SP）和过程变量（PV），给定值通常是一个固定值。例如，设定的汽车速度，过程变量是与 PID 回路输出有关，可以衡量输出对控制系统作用的大小。在汽车速度控制系统的实例中，过程变量应该是测量轮胎转速的测速计输入。

给定值和过程变量度可能是现实世界的值，它们的大小范围和工程单位都可能不一样。在 PID 指令对这些现实世界的值进行运算之前，必须把它们转换成标准的浮点型表达形式。

转换的第一步是把 16 位整数值转换成浮点型实数值。下面的指令序列提供了实现这种转换的方法：

```
ITD    AIW0，AC0     //将输入值转换为双整数
DTR    AC0，AC0      //将 32 位双整数转换为实数
```

下一步是将现实世界的值的实数值表达形式转换成 0.0～1.0 的标准化值。下面算式可以用于标准化给定值或过程变量值：

$$R_{\mathrm{Norm}} = (R_{\mathrm{Raw}} / S_{\mathrm{Pan}}) + \mathrm{Offset}$$

式中　R_{Norm}——标准化的实数值；

R_{Raw}——没有标准化的实数值或原值；

Offset——单极性为 0.0，双极性为 0.5；

S_{Pan}——值域大小，可能的最大值减去可能的最小值，单极性为 32 000（典型值），双极性为 64 000（典型值）。

下面的指令把双极性实数标准化为 0.0～1.0 的实数，通常用在第一步转换之后。

```
/R      64 000.0，AC0    //累加器中的标准化值
+R      0.5，AC0         //加上偏置，使其在 0.00～1.0
MOVR    AC0，VD100       标准化的值存入回路表
```

三、回路输出值转换成刻度整数值

回路输出值一般是控制变量，如在汽车速度控制中，可以是油阀开度的设置。回路输出是 0.0 和 1.0 之间的一个标准化了的实数值。在回路输出可以用于驱动模拟输出之前，回路输出必须转换成一个 16 位的标定整数值。这一过程是给定值或过程变量的标准化转换的逆过程。第一步是使用下面给出的公式，将回路输出转换成一个标定的实数值。

$$R_{\mathrm{Scal}} = (M_n - \mathrm{Offset}) \times S_{\mathrm{Pan}}$$

式中　R_{Scal}——回路输出的刻度实数值；

M_n——回路输出的标准化实数值；

Offset——单极性为 0.0，双极性为 0.5；

S_{Pan}——值域大小，可能的最大值减去可能的最小值，单极性为 32 000（典型性），双极性为 64 000（典型值）。

这一过程可以用下面的指令序列完成：

```
MOVR    VD108, AC0       //把回路输出移植入累加器
-R      0.5, AC0         //仅双极性有此句
*R      64 000.0, AC0    //在累加器中得到刻度值
```

下一步是把回路值输出的刻度转换成 16 位整数，可通过下面的指令序列来完成：

```
ROUND   AC0, AC0         //把实数转换为 32 位整数
DTI     AC0, LW0         //把 32 位整数转换为 16 位整数
MOVW    LW0, AQW0        //把 16 位整数写入模拟输出寄存器
```

四、正作用或反作用回路

如果增益为正，那么该回路为正作用回路。如果增益为负，那么是反作用回路（对于增益值为 0.0 的 I 或 ID 控制，如果指定积分时间、微分时间为正，就是正作用回路；如果指定为负值，就是反作用回路）。

1. 变量和范围

过程变量和给定值是 PID 运算的输入值，因此，回路表中的这些变量只能被 PID 指令读而不能被改写。

输出变量是由 PID 运算产生的，所以在每一次 PID 运算完成之后，需更新回路表中的输出值，输出值被限定在 0.0～1.0。当 PID 指令从手动方式转变到自动方式时，回路表中的输出值可以用来初始化输出值。

如果使用积分控制，积分项前值要根据 PID 运算结果更新。这个更新了的值用作下一次 PID 运算的输入，当输出值超过范围（大于 1.0 或小于 0.0），那么积分项前值必须根据下列公式进行调整：

$$MX = 1.0 - (MP_n + MD_n)\text{，当计算输出 } M_n > 1.0$$

或

$$MX = 1.0 - (MP_n + MD_n)\text{，当计算输出 } M_n < 0.0$$

式中 MX——经过调整了的积分和（积分项前值）；

MP_n——第 n 采样时刻的比例项值；

MD_n——第 n 采样时刻的微分项值；

M_n——第 n 采样时刻的输出值。

这样调整积分值前，一旦输出回到范围后，可以提高系统的响应性能。而且积分项前值也要限制在 0.0～0.1，然后在每次 PID 运算结束之后，把积分项前值写入回路表，以备在下次 PID 运算中使用。

用户可以在执行 PID 指令以前修改回路表中积分项前值。在实际运用中，这样做的目的是找到由于积分项前值引起的问题。手工调整积分项前值时，必须小心谨慎，还应保证写入的值在 0.0 ~ 1.0。

回路表中的给定值与过程变量的差值（e）是用于 PID 运算中的差分运算，用户最好不要去修改此值。

2. 控制方式

S7-200 的 PID 回路没有设置控制方式，只要 PID 块有效，就可以执行 PID 运算。在这种意义上说，PID 运算存在一种“自动”运行方式。当 PID 运算不被执行时称为“手动”模式。

同计数器指令相似，PID 指令有一个使能位。当该使能位检测到一个信号的正跳变（从 0 到 1），PID 指令执行一系列的动作，使 PID 指令从手动方式无扰动地切换到自动方式。为了达到无扰动切换，在转变到自动控制前必须用手动方式把当前输出值填入回路表中的 M_n 栏。PID 指令对回路表中的值进行下列动作，以保证当使能位正跳变出现时，从手动方式无扰动切换到自动方式：

（1）置给定值（SP_n）=过程变量（PV_n）。

（2）置过程变量前值（PV_{n-1}）=过程变量现值（PV_n）。

（3）置积分项前值（MX）=输出值（M_n）。

PID 使能位的默认值是“1”，在 CPU 启动或从 STOP 方式转到“RUN”方式时建立。CPU 进入“RUN”方式后首次使 PID 块有效，没有检测到使能位的正跳变，那么就没有无扰动切换的动作。

3. 报警与特殊操作

PID 指令是执行 PID 运算的简单而功能强大的指令。如果需要其他处理，如报警检查或回路变量的特殊计算器，则这些处理必须使用 S7-200 支持的基本指令来实现。

4. 出错条件

如果指令指定的回路表起始地址或 PID 回路号操作数超出范围，那么在编译期间，CPU 将产生编译错误（范围错误），从而编译失败。

PID 指令不检查回路表中的值是否在范围之内，所以必须小心操作以保证过程变量和设定值不超界。PID 指令不检查回路表中的值是否超界，必须保证过程变量和设定值（偏置和前一次过程变量）必须在 0.0 ~ 1.0。

如果 PID 计算的算术运算发生错误，那么，特殊存储器标志位 SM1.1（溢出或非法值）会被置“1”，并且中止 PID 指令的执行（要想消除这种错误，靠改变回路表中的输出值是不够的，正确的方法是在下一次执行 PID 运算之前，改变引起算术运算错误的输入值，而不是更新输出值）。

5. 回路表

回路表有 80 字节长，它的格式如表 4-23 和表 4-24 所示。

表 4-23 回路表

偏移地址	域	格式	定时器类型	中断描述
0	过程变量（PV_n）	REAL	输入	过程变量，必须在 0.0～0.1
4	设定值（SP_n）	REAL	输入	给定值，必须在 0.0～1.0
8	输出位（M_n）	REAL	I/O	输出值，必须在 0.0～1.0
12	增益（K_c）	REAL	输入	增益是比例常数，可正可负
16	采样时间（T_S）	REAL	输入	单位为秒，必须是正数
20	积分时间（T_I）	REAL	输入	单位为分钟，必须是正数
24	微分时间（T_D）	REAL	输入	单位为分钟，必须是正数
28	积分项前项（M_X）	REAL	I/O	积分项前项，必须在 0.0～0.1
32	过程变量前值（PV_{n-1}）	REAL	I/O	包含最后一次执行 PID 指令时存储的过程变量值
36～79	保留给自整定变量。对于详细信息，参考表 4-24			

表 4-24 扩展的回路表

偏移地址	域	格式	定时器类型	中断描述
0	过程变量（PV_n）	实数	输入	过程变量，必须在 0.0～0.1
4	设定值（SP_n）	实数	输入	给定值，必须在 0.0～1.0
9	输出位（M_n）	实数	I/O	输出值，必须在 0.0～1.0
12	增益（K_c）	实数	输入	增益是比例常数，可正可负
16	采样时间（T_g）	实数	输入	单位为秒，必须是正数
20	积分时间（T_I）	实数	输入	单位为分钟，必须是正数
24	微分时间（T_D）	实数	输入	单位为分钟，必须是正数
28	积分项前项（MX）	实数	I/O	积分项前项，必须在 0.0～0.1
32	过程变量前值（PV_{n-1}）	实数	I/O	最近一次 PID 运算的过程变量值
38	PID 网络表 ID	ASCII 码	常数	PIDA（PID 扩展表，版本 A）ASCII 码常数
40	AT 控制（ACNTL）	字节	输入	见表 4-23
41	AT 控制（ASTAT）	字节	输出	见表 4-23
42	AT 结果（ARES）	字节	输出	见表 4-23
43	AI 配置（ACNFG）	字节	输入	见表 4-23
44	偏移（EDV）	实数	输入	归一化以后的过程变量振幅最大值（0.025～0.25）
48	滞后（HYS）	实数	输入	归一化以后的过程变量滞后值，用于确定零相交（0.005～0.1）当 EDV 与 HYS 的比率小于 4 时，自整定过程中会发出警告
52	初始输出阶越幅度（STEP）	实数	输入	归一化以后的过程变量滞后值，用于减小过程变量的振动（0.05～0.4）
58	看门狗时间（WDOG）	实数	输入	两次零相交之间允许的最大时间间隔，单位是秒（60～7 200）

续表

偏移地址	域	格式	定时器类型	中断描述
60	推荐增益（AT_Kc）	实数	输入	自整定过程推荐的增益值
64	推荐积分时间（AT_T_I）	实数	输入	自整定过程推荐的积分时间值
68	推荐微分时间（AT_T_D）	实数	输出	自整定过程推荐的微分时间值
72	实际输出阶跃幅度（ASTEP）	实数	输出	自整定过程确定的归一化以后的输出阶跃幅度
76	实际滞后（AHYS）	实数	输出	自整定过程确定的归一化以后的过程变量滞后值

五、PID 指令应用举例

水箱水位 PID 控制如图 4-58 所示。

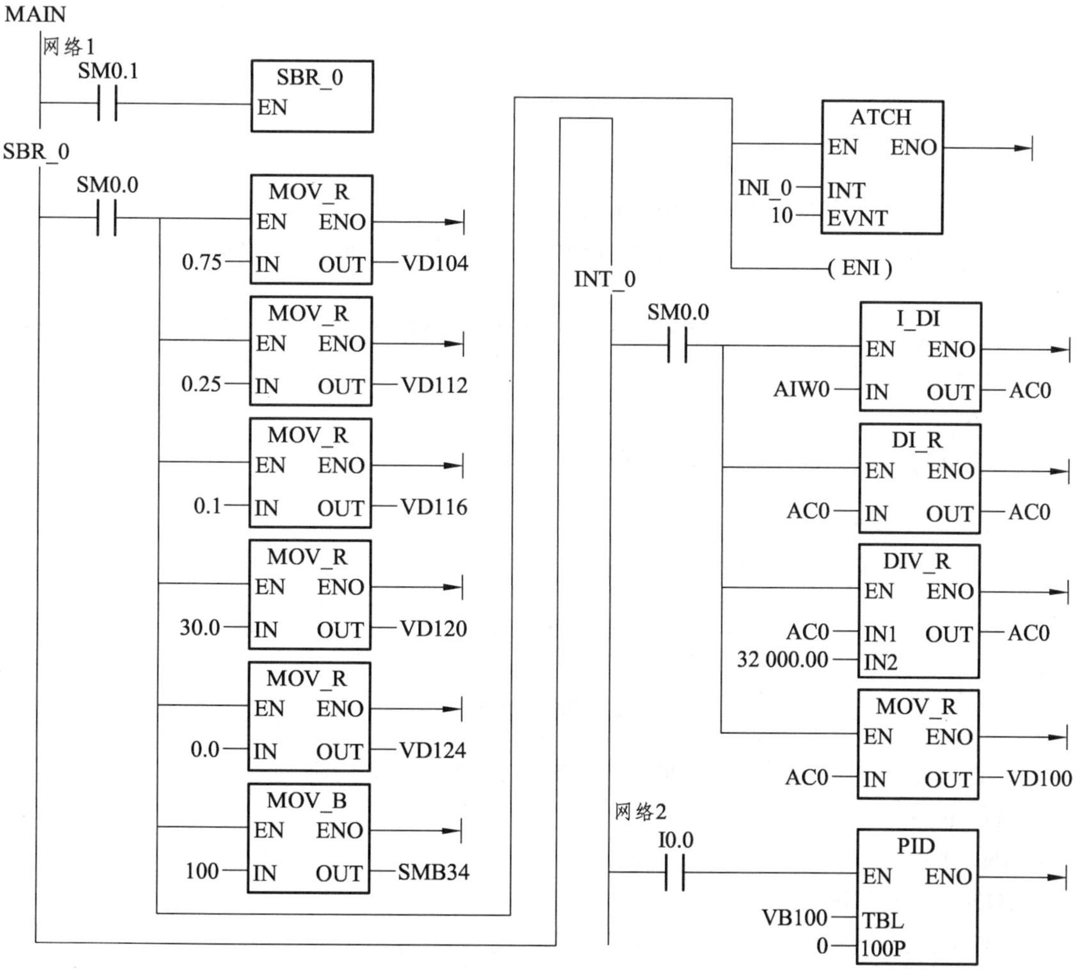

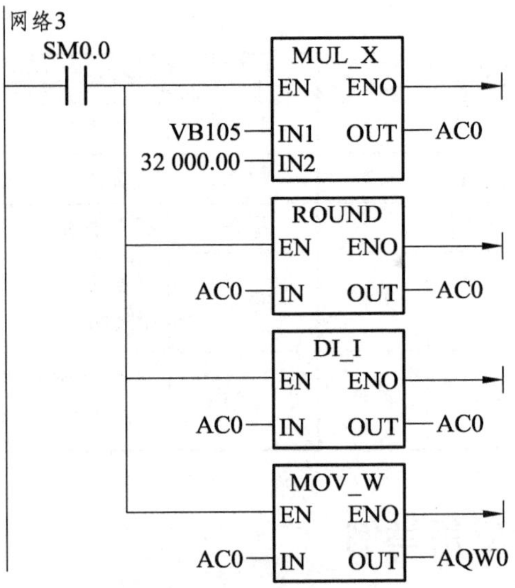

图 4-58　水箱水位 PID 控制

复习思考题

1. 逻辑堆栈指令有哪些？各用于什么场合？

2. 定时器有几种类型？各有什么特点？与定时器相关的变量有哪些？梯形图中如何表示这些变量？

3. 计数器有几种类型？各有什么特点？与计数器相关的变量有哪些？梯形图中如何表示这些变量？

4. 不同定时器所对应的分辨率一样吗？各是多少？

5. 已知输入触点时序如图 4-59 所示，结合程序画出 Q0.0 的时序图。

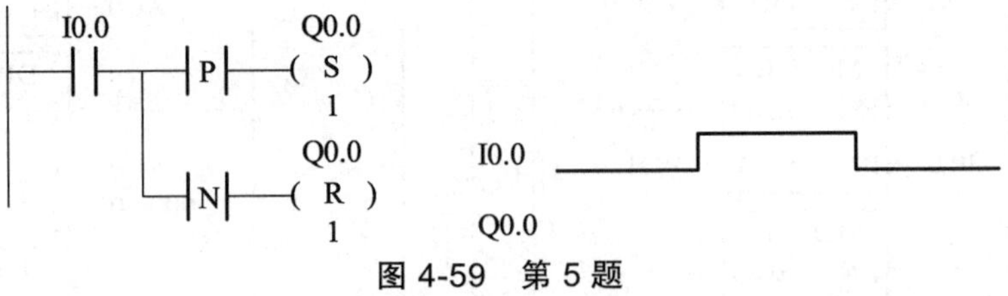

图 4-59　第 5 题

6. 已知某控制程序语句表的形式，请将其转换为梯形图的形式。

```
LD   I0.0
AN   T37
TON  T37，1000
LD   T37
```

```
LD   Q0.0
CTU  C10，360
LD   C10
O    Q0.0
=    Q0.0
```

7. 3 台电动机，希望能够同时启动，同时停车。设 Q0.0、Q0.1、Q0.2 分别驱动电动机的接触器，I0.0 为启动按钮，I0.1 为停止按钮，试编写程序。

8. 组合机床的工作循环图及元件动作表如图 4-60 示，试用置位复位指令编写程序。

9. 已知某个控制程序的梯形图如图 4-61 所示，请将其转换为语句表的形式。

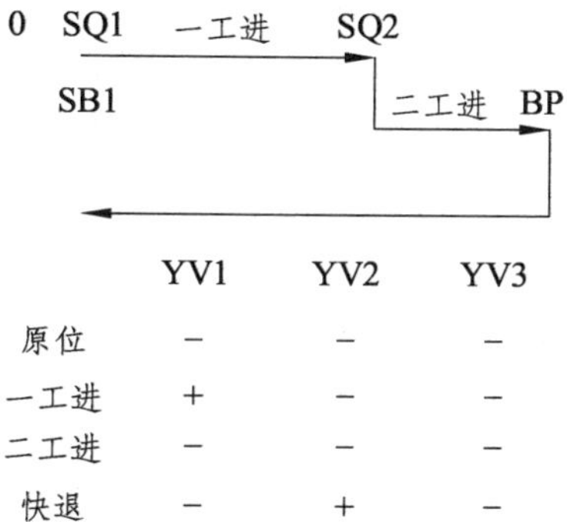

图 4-60　第 8 题

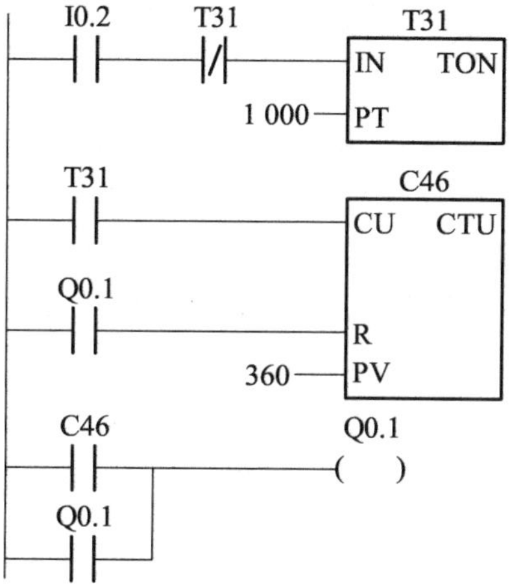

图 4-61　第 9 题

10. 编写程序，在 MW4 小于等于 1247 时，令 M0.1 为“ON”并保持，反之将 M0.1 复位为“OFF”。

11. 编写程序，在 I0.0 的上升沿将 VW10 ~ VW58 清零。

12. 用 I0.0 控制接在 QB0 上的 8 个彩灯移位，每 1 s 移 1 位。用 I0.1 控制左移或右移，首次扫描时将彩灯的初始值设置为十六进制数 16#0E（仅 Q0.1 ~ Q0.3 为“ON”），设计出梯形图程序。

13. 用 I1.0 控制接在 QB0 上的 8 个彩灯移位，每 1 s 移 1 位。用 IB0 设置彩灯的初始值，在 I1.1 的上升沿将 IB0 的值传送到 QB0，设计出梯形图程序。

14. 编写语句表程序，实现运算 VW2－VW4=VW6。

第五章

S7-200 PLC 综合应用

在实际应用中，因为生产工艺是事先安排好的，生产过程大多采用顺序控制。使用顺序控制设计程序时，首先根据系统的工艺过程，画出功能图，然后根据顺序功能图设计出梯形图。这是一种先进的设计方法，可以提高设计效率。因此，掌握顺序控制程序的编写，是 S7-200 PLC 学习中很重要的内容。

第一节 梯形图的顺序控制设计方法

什么是顺序控制设计法呢？顺序控制设计法就是根据顺序功能图设计 PLC 顺序控制程序的方法。它的基本思想就是将系统的一个工作周期分解成若干个顺序相连的阶段，即“步”。与经验设计法相比，顺序控制设计法有明显的优势。经验设计法的设计方法不规范，没有一个普遍的规律可遵循，具有一定的试探性和随意性。由于连锁关系复杂，用经验设计法进行设计一般难于掌握，且设计周期较长，设计出的程序可读性差，即使有经验的工程师阅读它也很费时，也给日后产品的使用、维护带来诸多不便。

一、顺序控制继电器指令

顺序控制继电器（SCR）指令能够按照自然工艺段在 LAD、FBD 或 STL 中编制状态控制程序。由一系列操作组成的应用程序都会反复执行，而 SCR 可以使程序更加结构化，以至于直接针对应用，这样可以使得编程和调试更加快速、简单。

装载 SCR 指令（LSCR）将 S 位的值装载到 SCR 和逻辑堆栈中。SCR 堆栈的结果值决定是否执行 SCR 程序段。SCR 堆栈的值会被复制到逻辑堆栈中，因此，可以直接将盒或者输出线圈连接到左侧的能流线上而不经过中间触点。

1. 指令格式

STL： LSCR n SCRT n SCRE

LAD：

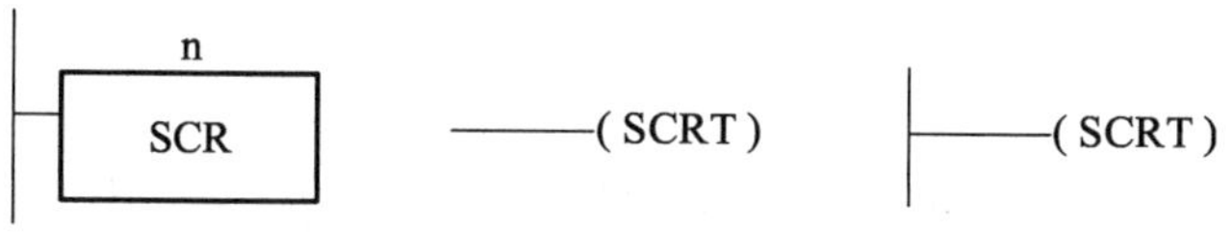

2. 指令功能

LSCR：载入顺序控制继电器指令。LSCR 用指令（*n*）引用的 S 位数值载入 SCR 和逻辑堆栈，SCR 段被 SCR 堆栈的结果数值激励或取消激励，SCR 堆栈数值被复制至逻辑堆栈的顶端，以便方框或输出线圈可直接与左电源杆连接，无须插入触点。

SCRT：顺序控制继电器转换指令。SCRT 识别要启用的 SCR 位（下一个要设置的 *n* 位）。当使能位进入线圈或 FBD 方框时，打开引用 *n* 位，并关闭 LSCR 指令（启用该 SCR 段）的 *n* 位。

SCRE：顺序控制继电器结束指令。SCRE 标记 SCR 段的结束。

3. 指令应用

顺序控制继电器指令的应用如图 5-1 所示。

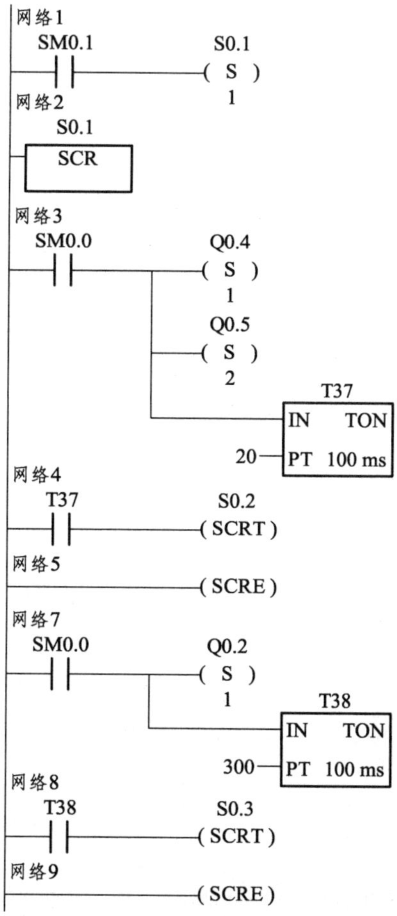

图 5-1 顺序控制继电器指令应用

4. **指令说明**

（1）“载入 SCR”指令（LSCR）标记 SCR 段的开始，“SCR 结束”指令（SCRE）标记 SCR 段的结束。“载入 SCR”和“SCR 结束”指令之间的所有逻辑执行取决于 S 堆栈数值。“SCR 结束”和下一条“载入 SCR”指令之间的逻辑不取决于 S 堆栈数值。

（2）“SCR 转换”指令（SCRT）提供一种从现用 SCR 段向另一个 SCR 段转换控制的方法。当“SCR 转换”指令有使能位时，该指令会复原当前现用段的 S 位，并设置被引用段的 S 位。在“SCR”转换指令执行时，复原现用段的 S 位不会影响 S 堆栈。因此，SCR 段在退出前保持激励状态。

（3）一旦将电源应用于输入，有条件顺序控制继电器结束（CSCRE）指令即标记 SCR 段结束。CSCRE 只有在 STL 编辑器中才能使用。

（4）“有条件 SCR 结束”指令（CSCRE）提供一种无须执行“有条件 SCR 结束”和“SCR 结束”指令之间的指令即可退出现用 SCR 段的方法。“有条件 SCR 结束”指令不会影响任何 S 位，也不会影响 S 堆栈。

（5）使用 SCR 的限制。

① 不能在一个以上例行程序中使用相同的 S 位。例如，如果在主程序中使用 S0.1，则不能在子程序中再使用。

② 不能在 SCR 段中使用 JMP 和 LBL 指令。这表示不允许跳转入或跳转出 SCR 段，也不允许在 SCR 段内跳转。可以使用跳转和标签指令在 SCR 段周围跳转。

③ 不能在 SCR 段中使用“结束”指令。

（6）分支控制。

在许多实例中，一个顺序控制状态流必须分成两个或多个不同分支控制状态流，当一个控制状态流分离成多个分支时，所有的分支控制状态流必须同时激活，如图 5-2 所示。

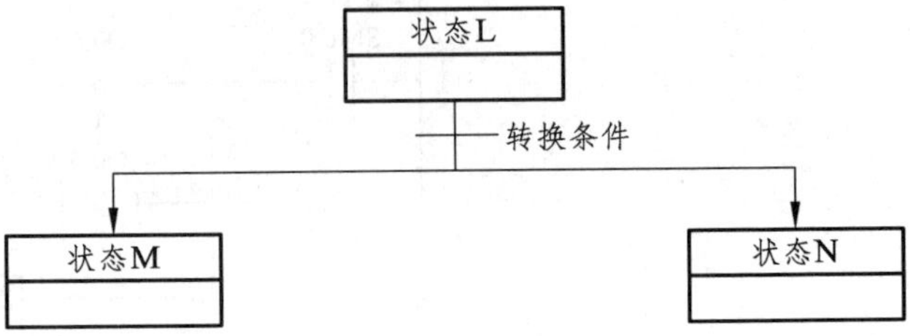

图 5-2 控制流的分支

使用多条由相同转移条件激活的 SCRT 指令，可以在一段 SCR 程序中实现控制流的分支，如图 5-3 所示。

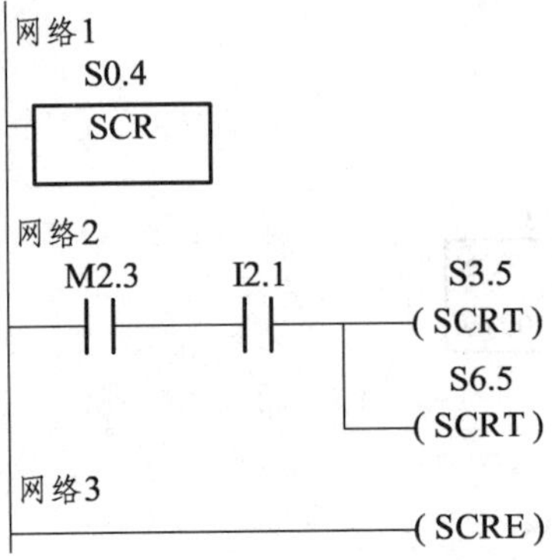


```
网络1
LSCR    S3.4    //状态L控制区开始

网络2
ID      M2.3
A       I2.1
SCRT    S3.5                    //切换到状态N
SCRT    S6.5                    //切换到状态N

网络2
SCRE            //状态L的状态区结束
```

图 5-3 控制流的分支示例

（7）合并控制。

合并控制与分支控制的情况类似，两个或者多个分支状态流必须合并为一个状态流。当多个状态流汇集成一个时，称为合并。当控制流合并时，所有的控制流必须都完成，才能执行下一个状态。图 5-4 给出了两个控制流合并的示意，在 SCR 程序中，通过从状态 L 转到状态 N，以及从状态 M 转到状态 N 的方法实现控制流的合并，当状态 L、M 的 SCR 使能位为真时，即可激活状态 N。

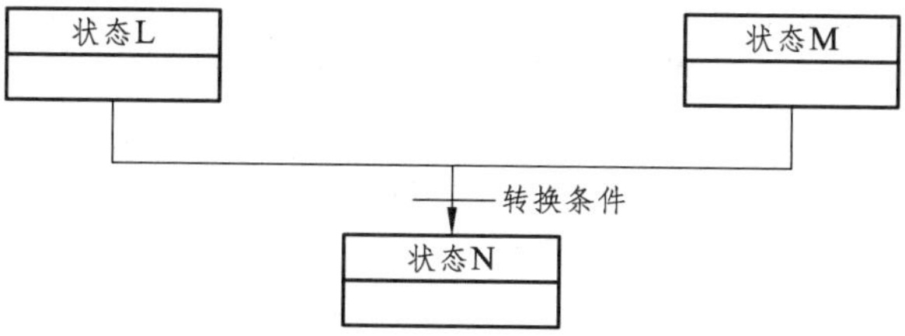

图 5-4　控制流的合并

图 5-5 所示是一个控制流的合并示例。

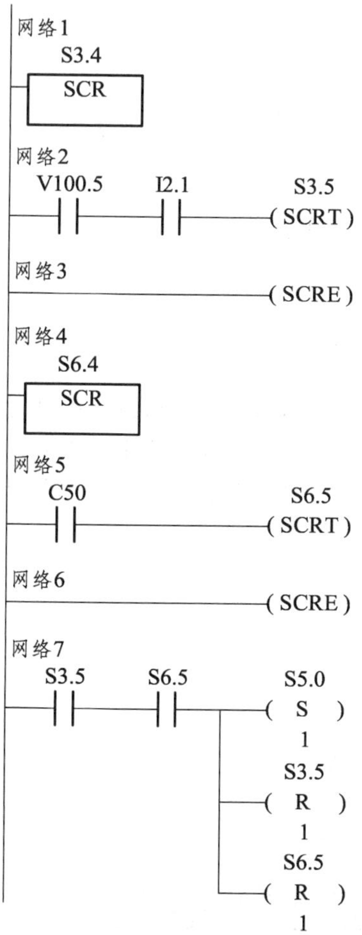


```
网络1                  //状态L控制区开始
LSCR     S3.4

网络2                  //切换到状态L
LD       V100.5
SCRT     S3.5

网络3                  //状态LSCR状态区的结束
SCRE

网络4                  //状态M控制区开始
ISCR     S6.4

网络5                  //切换到状态M
LD       C50
SCRT     S6.5          //切换到状态M

网络6                  //状态MSCR状态区的结束
SCRE

网络7                  //当状态L和M同时激活时；
                       //1. 使能状态N(S6.0)
                       //2. 复位状态L(S3.5)
                       //3. 复位状态M(S6.5)
LD       S3.5
A        S6.5
S        S5.0, 1
R        S3.5, 1
R        S6.5, 1
```

图 5-5　控制流的合并示例

在某些情况下，一个控制流可能转入多个可能的控制流中的某一个，到底进入哪一个取决于控制流前面的转移条件哪一个首先为真，如图 5-6 和图 5-7 所示。

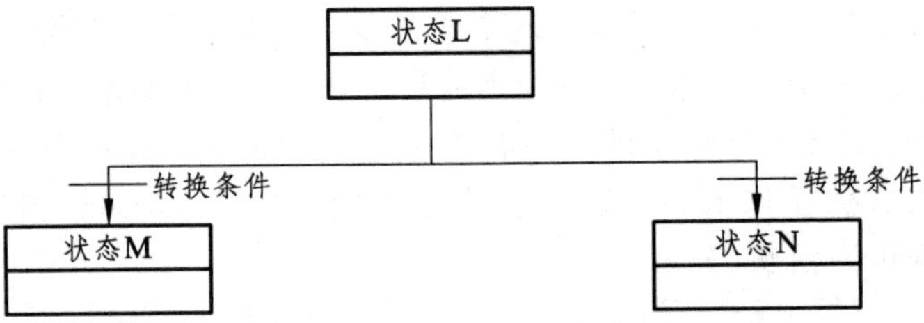

图 5-6　条件转换控制流分支

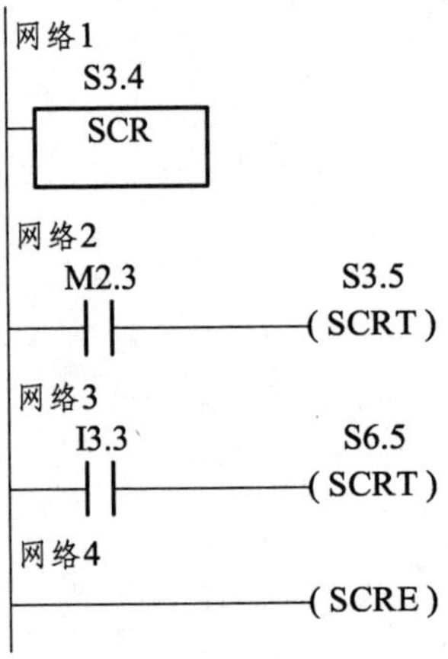


```
网络1           //状态L控制区开始
LSCR    S3.4

网络2           //切换到M状态
LD      M2.3
SCRT    S3.5

网络3
LD      I3.3
SCRT    S6.5

网络4           //状态L的SCR区结束
SCRE
```

图 5-7　条件转换控制流分支示例

二、顺序控制的特点

顺序功能图中的各“步”实现转换时，前级步的活动结束再使后续步的活动开始，步之间没有重叠。这可以使系统中大量复杂的连锁关系在“步”的转换中得以解决。对于每一步的程序段，只需处理极其简单的逻辑关系。编程方法简单，易学，规律性强。程序结构清晰，可读性好，调试方便，工作效率高。

送料小车自动控制系统如图 5-8 所示。

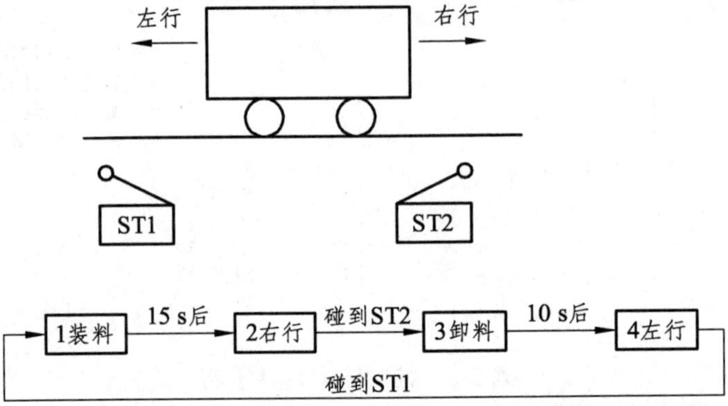

图 5-8　送料小车自动控制系统示意图

三、功能表图及其对应的梯形图

1. 功能表图的组成

功能表图又称状态转移图、状态图或流程图，由步、转向条件、有向连线和动作组成。图 5-9 所示为送料小车自动控制系统功能表图。

2. 功能表图的结构

（1）单序列结构。

单序列由一系列相继激活的步组成。每一步的后面仅有一个转换条件，每一个转换条件后面仅有一步，如图 5-10 所示。

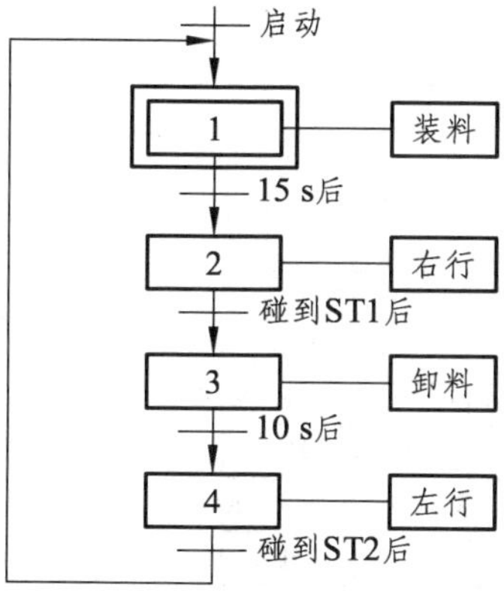

图 5-9　送料小车自动控制系统功能表图

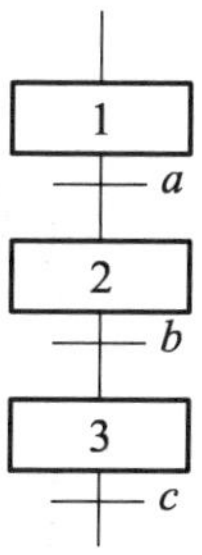

图 5-10　单序列结构

（2）选择序列结构。

选择序列的开始称为分支，选择序列的结束称为合并。某一步的后面有几个步，当满足不同的转换条件时，转向不同的步，如图 5-11 所示。

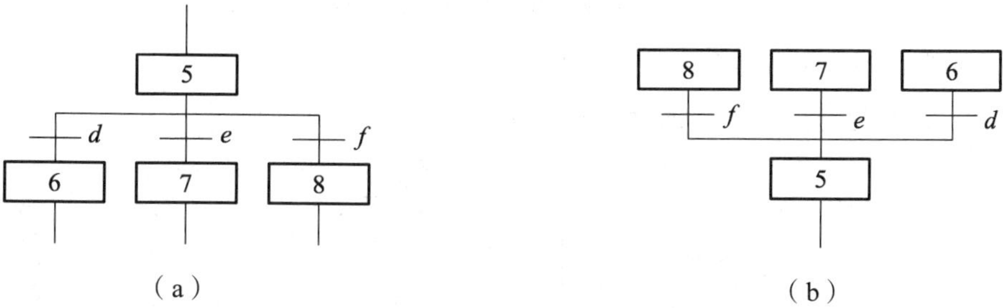

图 5-11　选择序列结构

（3）并行序列结构。

并行序列的开始称为分支，并行序列的结束称为合并。当转换的实现导致几个序列同时激活时，这些序列称为并行序列，如图 5-12 所示。

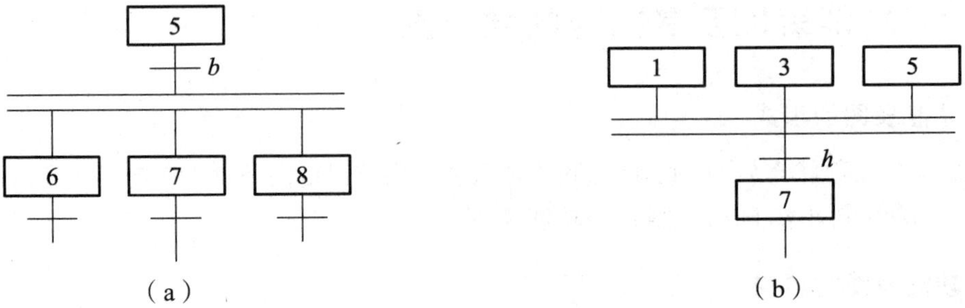

图 5-12 并行序列结构

（4）综合结构。

功能表的综合结构如图 5-13 所示。

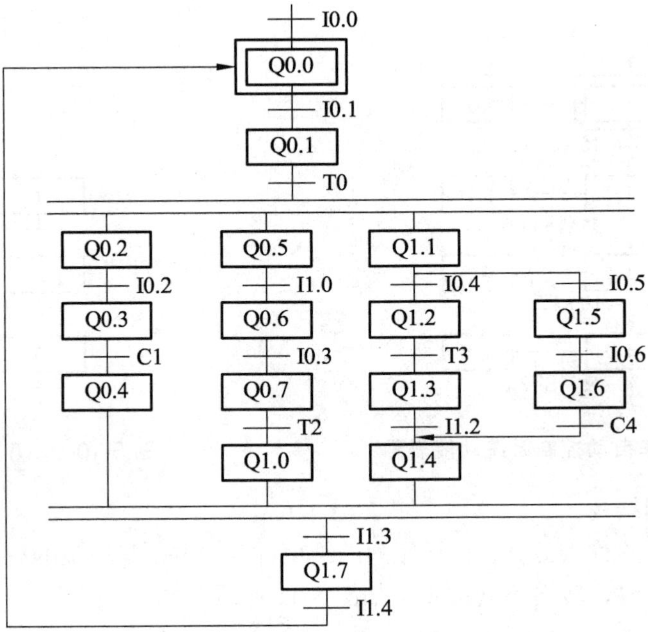

图 5-13 功能表的综合结构

3. 功能表图对应的梯形图

（1）步 Q0.0 为起始步，它的前面有两条分支，如图 5-14 所示。

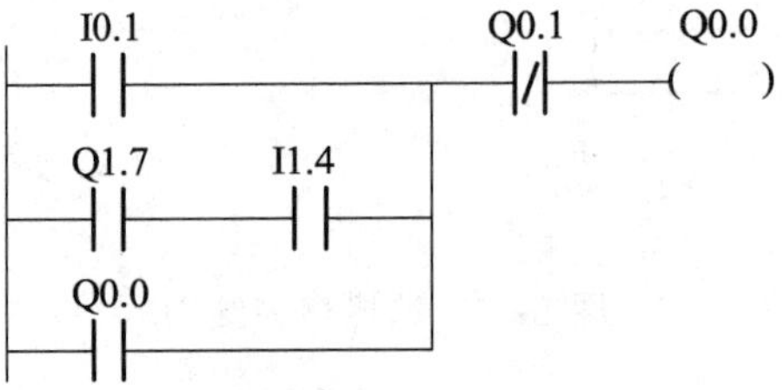

图 5-14 梯形图 1

（2）步 Q0.1 的后面有了 3 条并行序列的分支，如图 5-15 所示。

（3）步 Q0.6 是单序列的步，步 Q0.5、步 Q0.7 为其前级步和后续步，如图 5-16 所示。

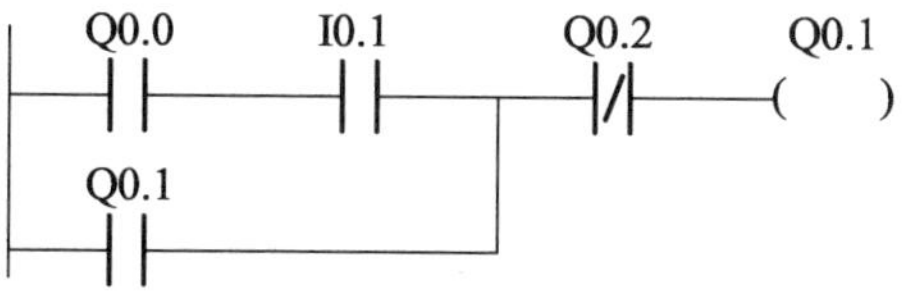

图 5-15　梯形图 2

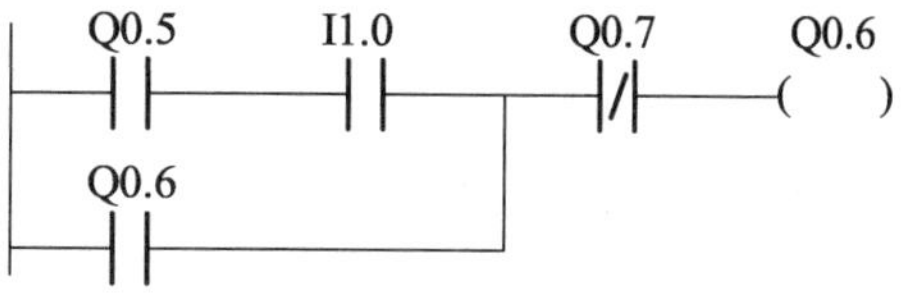

图 5-16　梯形图 3

（4）步 Q1.1 后面有 2 条选择序列分支，如图 5-17 所示。

（5）步 Q1.4 的前面有 2 条选择序列分支，如图 5-18 所示。

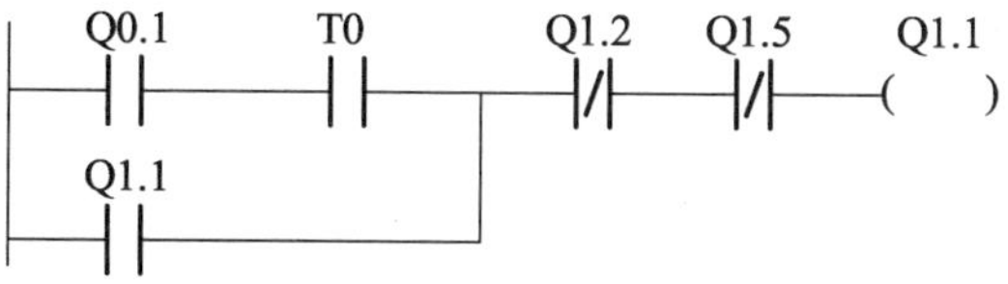

图 5-17　梯形图 4

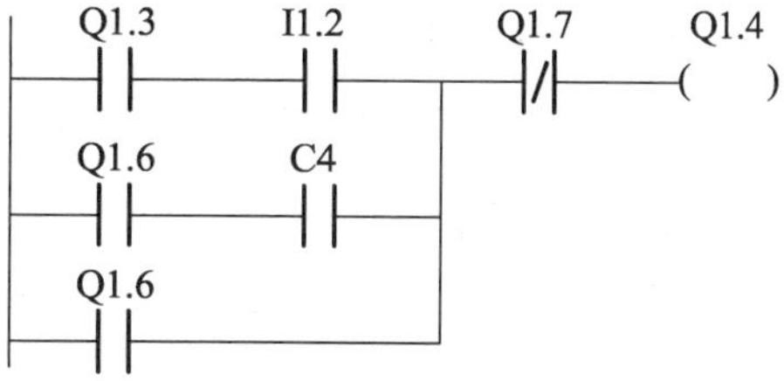

图 5-18　梯形图 5

（6）步 Q1.7 的前面有 3 条选择序列分支（并行），如图 5-19 所示。

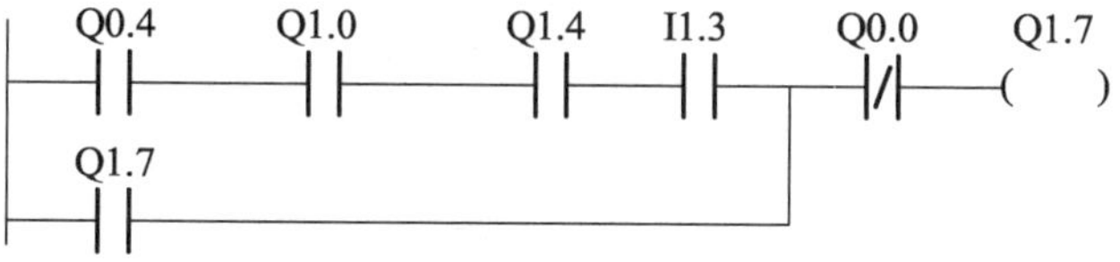

图 5-19　梯形图 6

四、顺序控制程序设计举例

动力头进给运动示意图如图 5-20 所示。

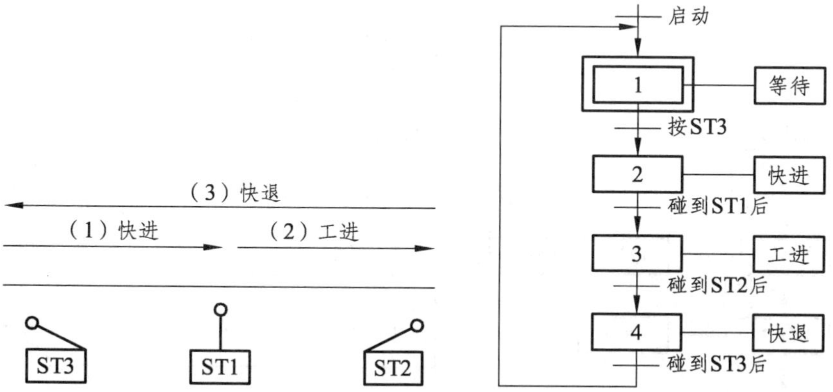

图 5-20　动力头进给运动示意图

1. I/O 分配

输入：

启动停止 I0.0

ST1　　　I0.1

ST2　　　I0.2

ST3　　　I0.3

输出：

快进　　Q0.0

工进　　Q0.1

快退　　Q0.2

2. 画出功能表图

动力头进给运动功能表图如图 5-21 所示。

3. 设计梯形图

动力头进给运动梯形图如图 5-22 所示。

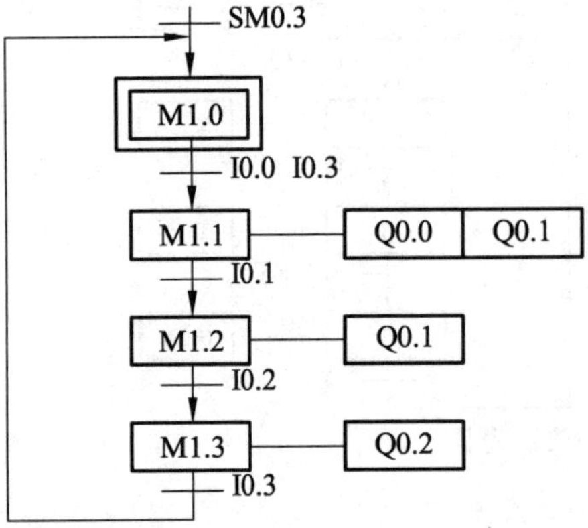

图 5-21　动力头进给运动功能表图

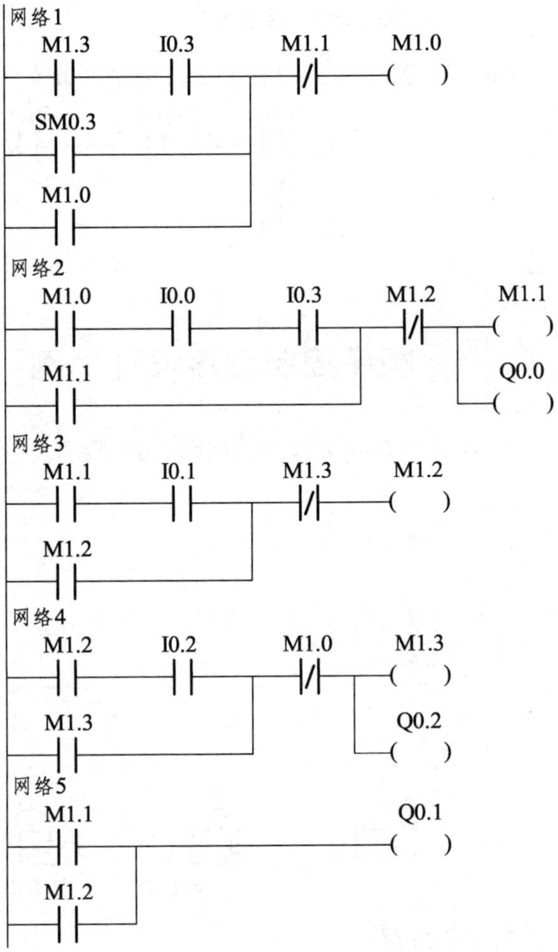

图 5-22　动力头进给运动梯形

第二节　控制线路设计

在 PLC 中，复杂的应用程序都是由一些典型的基本电路构成的。下面就介绍几种梯形图的基本电路。

一、启保停电路

电动机的启动、保持和停止是最常见的控制，一般需要设置启动按钮、停止按钮及接触器等器件进行控制。

如图 5-23 所示是 PLC 控制的启保停电路。

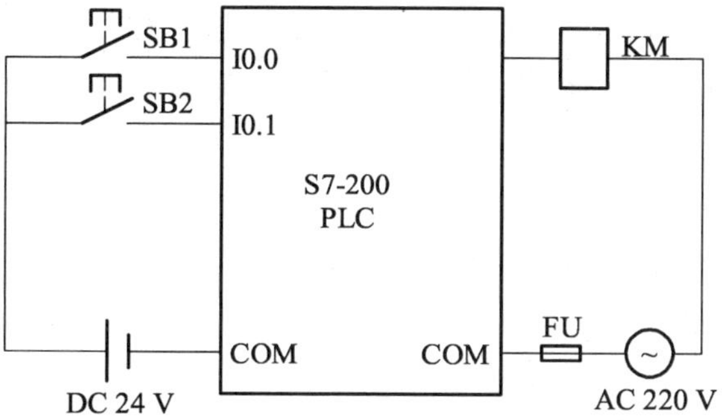

图 5-23　用 PLC 控制的启保停电路

控制要求：按下启动按钮 SB1，电动机启动，然后就一直保持转动状态，当按下停止按钮 SB2 时，电动机停转。

根据上述要求，我们分析出输入信号为启动按钮 SB1 和停止按钮 SB2，输出信号为接触器 KM，所以 I/O 分配如下。

1. 输入信号

启动按钮 SB1　　I0.0

停止按钮 SB2　　I0.1

2. 输出信号

KM 接触器　　Q0.0

启保停电路梯形图如图 5-24 所示。

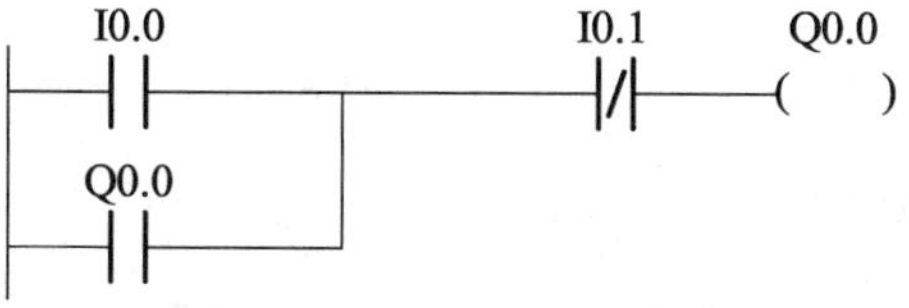

图 5-24　启保停电路梯形图

说明：这种电路具有自锁或自保持作用。按一下停止按钮 I0.1，常闭触点断开，使 Q0.0 线圈断电，接触器 KM 也断电，电动机停转。

二、正反转控制电路

1. 知识目标

（1）了解 PLC 编程的经验法和梯形图设计法。

（2）熟悉 S7-200 系列 PLC 的结构和外部 I/O 接线方法。

（3）熟悉 STEP7-Micro/WIN32 V4.0 SP9 编程软件的使用方法。

（4）熟悉电动机双重联锁正反转 PLC 控制的工作原理和程序设计方法。

2. 技能目标

（1）练习 PLC 编程，能够正确运用经验法和梯形图法编制电动机双重联锁正反转 PLC 控制程序。

（2）能够独立完成电动机双重联锁正反转 PLC 控制线路的安装。

（3）能够按规定进行通电调试，当出现故障时，能根据设计要求独立检修，直至系统正常工作。

3. 任务引入

电动机双重联锁正反转 PLC 控制：利用 PLC 实现电动机双重联锁正反转控制，其电气控制线路如图 5-25 所示。FU1 ~ FU3 为主控电路保险，FU4 和 FU5 为控制电路保险。电动机只能处于正向旋转、反向旋转和停止三种运行状态的一种。当按下 SB1 正转启动按钮时，交流接触器 KM1 得电驱动电动机正向启动运行；当按下 SB2 反转启动按钮时，交流接触器 KM2 得电驱动电动机反向启动运行；当按下停止按钮 SB3 时，流接触器 KM1

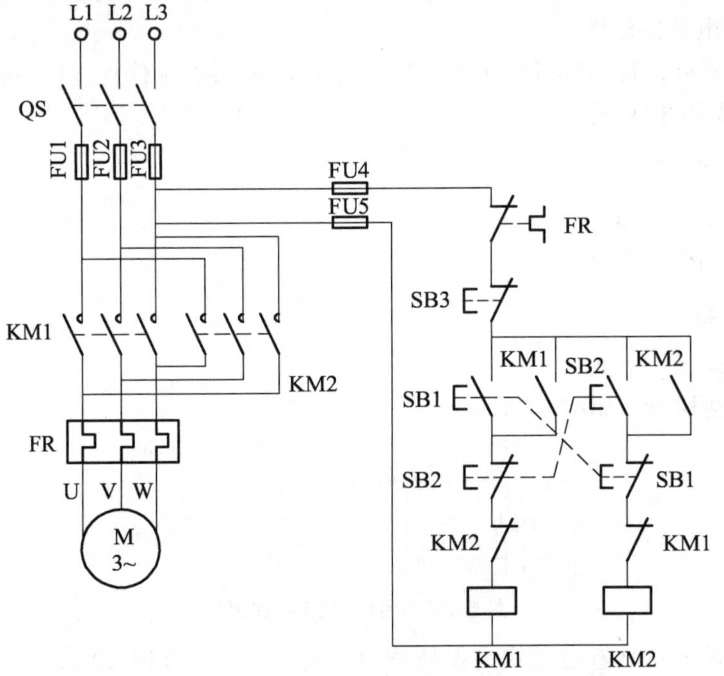

图 5-25 电动机双重联锁正反转电气控制线路图

和 KM2 均失电使电动机停止运行；当电动机运行过载时，过载保护继电器 FR 自动切断电动机供电，使电动机停止运行。

4. 任务分析

根据任务要求，图 5-25 所示为三相笼型异步电动机正、反转控制线路，其中 KM1、KM2 分别为正、反转接触器，其主触点接线的相序不同，KM1 按 U—V—W 相序接线，KM2 按 W—V—U 相序接线，即 U、W 两相对调，所以当两个接触器分别工作时，电动机的旋转方向不一样，可实现电动机的可逆运转。

（1）自锁控制。正反转启动按钮 SB1、SB2 是并联的，当按下任一处启动按钮，对应接触器线圈都能通电，并且与启动按钮并联的接触器动合辅助触点得电，这样，即使启动按钮断开也能确保接触器线圈保持通电，维持电动机正常运行。

（2）互锁控制。两个接触器的动断辅助触点与正反转启动按钮的动断触点串入对方线圈，这样，在按下正转起动按钮 SB1 后，正转接触器 KM1 线圈通电，主触点闭合，电动机正转。与此同时，由于 KM1 的动断辅助触点与 SB1 的动断触点断开，从而切断了反转接触器 KM2 的线圈电路，使电动机只能正转。同理，在按下反转启动按钮 SB2 后，反转接触器 KM2 动作，也保证了正转接触器 KM1 的线圈电路不工作，使电动机只能反转。

（3）停止控制。当按下停止按钮 SB3 时，电动机将停止运行。由于电动机正反运行状态互相独立，因而设计 PLC 梯形图程序时可以采用典型的“自锁”和“互锁”控制电路，SB1、SB2、SB3 与 FR 作为开关信号接至 PLC 输入端，需占用 4 个输入端，交流接触器 KM1 和 KM2 需占用 2 个输出端，主电动机采用继电接触器构成起停控制，而不需要 PLC 控制，故选用一台西门子公司的 CPU222（14 点：8 入，6 出）的 PLC，即可满足本系统的控制要求。

5. 预备知识

（1）经验法。

经验法是运用自己的或别人的经验进行设计，这里所说的经验，有的是自己的经验总结，有的可能是别人的设计经验，有的也可能是其他资料的典型程序，如启保停电路、脉冲发生电路、延时接通/断开电路、顺序控制电路等。这种方法没有规律可循，多数是在设计前先选择与自己工艺要求相近的程序，把这些程序看成自己的试验程序，并结合自己工程的情况，对这些试验程序进行重组、添加、删除、修改和反复调试，使之适合自己的工程要求，设计所用的时间、设计的质量与设计者的经验有很大的关系。要想使自己有更多的经验，熟练地使用经验法设计应用程序，就需要日积月累，善于总结。

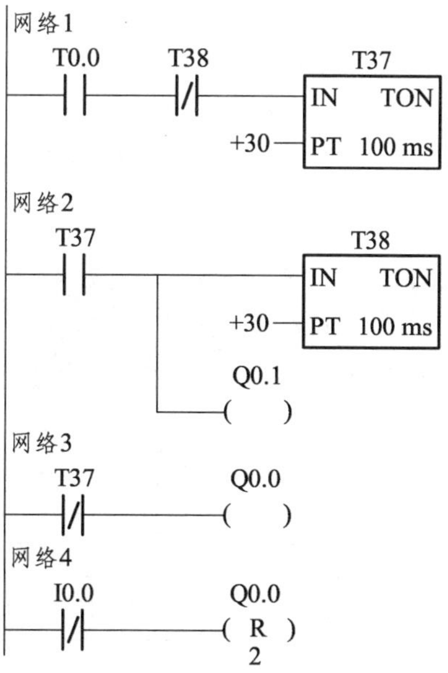

图 5-26　经验法实现红绿灯 PLC 控制梯形图

例 5-1：绿灯 PLC 控制：如图 5-26 所示，利用经验法实现红绿灯顺序显示控制功能，这里可以采用方波信号产生的控制方法，在控制程序中添加网络 3 和网络 4，其中 Q0.0 和 Q0.1 分别控制红绿灯显示状态。

例 5-2：送料小车往返运行 PLC 控制：按下启动按钮后小车从左往右运行，当碰到或 5 s 内没有碰到右边的右限位时，SQ2 行程开关均自动停止；停止 3 s，装料后接着左行，当碰到或 5s 内没有碰到左边的左限位时，SQ1 行程开关均自动停止，停止 3 s，卸料后自动右行。在中间过程，按下停止按钮，小车立即停止；按下右行或左行启动按钮后，小车继续运行。程序流程如图 5-27 所示，其中，S0.1 表示右行 S0.2 表示位于右侧装料，S0.3 表示左行，S0.4 表示位于左侧卸料。

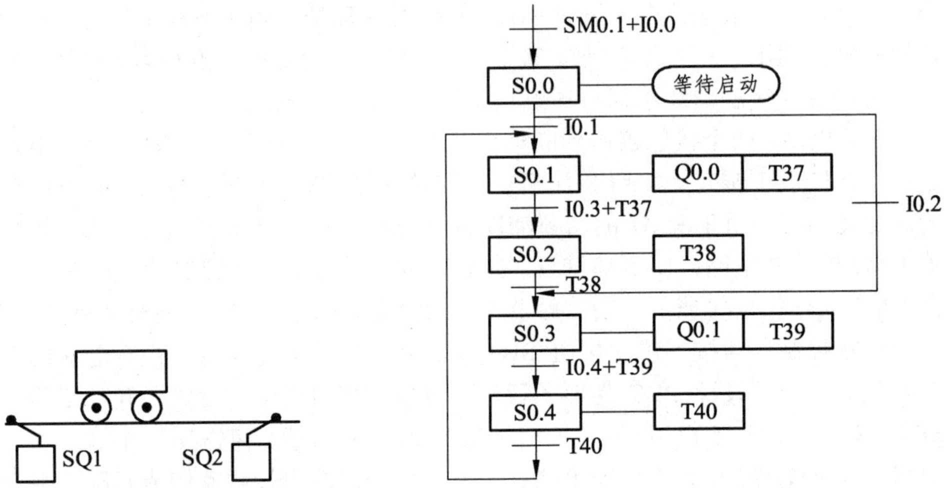

（a）小车运行示意图　　（b）程序流程图

图 5-27　运料小车运行及程序流程图

步骤一：设计法分析。根据控制要求，利用“小车往返运行 PLC 控制”应用案例来设计运料小车往返运行 PLC 控制，实现有限位保护功能的小车自动往返运行。

步骤二：I/O 分配及功能（见表 5-1）。

表 5-1　I/O 分配及功能（例 5-3）

输　入		输　出	
编程元件地址	功　能	编程元件地址	功　能
I0.0	停止按钮	Q0.0	右行控制
I0.1	右行启动按钮	Q0.1	左行控制
I0.2	左行启动按钮		
I0.3	右限位行程开关		
I0.4	左限位行程开关		

步骤三：梯形图编制。编制梯形图程序，如图 5-28 所示。

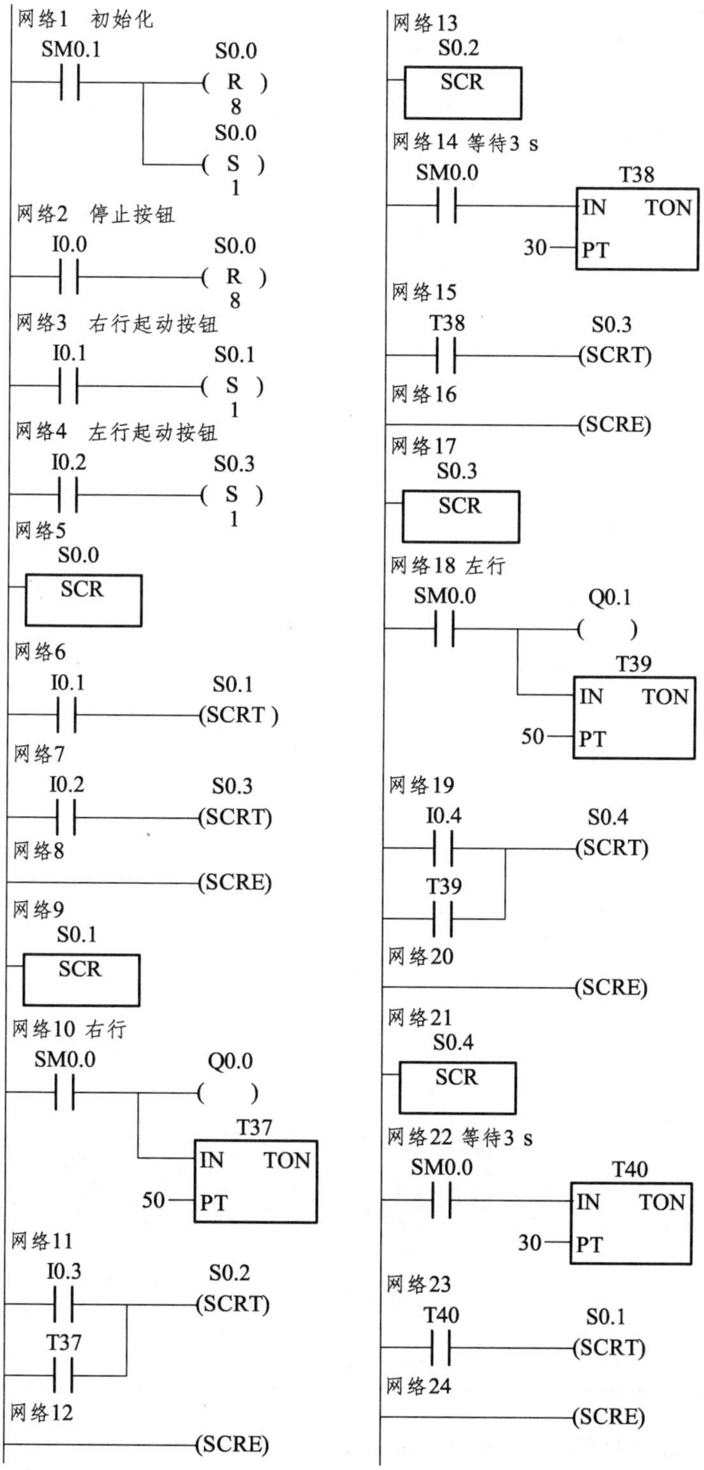

图 5-28 运料小车往返运行 PLC 控制梯形图程序

（2）梯形图法。

梯形图法是用梯形图语言将经过验证的继电器接触器控制电路转换成 PLC 梯形图于熟悉继电器控制的人来说，梯形图法是最方便的一种编程方法。

例 5-3：笼型异步电动机串电阻减压起动 PLC 控制：利用 PLC 实现笼型异步电动机串电阻减压启动，其继电器电气控制线路如图 5-29 所示。按下启动按钮 SB1 后，电动机转子接触器 KM1 得电，电动机经串联起动电阻 *R* 进行减压启动；同时定时器 KT 开始定时，定时时间为 5 s。5 s 后短路接触器 KM2 得电，将启动电阻 *R* 短路，电动机全速运行。停止按钮 SB2 按下后，电动机停止运行。该系统具有热继电器 FR，可进行过载保护。

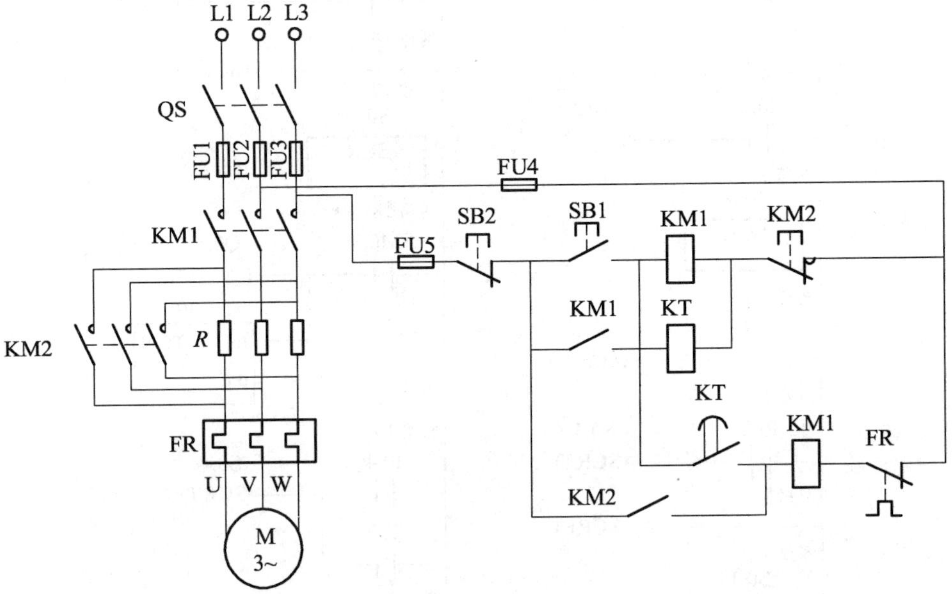

图 5-29　笼型异步电动机串电阻减压起动 PLC 电气控制线路图

步骤一：I/O 分配及功能。I/O 分配及功能见表 5-2。

表 5-2　I/O 分配及功能（例 5-3）

输　入		输　出	
编程元件地址	功　能	编程元件地址	功　能
I0.0	起动按钮的动合触点 SB1	Q0.0	接通交流电源的接触器 KM1
I0.1	停止按钮的动断触点 SB2	Q0.1	短接起动电阻的接触器 KM2
I0.2	热继电器的动断触点 FR		

步骤二：梯形图程序编制。笼型异步电动机串电阻减压起动 PLC 控制梯形图程序如图 5-30 所示。

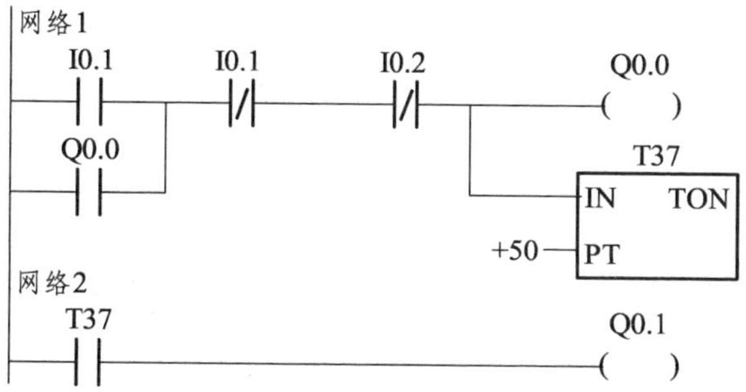

图 5-30　笼型异步电动机串电阻减压启动 PLC 控制梯形图程序

6. 任务实施

（1）设备配置。

① 1 台 S7-200 CPU222 PLC。

② 1 台电动机，2 个交流接触器，1 个过载保护继电器。

③ 1 台装有 STEP7-Micro/WIN32 V4.0SP9 编程软件的计算机。

④ 1 根 PC/PPI 电缆。

⑤ 连接导线若干。

（2）I/O 口分配及功能。

I/O 分配及功能见表 5-3。

表 5-3　I/O 分配及功能（正负转控制电路）

输入		输出	
编程元件地址	功能	编程元件地址	功能
I0.1	起动按钮 SB1 动合触点	Q0.0	电动机正转控制交流接触器 KM1
I0.2	起动按钮 SB2 动合触点	Q0.1	电动机反转控制交流接触器 KM2
I0.0	停止按钮 SB3 动断触点		
I0.3	过载保护继电器 FR 动断触点		

（3）PLC 接线图。

在断电情况下，连接好 PC/PPI 电缆及 PLC 外围电路接线，如图 5-31 所示。

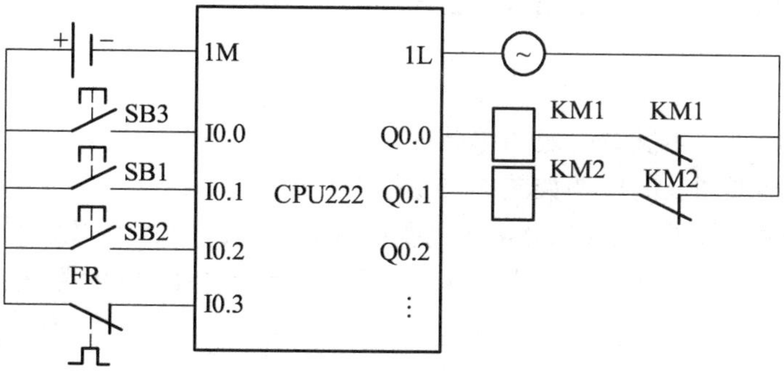

图 5-31　电动机双重联锁正反转 PLC 控制外围电路接线图

（4）编写梯形图程序。

根据任务要求，采用自锁与互锁 PLC 程序结构，编制满足控制要求的梯形图程序，如图 5-32 所示。

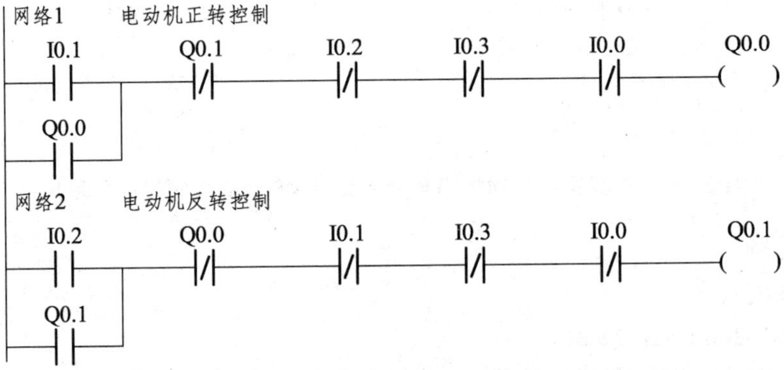

图 5-32　电动机双重联锁正反转 PLC 控制梯形图程序

（5）调试检修。

① 调试。

学生在教师的现场监护下进行通电调试，验证系统是否符合设计要求。

◆ 编写梯形图程序，编译后将梯形图程序下载到 PLC 中。

◆ 电动机未启动时，若按下 SB1，电动机启动，进行正转，若按下 SB2，电动机启动，进行反转。

◆ 电动机正转时，若按下 SB1，电动机继续正转，若按下 SB2，电动机切换进行反转；反转时，若按下 SB2，电动机继续反转，若按下 SB1，电动机切换进行正转。

◆ 无论电动机处于何种运行状态，若按下 SB3 或电动机过载导致 FR 切断，则电动机停止运行。

② 检修。

如果出现故障，学生应独立完成检修调试，直至系统能够正常工作。

◆ 检查线路连接是否正确。

◆ 检查梯形图程序中自锁、互锁电路的使用是否正确。

三、定时器和计数器的应用程序

1. 单脉冲电路

单脉冲电路用于产生脉宽一定的单脉冲。

单脉冲电路梯形图及时序图如图 5-33 所示。

说明：控制输入 I0.0 接通时，M0.0 线圈得电并自锁，M0.0 常开触点闭合，使 T38 开始定时，Q0.0 线圈得电。2 s 时间到，T38 常闭触点断开，使 Q0.0 线圈断电。

2. 闪烁电路

闪烁电路可产生周期性方脉冲，其梯形图及时序图如图 5-34 所示。

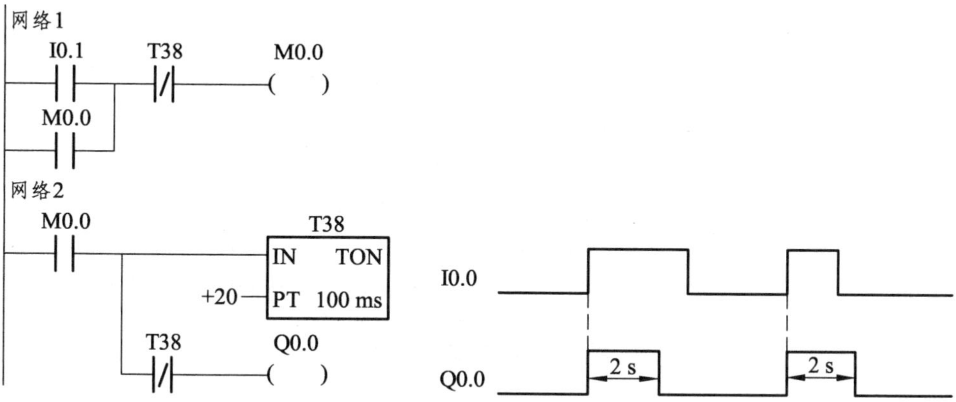

图 5-33　单脉冲电路梯形图及时序图

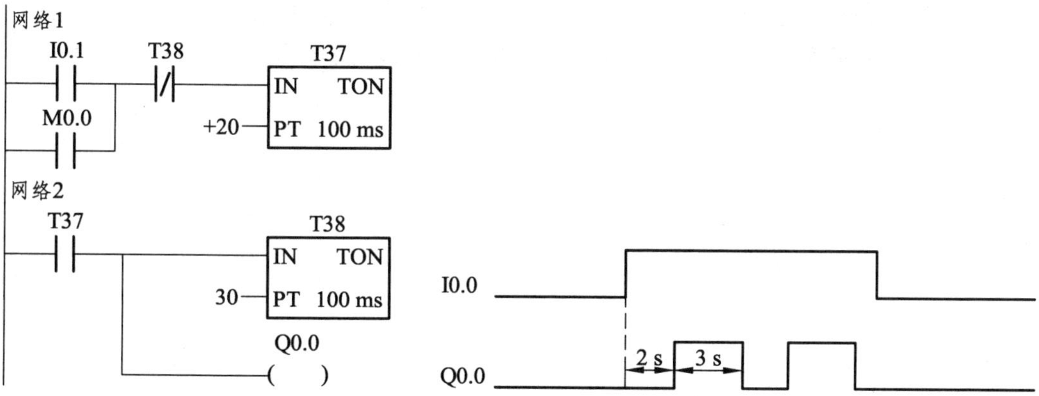

图 5-34　闪烁电路梯形图及时序图

说明：当输入信号 I0.0 接通后，定时器 T37 开始计时；2 s 后，使输出信号 Q0.0 激励，同时定时器 T38 开始计时；3 s 后，T37 复位，定时器 T38 也复位；一个扫描周期后，定时器 T37 又开始计时，重复上述过程。输出线圈 Q0.0 每隔 2 s 接通 3 s 的时间，如果负载是灯，就会出现闪烁现象。I0.0 在工作期间始终保持接通状态，直至工作结束时再断开。

3. 周期性脉冲序列发生器

自复位定时器如图 5-35 所示。

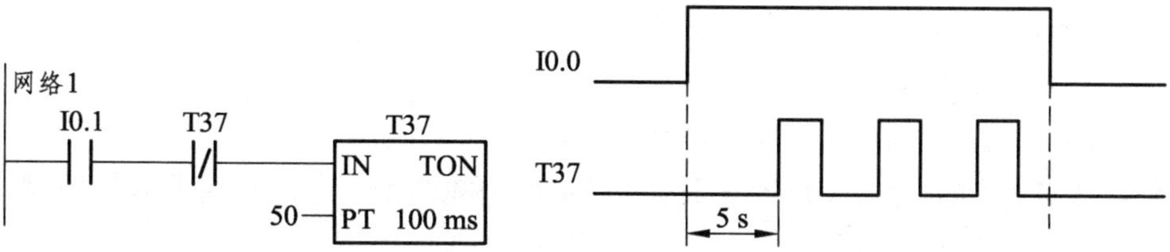

图 5-35 自复位定时器

自复位计数器如图 5-36 所示。

说明：电路中定时器的线圈串接自身的常闭触点，定时时间到时，常闭触点断开使其自身线圈断电。因此，这种电路又称自复位定时器。同自复位定时器一样，自复位计数器也可以产生周期性脉冲序列。

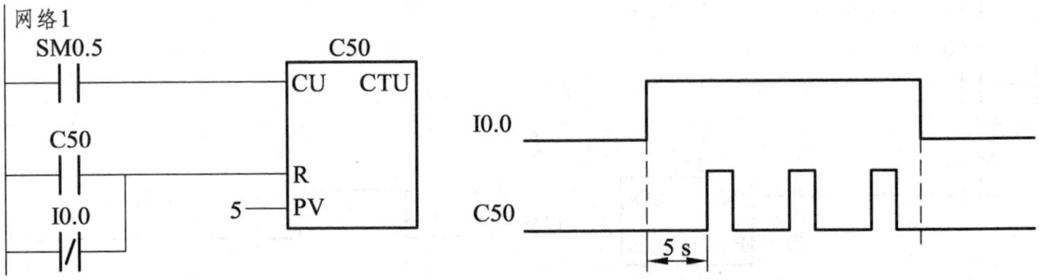

图 5-36 自复位计数

4. 完成 1 h 的定时

S7-200PLC 定时器的最大定时时间为 3 276.7 s。为产生更长的定时时间，可以将多个定时器、计数器联合使用。下面以定时 1 h 为例来说明定时器和计数器的扩展应用。

（1）两个计数器实现。

两个计数器实现 1 h 定时如图 5-37 所示。

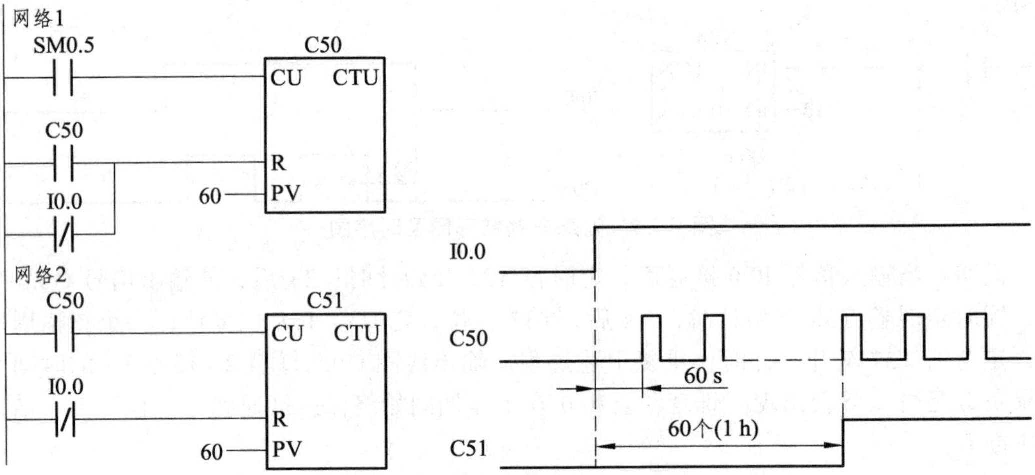

图 5-37 两个计数器实现 1 h 定时

（2）一个定时器和一个计数器实现。

定时器和计数器实现 1 h 定时如图 5-38 所示。

（3）两个定时器实现。

两个定时器实现 1 h 定时如图 5-39 所示。

若想实现长时间定时或大范围计数，可以将两个或两个以上的定时器或计数器级联起来应用。

5. 延时接通/断开

（1）两个接通延时定时器实现延时接通/断开如图 5-40 所示。

（2）两个断开延时定时器实现延时接通/断开如图 5-41 所示。

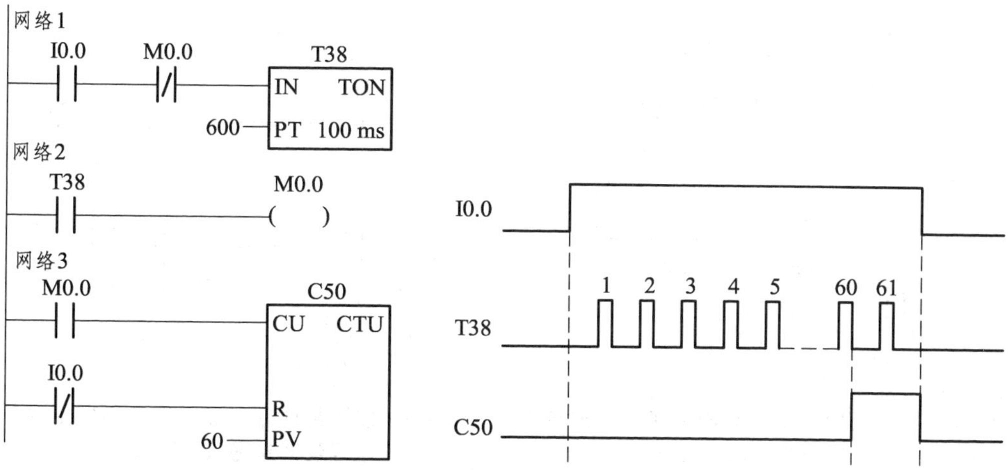

图 5-38 定时器和计数器实现 1 h 定时

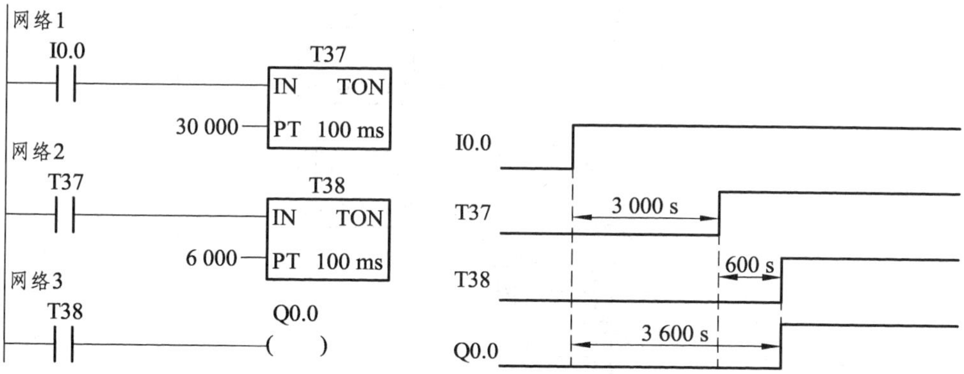

图 5-39 两个定时器实现 1 h 定时

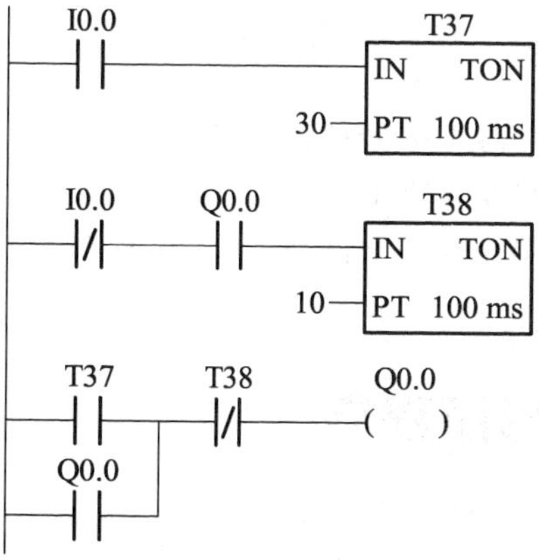

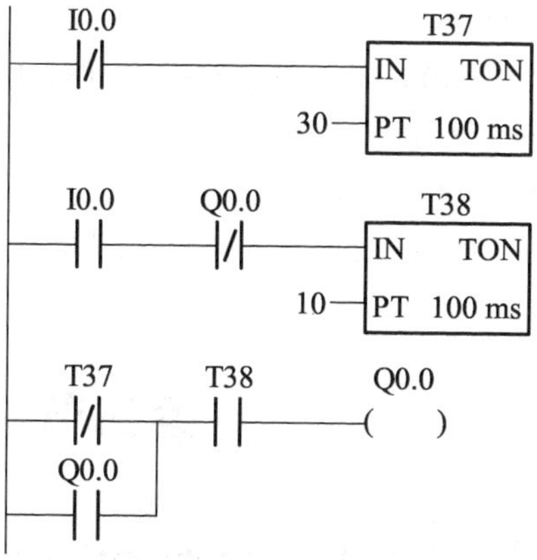

图 5-40 两个接通延时定时器实现延时接通/断开　图 5-41 两个断开延时定时器实现延时接通断开

（3）接通延时定时器和断开延时定时器实现延时接通/断开（a）如图 5-42 所示。

（4）接通延时定时器和断开延时定时器实现延时接通/断开（b）如图 5-43 所示。

（5）接通延时定时器和断开延时定时器实现延时接通断开（c），如图 5-44 所示。

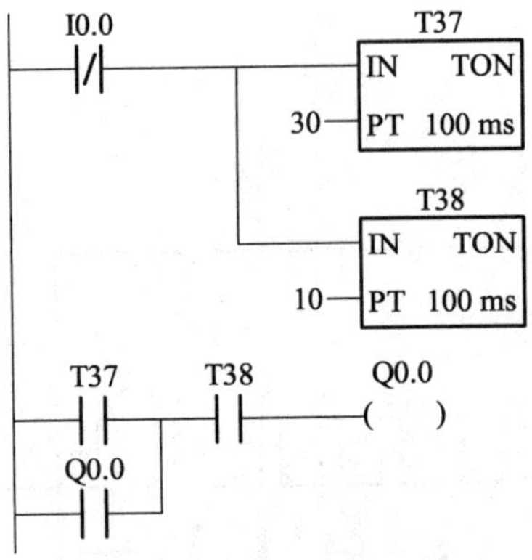

图 5-42　接通延时定时器和断开延时定时器实现延时接通/断开（a）

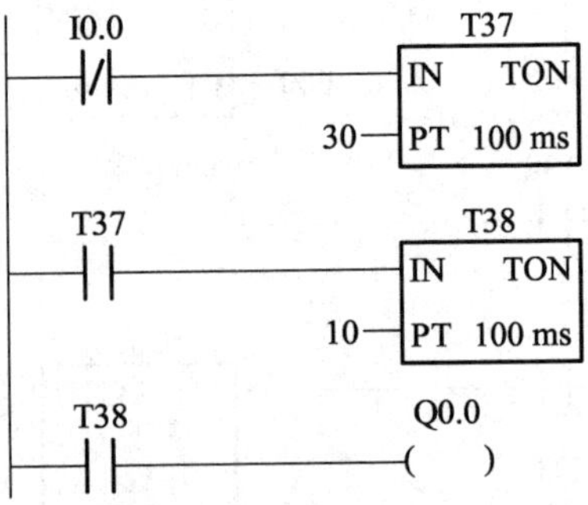

图 5-43　接通延时定时器和断开延时定时器实现延时接通/断开（b）

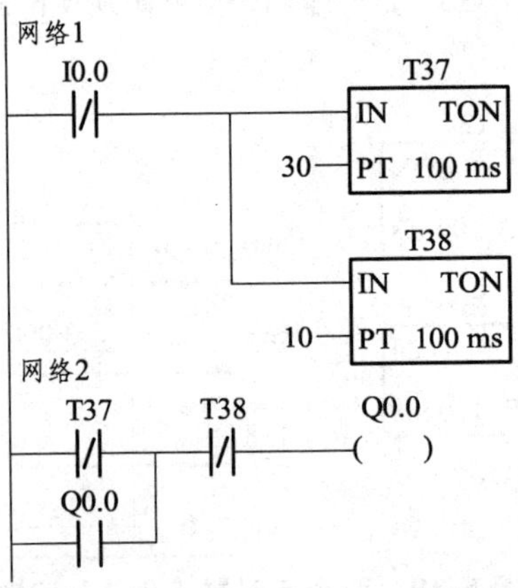

图 5-44　接通延时定时器和断开延时定时器实现延时接通/断开（c）

说明：

① 当 I0.0 闭合时，定时器 T37 开始计时。

② I0.0 断开，Q0.0 自我保持有输出，同时定时器 T38 开始计时。

③ 当 T37 计时 3 s 后，常开触点 T37 闭合，Q0.0 有输出。

④ 当 T38 计时 1 s 后，常闭触点 T38 断开，Q0.0 自我保持消失，Q0.0 无输出。

第三节　编制梯形图程序

一、三人抢答器 PLC 控制

1. 知识目标

（1）掌握基本位逻辑操作指令的功能及应用编程。

（2）熟悉 S7-200 系列 PLC 的结构和外部 I/O 接线方法。

（3）熟悉 STEP7-Micro/WN32 V4.0 SP9 编程软件的使用方法。

（4）熟悉三人抢答器 PLC 控制的工作原理和程序设计方法。

2. 技能目标

（1）练习触点、线圈、置位/复位等基本位逻辑操作指令及逻辑运算指令的使用方法，能够正确编制三人抢答器 PLC 控制程序。

（2）能够独立完成三人抢答器 PLC 控制线路的安装。

（3）能够按照规定进行通电调试，当出现故障时，能根据设计求独立检修，直至系统正常工作。

3. 任务引入

三人抢答器 PLC 控制：三人抢答器控制模块结构如图 5-45 所示，主持人配有抢答结束按钮和抢答指示灯，A、B、C 三人分别配有抢答按钮和抢答成功指示灯。当主持人启动抢答结束按钮后，抢答开始指示灯点亮，第一轮抢答开始；当一人抢答成功时，其指示灯点亮，同时抢答开始指示灯熄灭，其他人再抢答则无效；当主持人再次启动抢答结束按钮后，抢答者的抢答成功指示灯熄灭，抢答开始指示灯点亮，开始新一轮抢答。

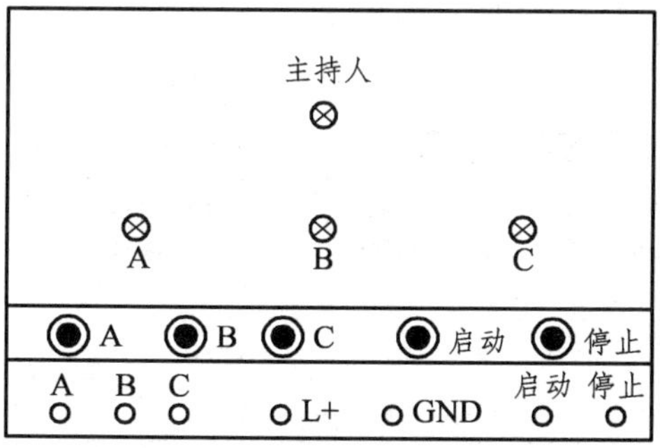

图 5-45　三人抢答器控制模块结构

4. 任务分析

根据任务要求，主持人决定抢答开始与结束，可以采用置位/复位指令实现；三人仅能有一人成功抢答，可以采用互锁电路，如图 5-46 所示；成功抢答者必须确保抢答有效，可以采用自锁电路，也称为启保停电路，如图 5-47 所示。

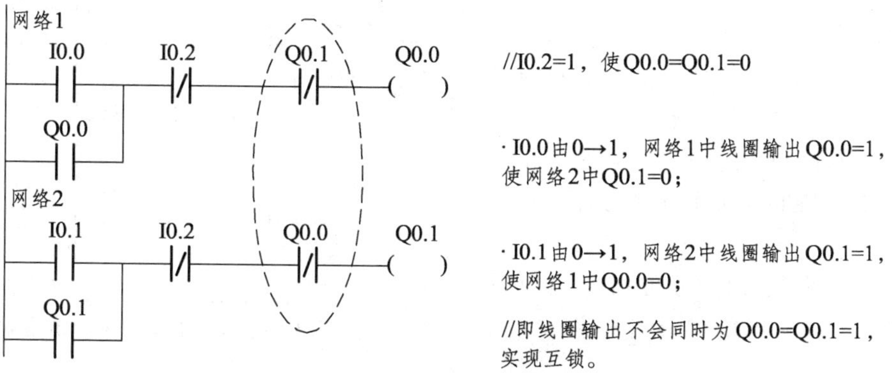

图 5-46　互锁电路图

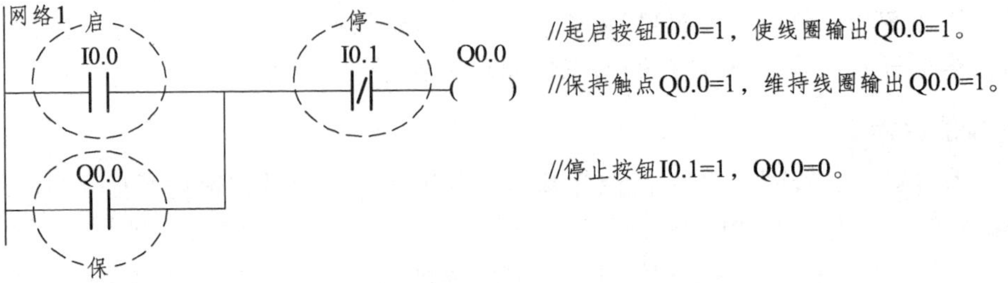

图 5-47　自锁（启—保—停）电路

5. 任务实施

（1）设备配置。

① 1 台 S7-200 CPU224 PLC。

② 1 个三人抢答器控制模块。

③ 1 台装有 STEP7- Micro/WIN32 V4.0 SP9 编程软件的计算机。

④ 1 根 PC/PPI 电缆。

⑤ 连接导线若干。

（2）I/O 分配及功能（见表 5-4）。

表 5-4　I/O 分配及功能

输入		输出	
编程元件地址	功能	编程元件地址	功能
I0.0	抢答结束按钮 SB1	Q0.0	控制抢答开始指示灯 L1 显示
I0.1	抢答按钮 SB2	Q0.1	控制成功抢答指示灯 L2 显示
I0.2	抢答按钮 SB3	Q0.2	控制成功抢答指示灯 L3 显示
I0.3	抢答按钮 SB4	Q0.3	控制成功答示灯 L4 显示

（3）PLC 接线图。

在断电的情况下，连接好 PC/PPI 电缆及 PLC 外围电路，如图 5-48 所示。

（4）编写梯形图程序。

根据自锁、互锁电路，分别利用置位/复位指令和优先置位/复位指令编制的三人抢答器 PLC 控制梯形图程序。

① 利用置位/复位指令实现三人抢答器 PLC 控制的梯形图程序如图 5-49 所示。

② 利用优先置位/复位指令实现三人抢答器 PLC 控制的梯形图程序，如图 5-50 所示。

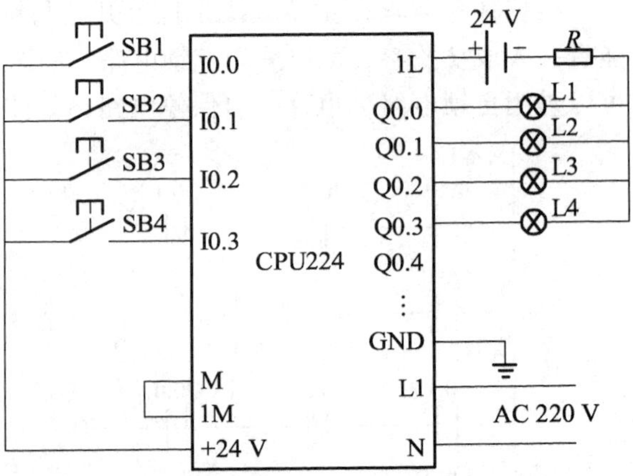

图 5-48　三人抢答器 PLC 控制外围电路接线图

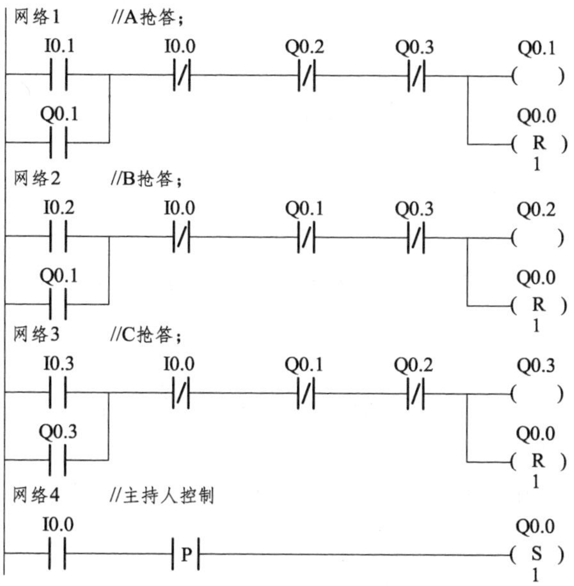

图 5-49 三人抢答器 PLC 控制梯形图程序（1）

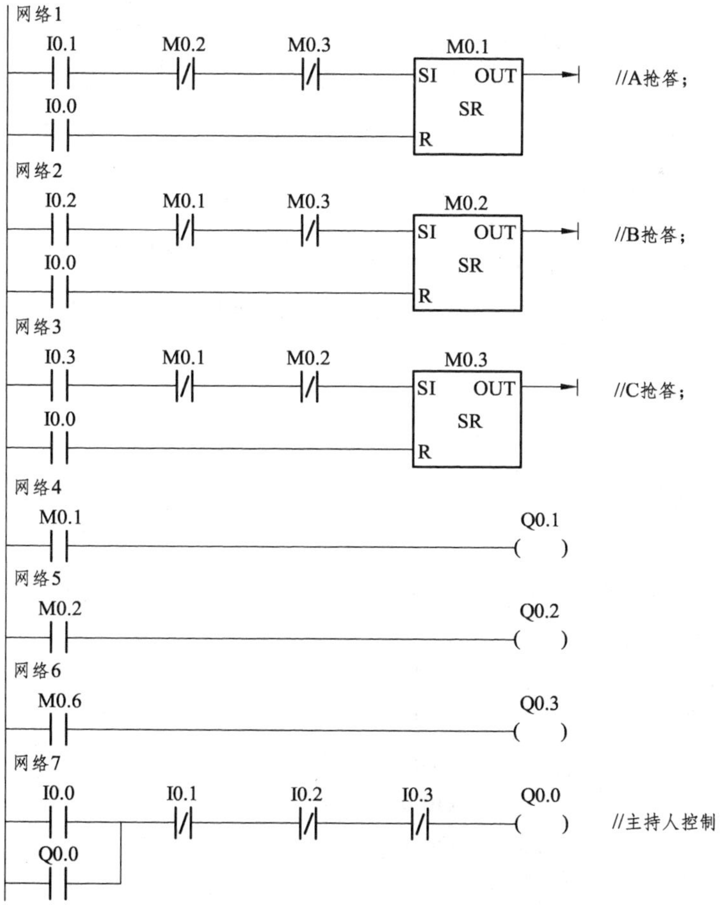

图 5-50 三人抢答器 PLC 控制梯形图程序（2）

（5）调试检修。

① 调试。

学生在教师的现场监护下进行通电调试，验证是否符合设计要求。

◆ 编写梯形图程序，编译后将梯形图程序下载到 PLC 中。

◆ 一人抢答成功时，其抢答成功指示灯点亮，同时熄灭抢答开始指示灯，其他人再抢答则无效。

◆ 主持人启动抢答结束按钮后，抢答者的抢答成功指示灯熄灭，抢答开始指示灯点亮，开始新一轮抢答。

② 检修。

如果出现故障，学生应能独立完成检修调试，直至系统能够正常工作。

◆ 检查线路连接是否正确。

◆ 检查梯形图程序中自锁、互锁电路及置位/复位指令的使用是否正确。

二、送料小车自动控制系统

送料小车自动控制系统如图 5-51 所示。

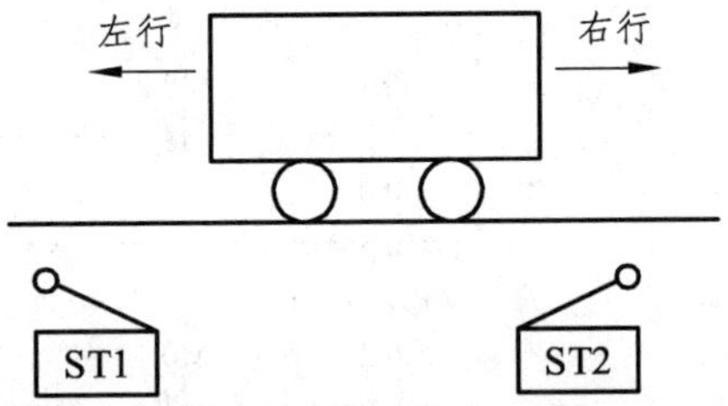

图 5-51　送料小车自动控制系统示意图

1. 设计要求

送料小车可以左行，也可以右行，到左端碰到行程开关 ST1 后，小车就开始装料；15 s 后，小车就自动右行；右行到右端的行程开关 ST2，小车就开始卸料；10 s 后，小车就开始自动左行，左行到左端碰到行程开关 ST1 后，就又开始装料。15 s 后，又开始右行，如此循环往复。

2. 设计步骤

（1）理解控制策略。

（2）I/O 分配。

（3）设计梯形图。

3. I/O 分配

输入：右行启动按钮 SB1	I0.0
左行启动按钮 SB2	I0.1
停止按钮 SB3	I0.2
右端行程开关 ST2	I0.3
左端行程开关 ST1	I0.4
输出：右行接触器	Q0.0
左行接触器	Q0.1
装料电磁阀	Q0.2
卸料电磁阀	Q0.3

4. 程　序

送料小车自动控制系统梯形图如图 5-52 所示。

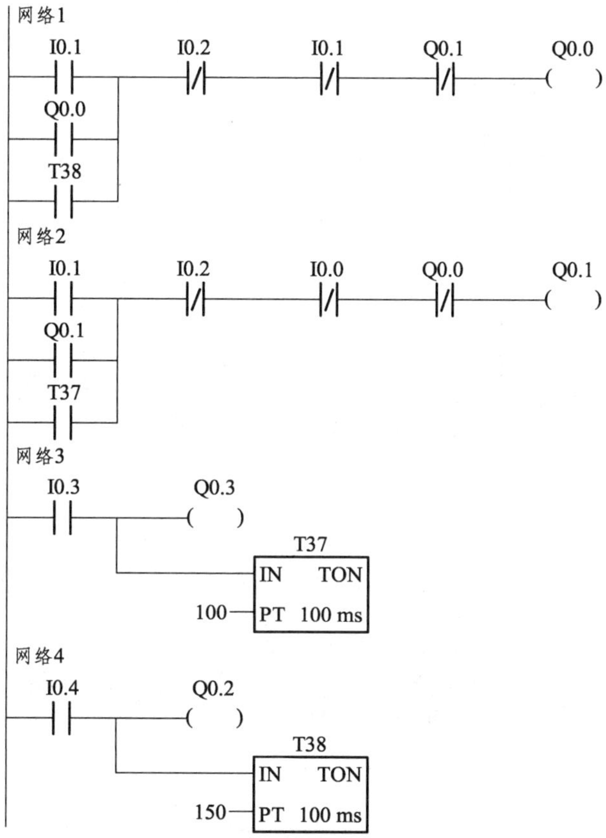

图 5-52　送料小车自动控制系统梯形图

三、水塔水位控制

1. 知识目标

（1）掌握 PID 指令的功能及应用编程。

（2）熟悉 S7-200 系列 PLC 的结构和外部 I/O 接线方法。

（3）熟悉 STEP7-Micro/WIN32 V4.0 SP9 编程软件的使用方法。

（4）熟悉水箱水位 PLC 控制的工作原理和程序设计方法。

2. 技能目标

（1）练习 PID 指令的基本使用方法，能够正确编制水箱水位 PLC 控制程序。

（2）能够独立完成水箱水位 PLC 控制的线路安装。

（3）能够按规定进行通电调试，当出现故障时，能根据设计要求独立检修，直至系统正常工作。

3. 任务引入

水箱水位 PLC 控制：如图 5-53 所示，被控对象为保持一定压力的供水水箱，给定量为满水位的 75%，控制量为对水箱注水的调速电动机的速度，调节量是其水位（单极性信号），由水位计检测后经 A/D 转换送入 PLC，PLC 执行 PID 指令后以单极性信号经 D/A 转换送出，以控制电动机的调速，使水箱水位实现恒定水位控制。

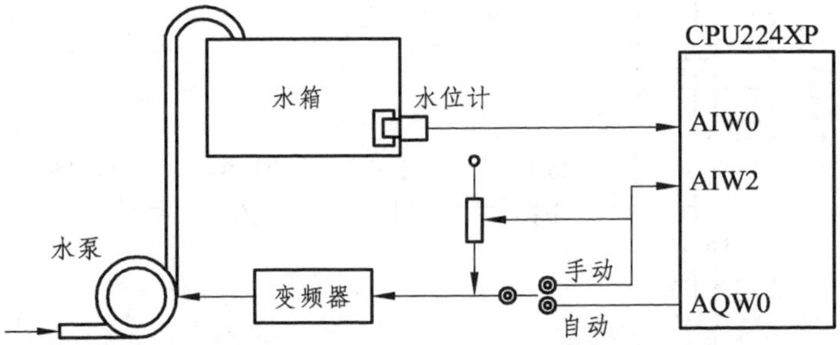

图 5-53　水箱水位 PLC 控制图

4. 任务分析

根据任务要求，选定 PI 控制方式并给定参数值见表 5-5，并且系统运行后先由手动控制电动机，直到水位上升达到 75%时，通过输入点 I0.0 的置位切换自动状态。

表 5-5　PI 控制方式给定参数值表

偏移地址	域	设定值
VD104	设定值 SP_n	0.75
VD112	增益 K_C	0.25
VD116	采样时间 T_S	0.1
VD120	积分时间 T_I	30.0
VD124	微分时间 T_D	0.0

5. 预备知识

在工程实际应用中，当被控对象的结构和参数不能完全掌握，或得不到精确的数学模型，而控制理论的其他技术难以采用时，系统控制器的结构和参数必须依靠经验和现场调试来确定，这时应用 PID 控制技术最方便。典型 PID 回路控制系统如图 5-54 所示。

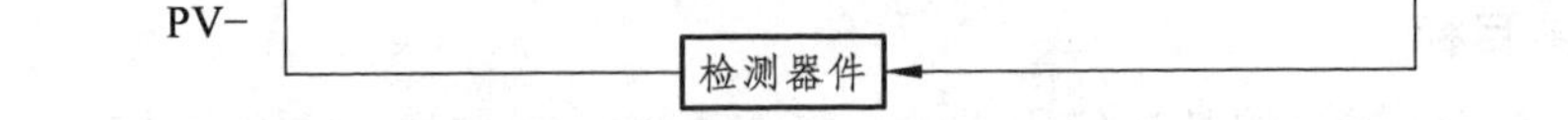

图 5-54　典型 PID 回路控制系统

PID 控制又称 PID 调节，是根据系统的误差利用比例、积分、微分计算出控制量实现控制的。

比例控制是一种最简单的控制方式。其控制器的输出与输入误差信号成比例关系。当仅有比例控制时，系统输出存在稳态误差。

在积分控制中，控制器的输出与输入误差信号的积分成正比关系。对一个自动控制系统来说，若在进入稳态后存在稳态误差，则这个控制系统有稳态误差，简称其为有差系统。为了消除稳态误差，在控制器中必须引入积分项。积分项对误差的改变取决于时间的积分，随着时间的增加，积分项会增大。这样，即使误差很小，积分项也会随着时间的增加而加大，它增大控制器的输出，使稳态误差进一步减小，直至为零。因此，比例＋积分（PI）控制器，可以使系统在进入稳态后无稳态误差。

在微分控制中，控制器的输出与输入误差信号的微分（误差的变化率）成正比关系。自动控制系统在克服误差的调节过程中可能会出现振荡甚至失稳。其原因是存在的较大惯性组件（环节）或滞后组件具有抑制误差的作用，其变化总是落后于误差的变化。其解决的办法是使抑制误差的作用的变化超前，即在误差接近零时，抑制误差的作用就应该是零。这就是说，在控制器中仅引入比例项往往是不够的，比例项的作用仅是放大误差的幅值，而目前需要增加的是微分项，它能预测误差变化的趋势。这样，具有比例＋微分（PD）的控制器，能够提前使抑制误差的控制作用等于零，甚至为负值从而避免了被控量的严重超调。所以，对有较大惯性或滞后的被控对象，比例＋微分控制器能改善系统在调节过程中的动态特性。

PID 控制程序编制步骤如下：

步骤一：PID 控制回路参数表。

过程变量值是压力变送器检测的单极性模拟量，回路输出值也是一个单极性模拟量，用来控制鼓风机的速度，这里使用 PID 控制方式，回路参数见表 5-6。

表 5-6 PID 控制方式给定参数值表设定值

偏移地址	域	设定值
VD104	设定值 SP_n	0.34（对应 0.85MPa）
VD112	增益 K_C	0.06
VD116	采样时间 T_S	0.2
VD120	积分时间 T_I	10.0
VD124	微分时间 T_D	0.0

步骤二：程序编制采用主程序、子程序和中断程序的结构模式，如图 5-55 所示。

6. 任务实施

（1）设备配置。

① 1 台 S7-200 CPU224XP PLC。

② 1 个水箱水位控制模块。

③ 1 台装有 STEP7 -Micro/WIN32 V4.0 SP9 编程软件的计算机。

④ 1 根 PC/PPI 电缆。

⑤ 连接导线若干。

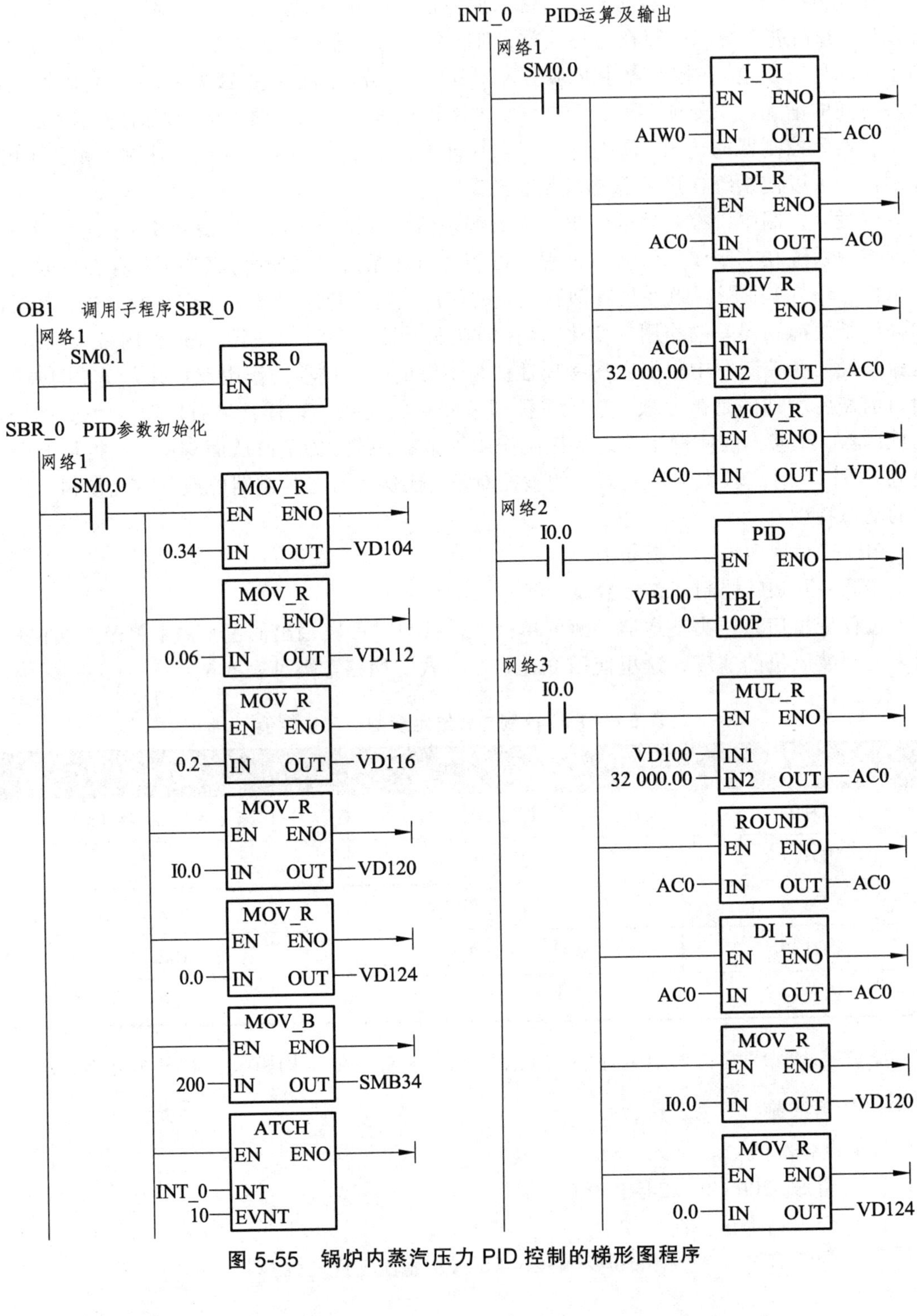

图 5-55 锅炉内蒸汽压力 PID 控制的梯形图程序

（2）I/O 分配及功能。

I/O 分配及功能见表 5-7。

表 5-7　I/O 分配及功能（水箱水位控制）

输入		输出	
编程元件地址	功能	编程元件地址	功能
I0.0	手动/自动切换开关 SB1	AQW0	驱动变频器工作
I0.1	变频器接入开关 SB2	Q0.0	变频器接入接触器 KM1
AIW0	水箱水位计		
AIW2	水泵转速传感器		

（3）PLC 接线图。

在断电情况下，连接好 PC/PPI 电缆及 PLC 外围电路，如图 5-56 所示。

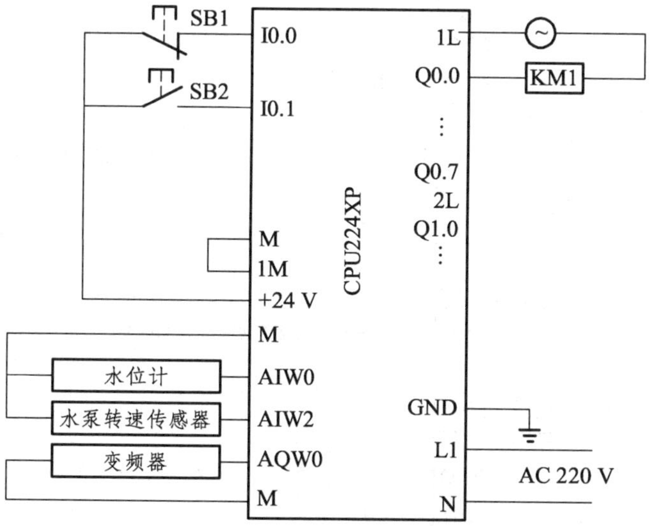

图 5-56　水箱水位 PLC 控制外围电路接线图

（4）编写梯形图程序。

根据任务要求，编制水箱水位 PLC 控制的梯形图程序，如图 5-57 所示。

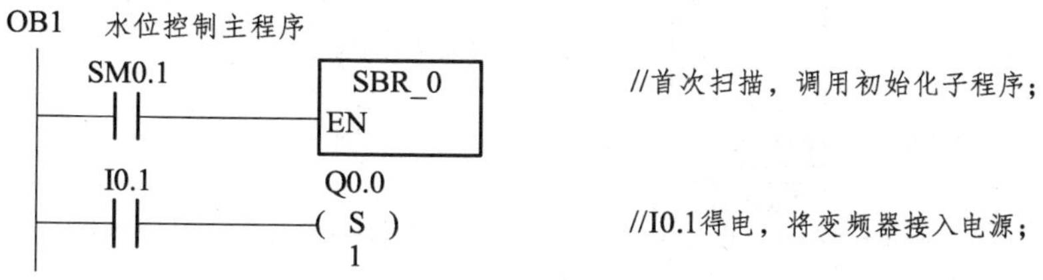

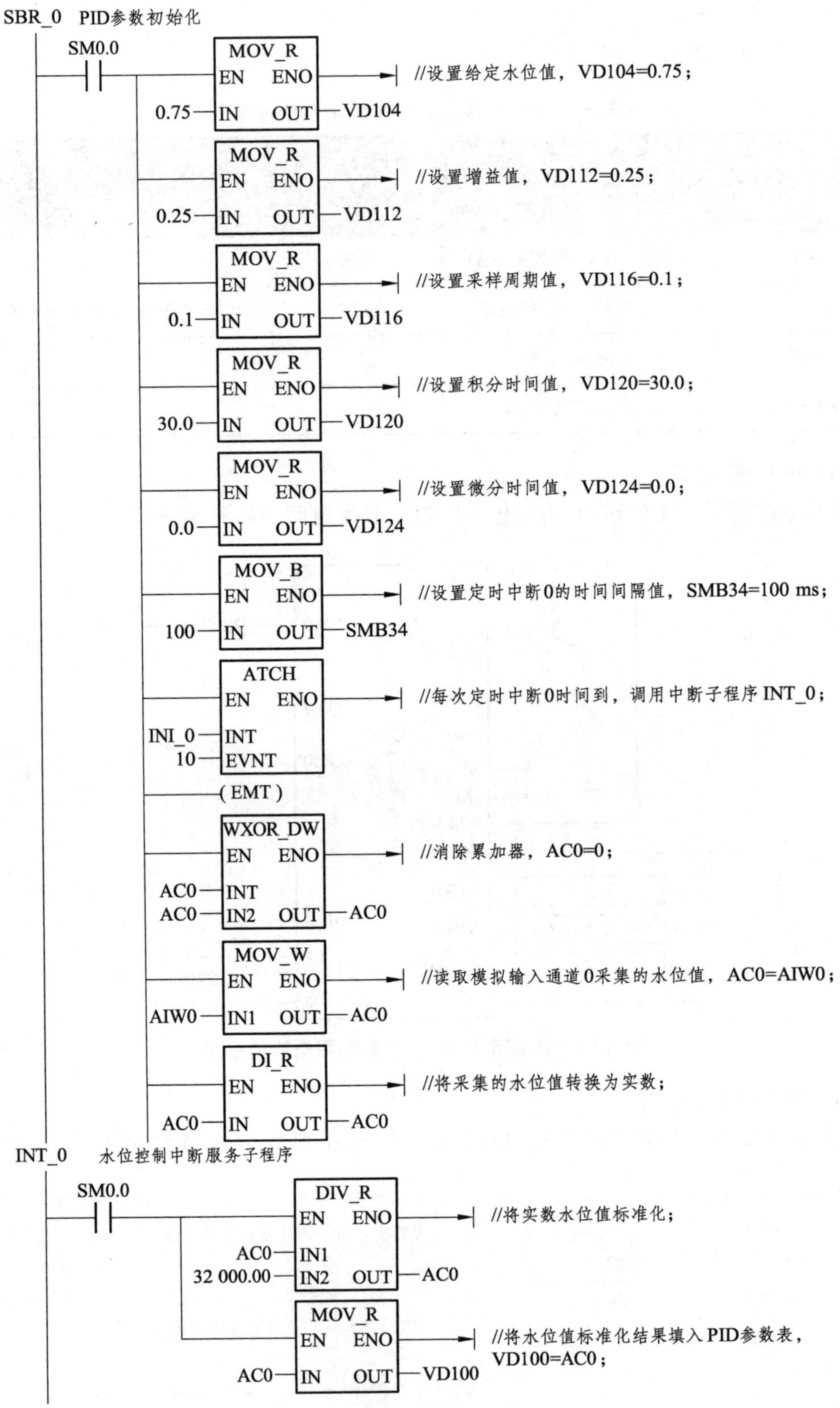
SBR_0 PID参数初始化
SM0.0
MOV_R EN ENO IN OUT
0.75 VD104
//设置给定水位值，VD104=0.75；
MOV_R EN ENO IN OUT
0.25 VD112
//设置增益值，VD112=0.25；
MOV_R EN ENO IN OUT
0.1 VD116
//设置采样周期值，VD116=0.1；
MOV_R EN ENO IN OUT
30.0 VD120
//设置积分时间值，VD120=30.0；
MOV_R EN ENO IN OUT
0.0 VD124
//设置微分时间值，VD124=0.0；
MOV_B EN ENO IN OUT
100 SMB34
//设置定时中断0的时间间隔值，SMB34=100 ms；
ATCH EN ENO INT EVNT
INI_0
10
//每次定时中断0时间到，调用中断子程序INT_0；
(EMT)
WXOR_DW EN ENO INT IN2 OUT
AC0
AC0
AC0
//消除累加器，AC0=0；
MOV_W EN ENO IN1 OUT
AIW0 AC0
//读取模拟输入通道0采集的水位值，AC0=AIW0；
DI_R EN ENO IN OUT
AC0 AC0
//将采集的水位值转换为实数；
INT_0 水位控制中断服务子程序
SM0.0
DIV_R EN ENO IN1 IN2 OUT
AC0
32 000.00
AC0
//将实数水位值标准化；
MOV_R EN ENO IN OUT
AC0 VD100
//将水位值标准化结果填入PID参数表，
VD100=AC0；

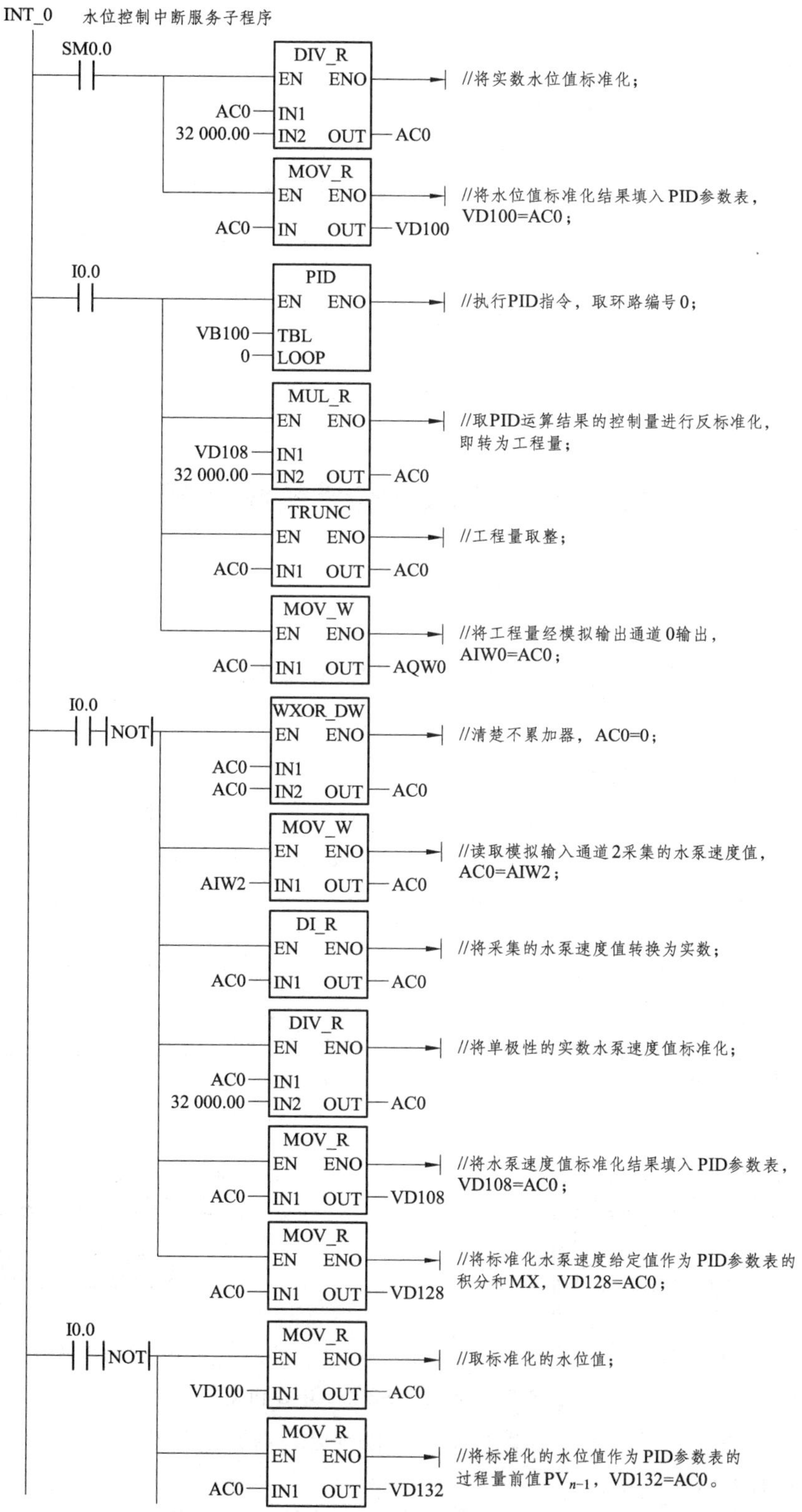

图 5-57 水箱水位 PLC 控制的梯形图程序

（5）调试检修。

① 调试。

学生在教师的现场监护下进行通电调试，验证是否符合设计要求。

◆ 编写梯形图程序，编译后将梯形图程序下载到 PLC 中。

◆ 启动 PLC 运行，调速电动机开始向水箱注水，水箱水位自动上升，当达到满水位的 75%高度时，通过输入点 I0.0 的置位切入自动状态，维持水位在满水位的 75%高度。

② 检修。

如果出现故障，学生应独立完成检修调试，直至系统能够正常工作。

◆ 检查线路连接是否正确。

◆ 检查梯形图程序中 PID 参数表初始化、PID 参数标准化及归一化的处理是否正确。

第四节　PLC 控制系统连接

一、连接 S7-200 CPU

在本节中，只需要给 S7-200 CPU 供电，然后在编程设备与 S7-200 CPU 之间连上通信电缆即可。

1. 给 S7-200 CPU 供电

图 5-58 给出了直流供电和交流供电两种 CPU 模块的连接方式。在安装和拆除任何电气设备之前，必须确认该设备的电源已断开。在安装和拆除 S7-200 之前，必须遵守相应的安全防护规范，并务必将其电源断开。

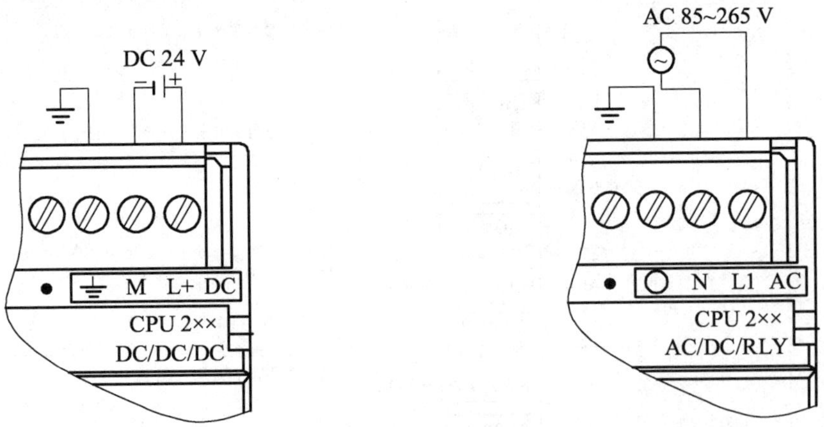

（a）直流供电　　（b）交流供电

图 5-58　给 S7—200 CPU 供电

注意：对 S7-200 及相关设备进行安装或接线时，必须遵循适当的安全防护规范，并确认 S7-200 的电源已断开。

在带电情况下对 S7-200 及相关设备进行安装或接线，有可能造成电击或者操作设备误动作。在安装或拆卸过程中，如果没有切断 S7-200 及相关设备的供电，有可能导致严重的人身伤害或者死亡和设备损坏。

2. 连接 RS232/PPI 多主站电缆

图 5-59 所示为连接 S7-200 与编程设备的 RS232/PPI 多主站电缆，连接电缆：

（1）连接 RS232/PPI 多主站电缆的 RS232 端（标识为“PC”）到编程设备的通信口上（本例中为 COM1）。

（2）连接 RS232/PPI 多主站电缆的 RS485 端（标识为“PPI”）到 S7-200 的端口 0 或者端口 1。

（3）设置 RS232/PPI 多主站电缆的 DIP 开关。

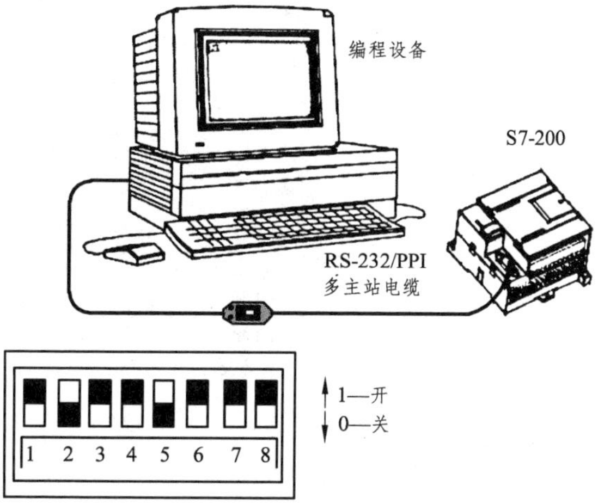

图 5-59　连接 RS-232/PPI 多主站电缆

3. 打开 STEP7–Micro/WIN

单击 STEP7-Micro/WIN 的图标，打开一个新的项目，如图 5-60 所示。也可用左侧操作栏中的图标，打开 STEP7-Micro/WIN 项目中的操作。

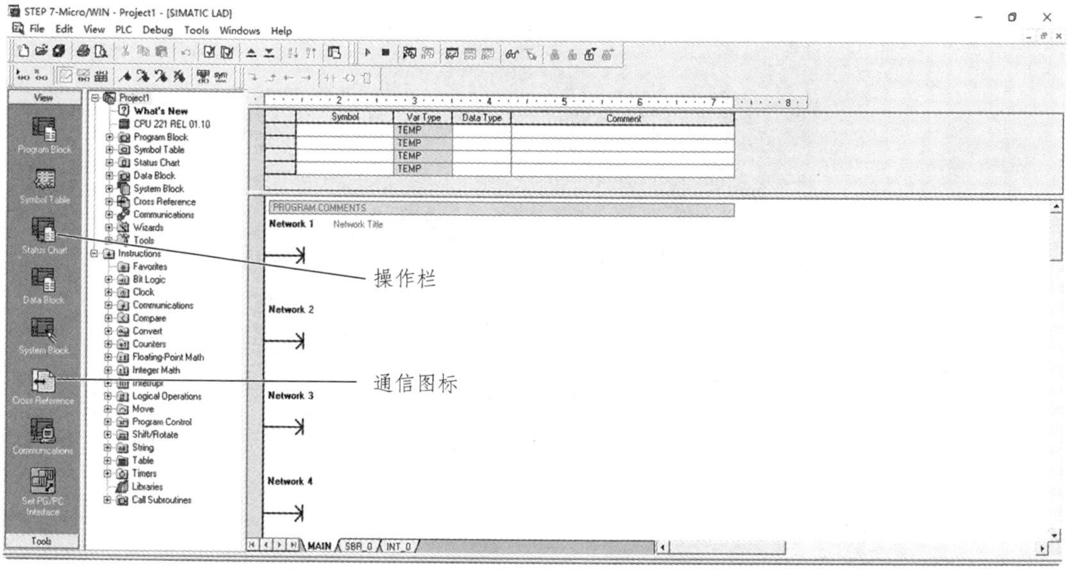

图 5-60　创建 STEP7—Micro/WIN 项目

单击操作栏中的通信图标进入通信对话框，可以用这个对话框为 STEP7-Micro/WIN 设置通信参数。

4. 为 STEP7–Micro/WIN 设置通信参数

在示例项目中使用的是 STEP7-Micro/WIN 和 RS232/PPI 多主站电缆的默认设置。检查下列设置，如图 5-61 所示。

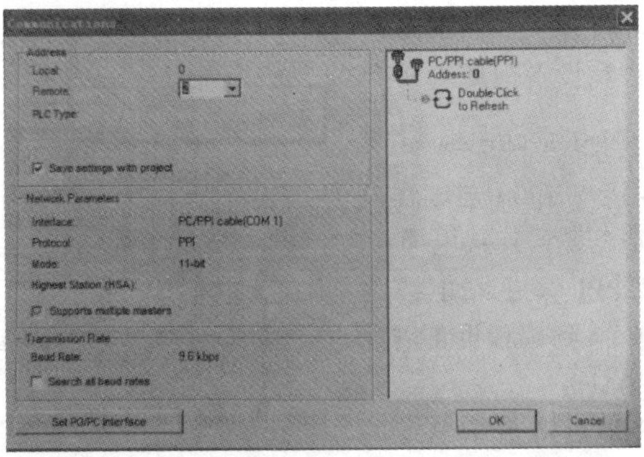

图 5-61　为 STEP7-Micro/WIN 设置通信参数

（1）PC/PPI 电缆的通信地址设为“0”。

（2）接口使用 COM1。

（3）传输波特率用 9.6 kbps

5. 与 S7–200 建立通信

用通信对话框与 S7-200 建立通信，如图 5-62 所示。

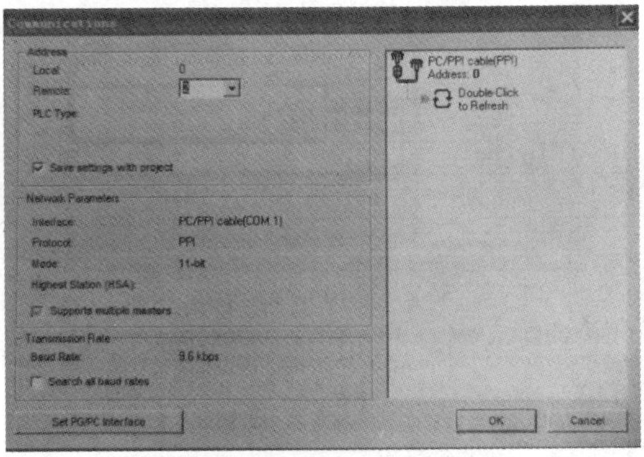

图 5-62　与 S7-200 建立通信

（1）在通信对话框中双击刷新图标。STEP7-Micro/WIN 搜寻并显示所连接的 S7-200 CPU 图标。

（2）选择 S7-200 站并单击“OK”按钮。

如果 STEP7-Micro/WIN 未能找到 S7-200 CPU，请核对通信参数设置。

建立与 S7-200 的通信之后，就可以创建并下载示例程序。

二、流水灯显示 PLC 控制

1. 知识目标

（1）掌握数据处理指令的功能及应用编程。

（2）熟悉 S7-200 系列 PLC 的结构和外部 I/O 接线方法。

（3）熟悉 STEP7-Micro/WIN32 V4.0 SP9 编程软件的使用方法。

（4）熟悉流水灯显示 PLC 控制的工作原理和程序设计方法。

2. 技能目标

（1）练习数据传送指令、字节交换/填充指令与移位指令的基本使用方法，能够正确编制流水灯显示 PLC 控制程序。

（2）能够独立完成流水灯显示 PLC 控制的线路安装。

（3）能够按规定进行通电调试，当出现故障时，能根据设计要求独立检修，直至系统正常工作。

3. 任务引入

流水灯显示 PLC 控制：PLC 输出端口控制 8 盏指示灯（任意时刻仅有 1 盏灯点亮），按下起动按钮后指示灯以 1 s 为时间间隔向左依次循环点亮；按下停止按钮后指示灯熄灭。

4. 任务分析

根据任务要求，采用移位指令实现 8 盏流水灯控制功能，即将 2＃00000001 初始化值赋给输出端口 QB0，通过依次移位逐个点亮输出端口 QB0 的 8 盏灯。

5. 任务实施

（1）设备配置。

① 1 台 S7-200 CPU226 PLC。

② 1 个彩灯显示控制模块（L1～L16）。

③ 1 台装有 STEP7-Micro/WIN32 V4.0 SP9 编程软件的计算机。

④ 1 根 PC/PPI 电缆。

⑤ 连接导线若干。

（2）I/O 分配及功能见表 5-8。

（3）PLC 接线图。

在断电的情况下，连接好 PC/PPI 电缆及 PLC 外围电路接线，如图 5-63 所示。

表 5-8 I/O 分配及功能（流水灯显示）

输入		输出	
编程元件地址	功能	编程元件地址	功能
I0.0	启动按钮 SB1	Q0.0	驱动指示灯 L1 显示
		Q0.1	驱动指示灯 L2 显示
		Q0.2	驱动指示灯 L3 显示
		Q0.3	驱动指示灯 L4 显示
I0.1	停止按钮 SB2	Q0.4	驱动指示灯 L5 显示
		Q0.5	驱动指示灯 L6 显示
		Q0.6	驱动指示灯 L7 显示
		Q0.7	驱动指示灯 L8 显示

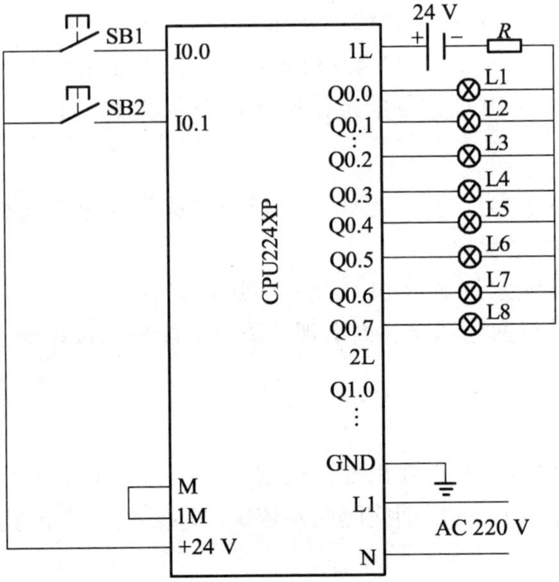

图 5-63　PLC 外围电路接线图

（4）编写梯形图程序。

根据任务要求，分别利用循环移位指令和寄存器移位指令编制流水灯显示 PLC 控制的梯形图程序。

① 利用循环移位指令实现流水灯显示 PLC 控制的梯形图程序，如图 5-64 所示。

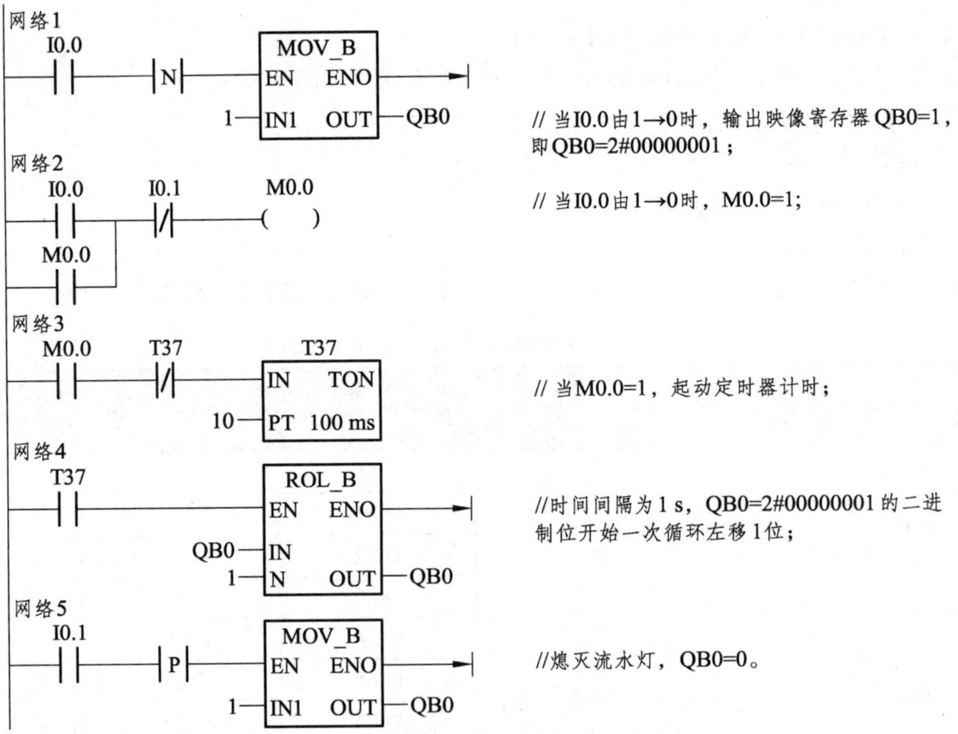

图 5-64　流水灯显示 PLC 控制梯形图程序（1）

② 利用寄存器移位指令实现流水灯控制，如图 5-65 所示。

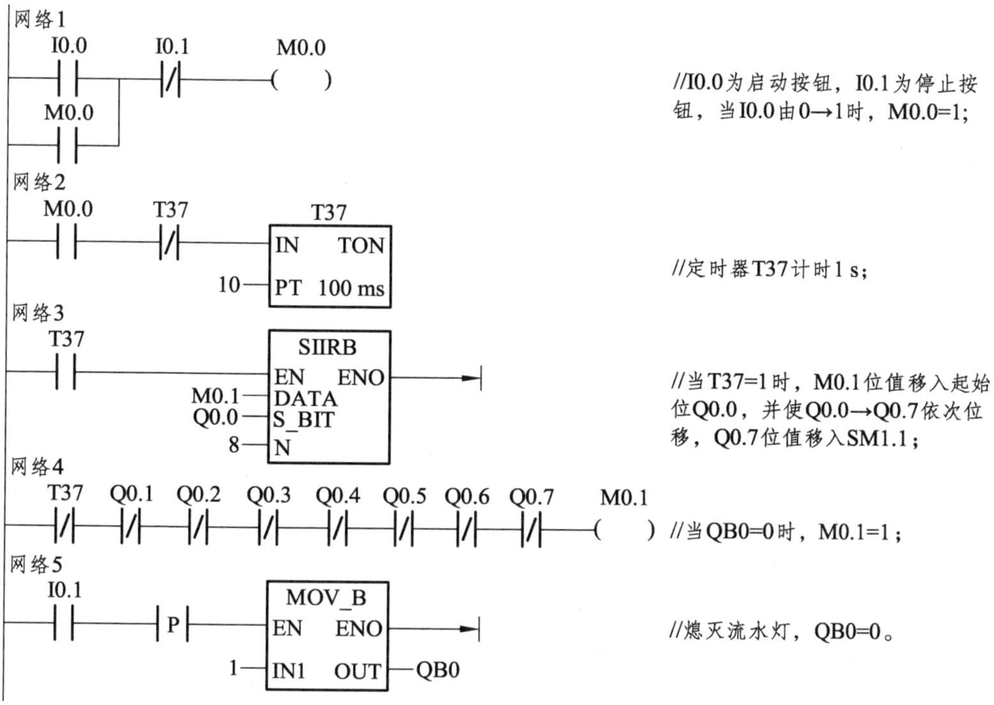

图 5-65　流水灯显示 PLC 控制梯形图程序（2）

（5）调试检修。

① 调试。

学生在教师的现场监护下进行通电调试，验证是否符合设计要求。

◆ 编写梯形图程序，编译后将梯形图程序下载到 PLC 中。

◆ 按下启动按钮 SB1，输出端口 QB0 指示灯 L1 ~ L8 间隔 1 s 依次循环点亮；按下停止按钮 SB2，输出端口 QB0 指示灯 L1 ~ L8 全部熄灭。

② 检修。

如果出现故障，学生应独立完成检修调试，直至系统能够正常工作。

◆ 检查线路连接是否正确。

◆ 检查梯形图程序中移位指令及数据传送指令的使用是否正确。

三、交通灯 PLC 控制

1. 知识目标

（1）掌握比较指令的功能及应用编程。

（2）熟悉 S7-200 系列 PLC 的结构和外部 I/O 接线方法。

（3）熟悉 STEP7-Micro/WIN32 V4.0 SP9 编程软件的使用方法。

（4）熟悉交通灯显示 PLC 控制的工作原理和程序设计方法。

2. 技能目标

（1）练习比较指令的基本使用方法，能够正确编制交通灯显示 PLC 控制程序。

（2）能够独立完成交通灯显示 PLC 控制的线路安装。

（3）能够按规定进行通电调试，当出现故障时，能根据设计要求独立检修，直至系统正常工作。

3. 任务引入

交通灯显示 PLC 控制：交通灯显示 PLC 控制模块和控制时序如图 5-66 所示。实现在十字路口，当某个方向绿灯点亮 20 s 后熄灭，黄灯以 2 s 为周期闪烁 3 次（另一方向红灯点亮），然后红灯点亮（另一个方向绿灯点亮、黄灯闪烁），如此循环。

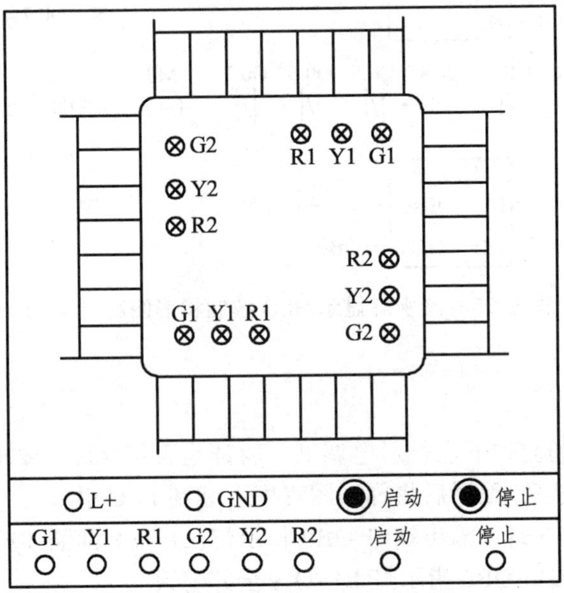

（a）交通灯显示控制模块结构

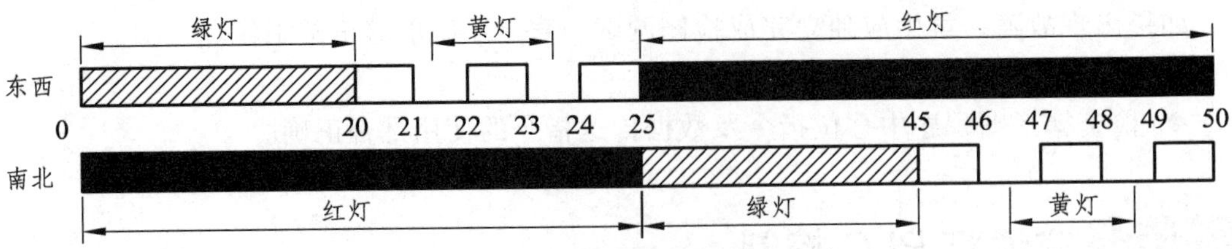

（b）交通灯显示控制时序示意

图 5-66　交通灯显示 PLC 控制模块与控制时序

4. 任务分析

根据任务要求，按某个方向顺序点亮绿灯、黄灯、红灯，可以采用秒计数器进行计时，通过比较计数器当前计数值驱动交通灯显示。

5. **任务实施**

（1）设备配置。

① 1 台 S7-200 CPU224 PLC。

② 1 个交通灯显示控制模块。

③ 1 台装有 STEP7-Micro/WIN32 V4.0 SP9 编程软件的计算机。

④ 1 根 PC/PPI 电缆。

⑤ 连接导线若干。

（2）I/O 分配及功能见表 5-9。

表 5-9　I/O 分配及功能（交通灯控制）

输　入		输　出	
编程元件地址	功　能	编程元件地址	功　能
I0.0	启停开关 SB1	Q0.0	驱动东西红灯（2 只）显示
		Q0.1	驱动东西黄灯（2 只）显示
		Q0.2	驱动东西绿灯（2 只）显示
		Q0.3	驱动南北红灯（2 只）显示
		Q0.4	驱动南北黄灯（2 只）显示
		Q0.5	驱动南北绿灯（2 只）显示

（3）PLC 接线图。

在断电情况下，连接好 PC/PPI 电缆及 PLC 外围电路，如图 5-67 所示。

（4）编写梯形图程序。

根据任务要求，编制的交通灯显示 PLC 控制梯形图程序如图 5-68 所示。

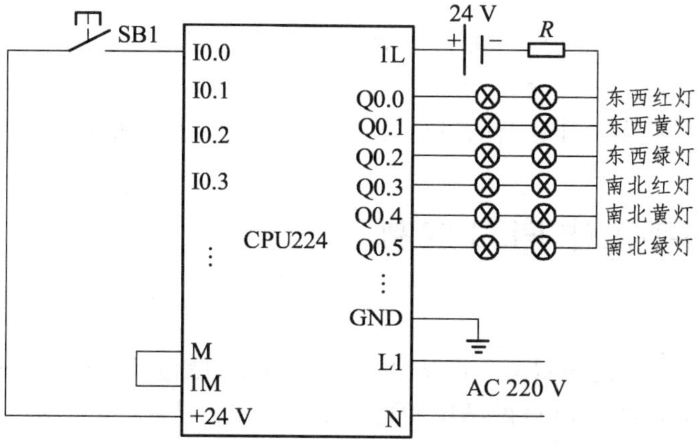

图 5-67　交通灯显示 PLC 控制外围电路接线图

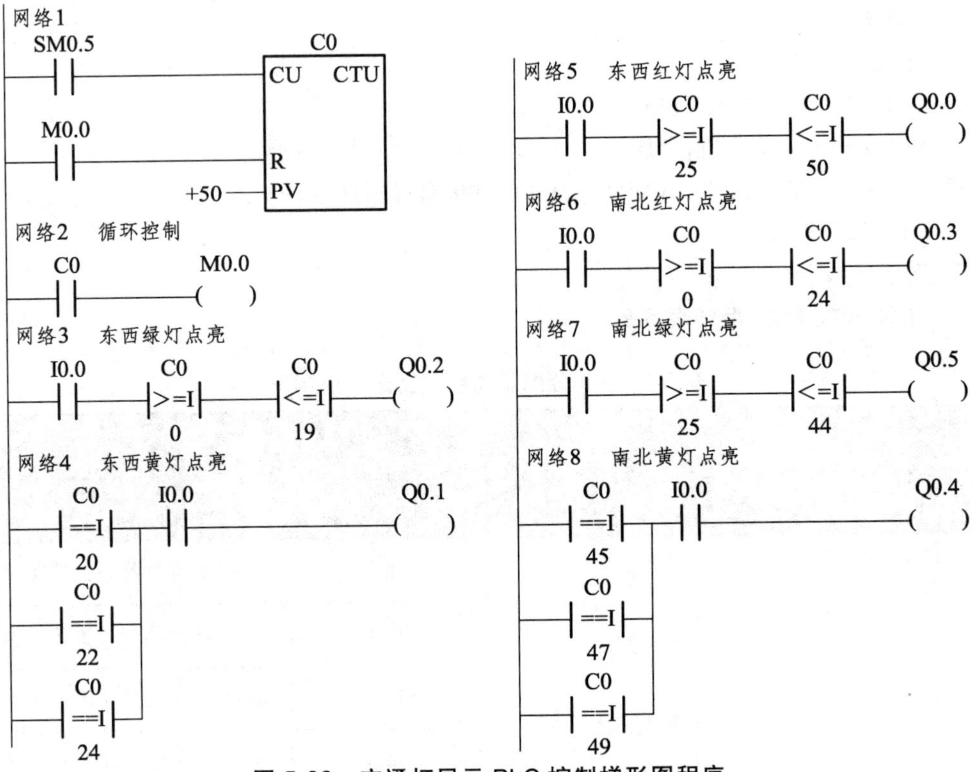

图 5-68 交通灯显示 PLC 控制梯形图程序

（5）调试检修。

① 调试。

◆ 学生在教师的现场监护下进行通电调试，验证是否符合设计要求。

◆ 编写梯形图程序，编译后将梯形图程序下载到 PLC 中。

◆ 开关 SB1 起动后，观察交通灯工作状态，其时序为：某个方向绿灯点亮 20 s 后熄灭，然后黄灯以 2 s 周期闪烁 3 次（另一方向红灯点亮），最后红灯点亮（另一方向绿灯点亮，黄灯闪烁），如此循环。

② 检修。

如果出现故障，学生应独立完成检修调试，直至能够正常工作。

◆ 检查线路连接是否正确。

◆ 检查梯形图程序中计数器的设计及比较指令的使用是否正确。

四、机械手工作 PLC 控制

1. 知识目标

（1）了解 PLC 编程的逻辑流程图法和单流程程序功能流程图应用编程。

（2）熟悉 S7-200 系列 PLC 的结构和外部 I/O 接线方法。

（3）熟悉 STEP7 -Micro/WIN32 V4.0 SP9 编程软件的使用方法。

（4）熟悉机械手工作 PLC 控制的工作原理和程序设计方法。

2. 技能目标

（1）练习 PLC 编程，能够正确运用逻辑流程图法编制机械手工作 PLC 控制程序。

（2）能够独立完成机械手工作 PLC 控制线路的安装。

（3）能够按规定进行通电调试，当出现故障时，能根据设计要求独立检修，直至系统正常工作。

3. 任务引入

机械手工作 PLC 控制：要求机械手从工作台 A 将工件搬移到工作台 B，其工作过程如图 5-69 所示。机械手初始位置在原位，启动后机械手将完成下降—夹紧—上升—右移—下降—放松—上升—左移 8 个动作，其中下降、上升和左移、右移的动作转换靠限位开关来控制，而夹紧和放松的动作转换由时间继电器来控制。

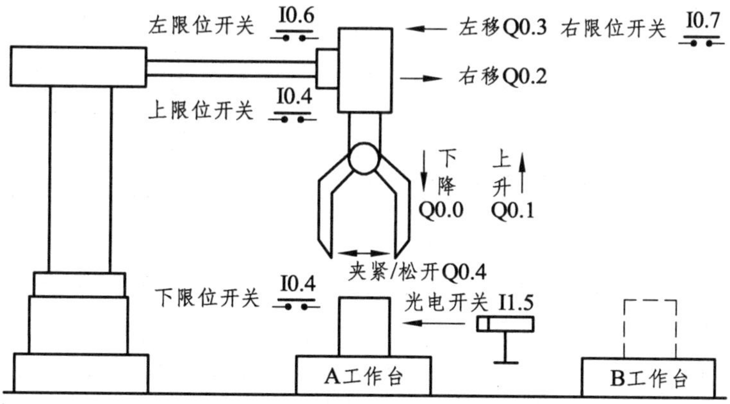

图 5-69　机械手工作 PLC 控制图

4. 任务分析

根据任务要求，I0.0 用作启停控制开关信号；I0.4 ~ I0.7 作为位置检测开关信号；I1.5 作为有无工件检测开关信号，接至 PLC 输入端，须占用 6 个输入端；Q0.0 ~ Q0.4 作为机械手动作自动控制开关信号，须占用 5 个输出端。故选用一台西门子公司 CPU224（24 点：14 入，10 出）PLC，即可满足本系统的简单控制要求。运用逻辑流程图法设计控制程序，逻辑流程图如图 5-70 所示。

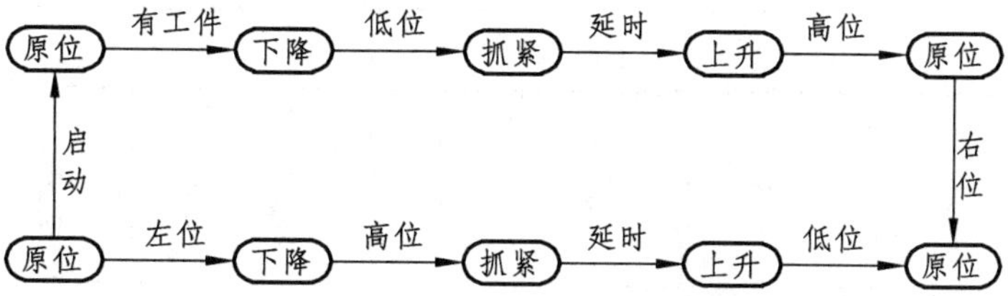

图 5-70　机械手工作 PLC 控制逻辑流程图

5. 任务实施

（1）设备配置。

① 1 台 S7-200 CPU 224 PLC。

② 1 个机械手工作 PLC 控制模块。

③ 1 台装有 STEP7-Micro/WIN32 V4.0 SP9 编程软件的计算机。

④ 1 根 PC/PPI 电缆。

⑤ 连接导线若干。

（2）I/O 分配及功能见表 5-10。

表 5-10　I/O 分配及功能（机械手工作）

输入		输出	
编程元件地址	功能	编程元件地址	功能
I0.0	起停开关	Q0.0	下降电磁阀
I0.4	高位限位开关	Q0.1	上升电磁阀
I0.5	低位限位开关	Q0.2	右移电磁阀
I0.6	左位限位开关	Q0.3	左移电磁阀
I07	右位限位开关	Q0.4	夹紧电磁阀
I1.5	A 台有工件光电耦合器		

（3）PLC 接线图。

在断电情况下，连接好 PC/PPI 电缆及 PLC 外围电路，如图 5-71 所示。

（4）编写梯形图程序。

根据机械手工作 PLC 控制要求，利用逻辑流程图法编制控制程序。其中，主程序 OB1 实现启动与停止控制功能，子程序 SBR_0 实现机械手动作控制，如图 5-72 所示。

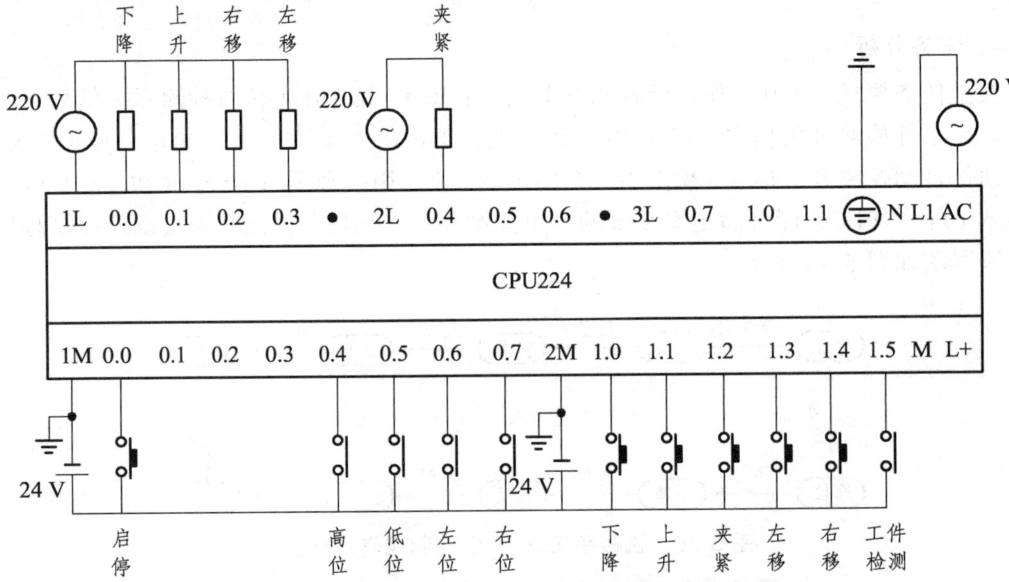

图 5-71　机械手工作 PLC 控制外围电路接线图

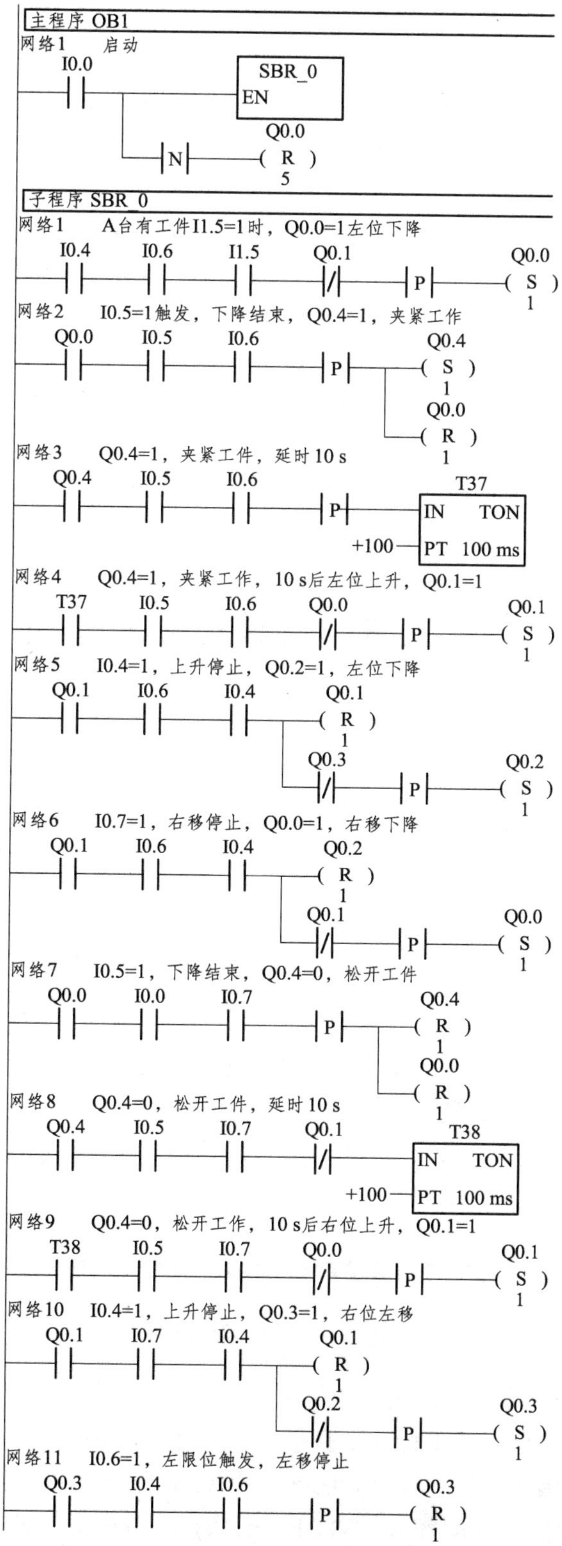

图 5-72　机械手工作 PLC 控制梯形图程序

（5）调试检修。

① 调试。

学生在教师的现场监护下进行通电调试，验证系统是否符合设计要求。

◆ 编写梯形图程序，编译后将梯形图程序下载到 PLC 中。

◆ 机械手初始位置在原位，采用单动工作方式启动后，机械手将顺序完成下降—夹紧—上升—右移—下降—放松—上升—左移共 8 个动作后停止；采用自动工作方式，启动后机械手依次循环执行 8 个动作；采用手动工作方式，起动后机械手在动作按钮的控制下完成上述 8 个动作。

② 检修。

如果出现故障，学生应独立完成检修调试，直至系统能够正常工作。

◆ 检查线路连接是否正确。

◆ 检查梯形图程序中自锁、互锁电路及置位/复位指令的使用是否正确。

第五节　调试与故障处理

一、程序运行调试

1. 编　译

用户程序编辑完成后，使用“PLC”菜单中的“编译”命令，或单击工具栏中的编译快捷按钮，对程序进行编译。经编译后，在显示屏下方的输出窗口将显示编译结果，如图 5-73 所示。同时，系统会将不合理的梯形图连接合理化，并明确指出错误的网络段及错误情况，用户可以根据系统的错误提示对程序进行修改，然后再次编译，直至编译无误。

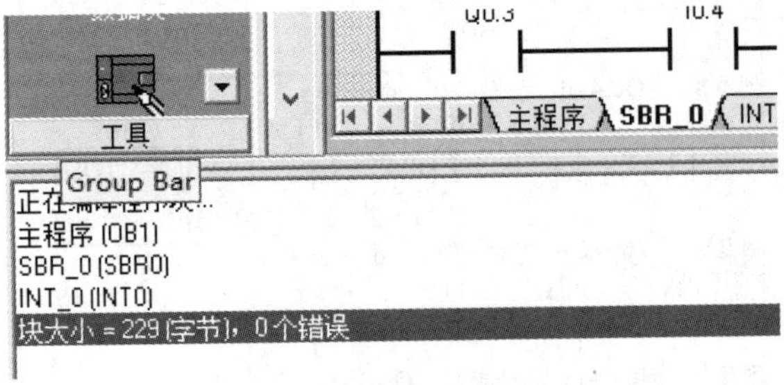

图 5-73　显示编译结果

2. 下　载

用户程序编译成功后，单击标准工具栏中的下载快捷按钮，或选择“文件”菜单中的“下载”命令，则弹出“下载”对话框，如图 5-74 所示。选定程序块、数据块、系统块等下载内容后，将 PLC 设置为“STOP”模式，最后单击“确定”按钮，则选定的内容就被下载到 PLC 存储器中了。

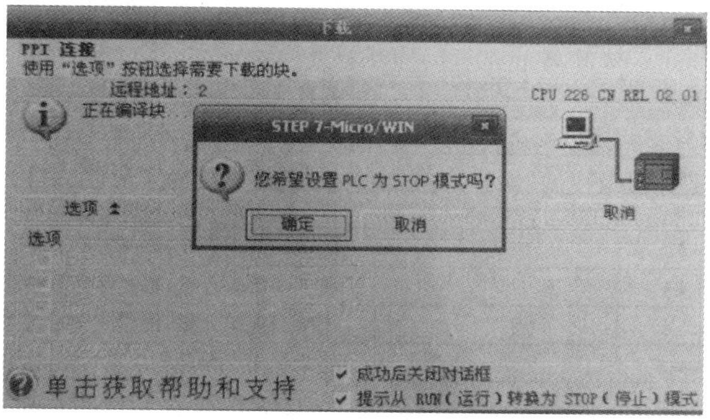

图 5-74 “下载”对话框

说明：

（1）数据块是可选部分，数据块不一定在每个控制系统的程序设计中都使用，使用数据块可以完成一些有特定数据处理功能的程序设计，如为变量存储器指定初始值等。如果编辑了数据块，就需要将数据块下载至 PLC 中。

（2）参数块存放的是 CPU 组态数据，若在编程软件上没有进行 CPU 的组态，则系统以默认值进行自动配置。除非有特殊要求的输入/输出设置、掉电保持设置等，一般情况下使用默认值。

3. 上　载

上载指令的功能是将 PLC 中未加密的程序或数据向上送入编程器（如计算机）。上载的方法是单击标准工具栏中的上载快捷键或用“文件”菜单中的“上载”命令，弹出上载内容选择对话框，如图 5-75 所示。

图 5-75 上载内容选择对话框

核实已选择希望上载的块复选框，并取消不希望上载的块复选框，然后单击“确认”按钮，将弹出上载提示框，如图 5-76 所示提示选择上载的程序块、数据块、系统块将覆盖原项目中对应的内容，单击“Yes”按钮执行上载后，将编辑窗口显示相应上载的 PLC 内部程序和数据。

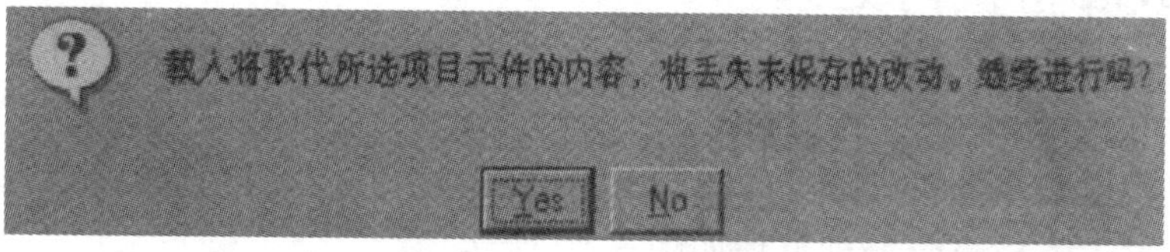

图 5-76 上载提示框

4. 运　行

当 PLC 工作方式开关在“TERM”或“RUN”位置时（CPU21X 系列方式开关只能在“TERM”位置），选择 STEP7-Micro/WIN32 V4.0 SP9 的 PLC 菜单下的“运行/停止”命令，或单击快捷按钮，都可以对 CPU 的工作模式（必须设置为“RUN”）进行软件设置。CPU 工作模式设置提示框如图 5-77 所示。

图 5-77　CPU 工作模式设置提示框

5. 监　视

在“调试”菜单下选择“开始程序状态监视”命令，这时闭合触点和通电线圈内部颜色变蓝（呈阴影状态）可以对程序运行实时监控，如图 5-78 所示。当 PLC 在“RUN”模式下运行时，随着输入条件的改变、定时及计数过程的进行，每个扫描周期的输出处理阶段将对各个器件的状态进行刷新，可以动态显示各个定时器、计数器的当前值，并用阴影表示触点和线圈的通电状态，以便在线动态观察程序的运行。

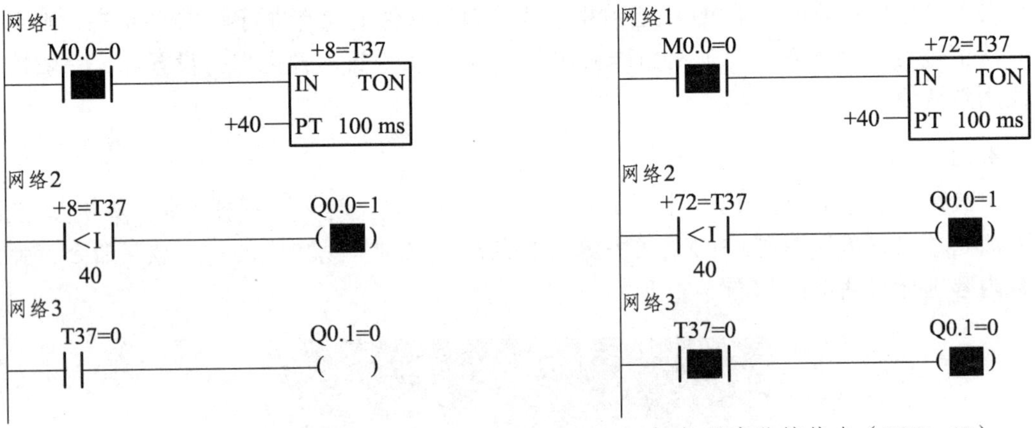

（a）程序监控状态（T37<40）　　（b）程序监控状态（T37≥40）

图 5-78　程序运行实时监控

6. 调　试

结合程序监控运行的动态显示，分析程序运行的结果及影响程序运行的因素，然后退出“RUN”模式和监控状态，在“STOP”模式下对程序进行修改编辑，重新编译、下载、监控运行，如此反复修改调试，直至得出正确的运行结果。

二、故障检查与处理

PLC 系统在长期运行中，可能会出现一些故障。PLC 的自身故障可以靠自诊断判断其外部故障主要根据程序分析。常见故障有电源故障、主机故障、通信故障、输入故障、输出故障等，一般故障检查与处理流程如图 5-79 所示。

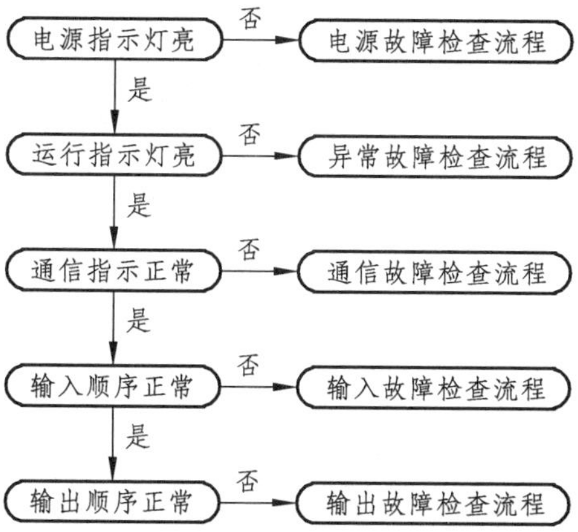

图 5-79 S7-200 系列 PLC 产品的故障与处理流程

1. 电源故障检查与处理

PLC 系统主机电源、扩展机电源和模块中电源显示不正常，都要进入电源故障检查流程。如果各部分功能正常，那么只能是显示有故障，否则应首先检查外部电源；如果外部电源无故障，应再检查系统内部电源故障。电源故障检查与处理见表 5-11。

表 5-11 S7-200 系列 PLC 电源故障检查与处理

故障现象	故障原因	解决办法
电源指示灯灭	指示灯坏或保险丝断	更换
	无供电电压	加入电源电压；检修电源接线和插座，使之正常
	供电电压超限	调整电源电压在规定范围内
	电源损坏	更换

2. 异常故障检查与处理

PLC 系统最常见的故障是停止运行（运行指示灯灭）不能启动、工作无法进行，但是电源指示灯亮。这时，需要进行异常故障检查，异常故障检查与处理见表 5-12。

表 5-12 S7-200 系列 PLC 产品异常故障检查与处理解决办法

故障现象	故障原因	解决办法
不能启动	供电电压超过上极限	降压
	供电电压低于下极限	升压
	内存自检系统出错	清内存、初始化
	CPU、内存板故障	更换
工作不稳定频繁停机	供电电压接近上、下极限	调整电压
	主机系统模块接触不良	清理、重插
	CPU、内存板内元器件松动	清理、戴手套按压元器件
	CPU、内存板故障	更换

续表

故障现象	故障原因	解决办法
与编程器等不通信	通信电缆插接松动	按紧后重新联机
	通信电缆故障	更换
	内存自检出错	拔去停电记忆电池几分钟后联机
	通信口参数不正确	检查参数和开关，重新设定
	主机通信口故障	更换
	编程器通信口故障	更换
程序不能装入	内存没有初始化	清内存，重写
	CPU、内存故障	更换

3. 通信故障检查与处理

通信是 PLC 联网工作的基础。PLC 网络的主站、各从站的通信处理器、通信模块都有工作正常指示。当 PLC 系统通信不正常时，需要进行通信故障检查，其检查内容和处理见表 5-13。

表 5-13　S7-200 系列 PLC 产品通信故障检查与处理

故障现象	故障原因	解决办法
单一模块不通信	接插不好	按紧
	模块故障	更换
	组态不对	重新组态
从站不通信	分支通信电缆故障	拧紧插接件或更换
	通信处理器松动	拧紧
	通信处理器地址开关错	重新设置
	通信处理器故障	更换
主站不通信	通信电缆故障	排除故障，更换
	调制解调器故障	断电后再起动无效，更换
	通信处理器故障	清理后再起动无效，更换
通信正常，通信故障灯亮	某模块插入或接触不良	插入并按紧

4. I/O 故障检查与处理

I/O 模块直接与外部设备相连，是容易出故障的部位，虽然 I/O 模块故障容易判断，更换快，但是必须查明原因。因为 I/O 模块的损坏往往都是外部原因造成的，对 PLC 系统危害很大。S7-200 系列 PLC 产品 I/O 故障检查与处理见表 5-14。

表 5-14　S7-200 系列 PLC 产品 I/O 故障检查与处理

故障现象	故障原因	解决办法
输入模块单点损坏	过电压，特别是高压串入	消除过电压和串入的高压
输入全部不接通	未加外部输入电源	接通电源
	外部输入电压过低	加额定电源电压
	端子螺钉松动	将螺钉拧紧
	端子板连接器接触不良	将端子板锁紧或更换
输入全部断电	输入回路不良	更换模块
特定编号输入不接通	输入器件不良	更换
	输入配线断线	检查输入配线，排除故障
	端子接线螺钉松动	拧紧
	端子板连接器接触不良	将端子板锁紧或更换
	输入信号接通时间过短	调整输入器件
	输入回路不良	更换模块
	OUT 指令用了该输入号	修改程序
特定编号输入不关断	输入回路不良	更换模块
	OUT 指令用了该输入号	修改程序
输入不规则地通、断	外部输入电压过低	使输入电压在额定范围内
	噪声引起误动作	采取抗干扰措施
	端子螺钉松动	拧紧螺钉
	端子连接器接触不良	将端子板拧紧或更换
异常输入点编号连续	输入模块公共端螺钉松动	拧紧螺钉
	端子连接器接触不良	将端子板锁紧或更换连接器
	CPU 不良	更换 CPU
输入动作指示灯不亮	指示灯坏	更换
输出模块单点损坏	过电压，特别是高压串入	消除过电压和串入的高压
输出全部不接通	未加负载电源	接通电源
	负载电源电压低	加额定电源电压
	端子螺钉松动	将螺钉拧紧
	端子板连接器接触不良	将端子板锁紧或更换
	保险丝熔断	更换
	I/O 总线插座接触不良	更换模块
	输入回路不良	更换模块

续表

故障现象	故障原因	解决办法
输出全部不关断	输入回路不良	更换模块
特定编号输出端开	输出信号接通时间短	调整输出器件
	程序中继电器号重复	修改程序
	输出器件不良	更换
	输出配线断线	检查输出配线，排除故障
	端子螺钉松动	拧紧
	端子连接器接触不良	将端子板锁紧或更换
	输出继电器不良	更换
	输出回路不良	更换模块
特定编号输出不关断	输出指令的继电器号重复	修改程序
	输出继电器不良	更换
	漏电流或残余电压不关断	更换负载或加假负载电阻
	输出回路不良	更换模块
输出不规则地通、断	负载电源电压过低	使输出电压在额定范围内
	噪声引起误动作	采取抗干扰措施
	端子螺钉松动	拧紧螺钉
	端子连接器接触不良	将端子板锁紧或更换
异常输出点编号连续	输出模块公共端螺钉松动	拧紧螺钉
	端子板连接器接触不良	将端子板锁紧或更换连接器
	CPU 故障	更换 CPU
	保险丝熔断	更换
输出动作指示灯不亮	指示灯损坏	更换

定期检修与维护：PLC 的可靠性很高，但环境的影响及内部元件的老化等因素会造成 PLC 不能正常工作。如果能经常定期地做好维护、检修，就可以使系统始终工作在最佳状态。因此，定期检修与做好 PLC 日常维护是非常重要的。一般情况下，检修时间以每 6 ~ 12 个月 1 次为宜；当外部环境条件较差时，可根据具体情况缩短检修间隔时间。PLC 定期检修与维护内容见表 5-15。

表 5-15　S7-200 系列 PLC 产品定期检修与维护

检修项目	检修内容	判断标准
供电电源	在电源端子处测量电压变化是否在标准范围内	上限不高于 11%供电电压，下限不低于 85%供电电压
外部环境	环境温度	0 ~ 55 °C
	环境湿度	35 ~ 85%RH，不结露
	积尘情况	不积尘
I/O 用电源	在 I/O 端子处测量电压变化是否在标准范围内	以各 I/O 规格为准
安装状态	各单元是否可靠固定	无松动
	电缆的连接器是否插紧	无松动
	外部配线的螺钉是否松动	无松动
寿命元件	电池、继电器、存储器等	以各元件规格为准

复习思考题

编写下列系统的梯形图程序。

1. 4 台电动机 M1、M2、M3、M4 按顺序启、停，要求按下启动按钮后，4 台电动机按照 M1—M2—M3—M4 依次间隔 30 s 顺序起动；按下停止按钮后 4 台电动机按照 M1—M2—M3—M4 依次间隔 10 s 顺序停止。

2. 红、绿、黄 3 盏彩灯，按红—红黄—黄—黄绿—绿—绿红—红……的顺序点亮。

3. 9 个霓虹灯，分别为 L1 ~ L9。按如下状态循环：L1 亮、L1 ~ L5 亮、全亮、全灭。每隔 1 s 变化 1 下。

4. 交通灯：绿灯亮 20 s—绿灯闪 3 下—黄灯亮 2 s—红灯亮 25 s……

5. 开关 K1、K2 控制电铃，当开关 K1 通电开关 K2 断电时响，其他时候电铃停。

6. 两盏灯 PLC 控制：得电运行时，灯 L1 点亮；按下按钮 1 后，灯 L1 熄灭，同时灯 L2 点亮；按下按钮 2 后，灯 L1、灯 L2 同时以 0.5 s 时间间隔闪烁；按下按钮 3 后，灯 L1 点亮，灯 L2 熄灭。

7. 有一生产流水线，有下料机和皮带运输机的组合。为不引起堆积材料及事故，要求启动时皮带运输机 D2 先启动，下料机 D1 过 5 s 后启动；而停机时要求相反，即下料机 D1 先停，过 3 s 皮带运输机 D2 停。

8. 男便池冲洗控制器。人到放水 2 s，人走放水 5 s。

9. 三人抢答器：（QA1、QA2、QA3）带主持人（ZA），先按的灯亮，且一直亮，其他的选手的按钮不起作用。铃响 2 s。ZA 按下复位。

10. 4 人抢答器：每人 1 个抢答按钮、1 个指示灯；主持人一个开始按钮、1 个复位按钮、1个开始指示灯。工作过程：

（1）主持人按开始按钮，开始指示灯亮，开始抢答。首先按下抢答按钮的灯亮，其他无效。主持人按复位按钮，灯全灭。

（2）主持人没按开始按钮，第一个抢答者犯规，犯规者灯闪。

11. 乒乓球质量检测。检测原理：固定高度下落，弹起10次合格，合格灯亮，不合格蜂鸣器报警2 s。相邻2次反弹时间间隔小于0.5 s时，认为测试结束。

12. 自动洗衣机控制。按下启动按钮QA，电机正转10周，然后电机反转10周，重复5次后停止。

13. 三层电梯的自动控制，如图5-80所示。

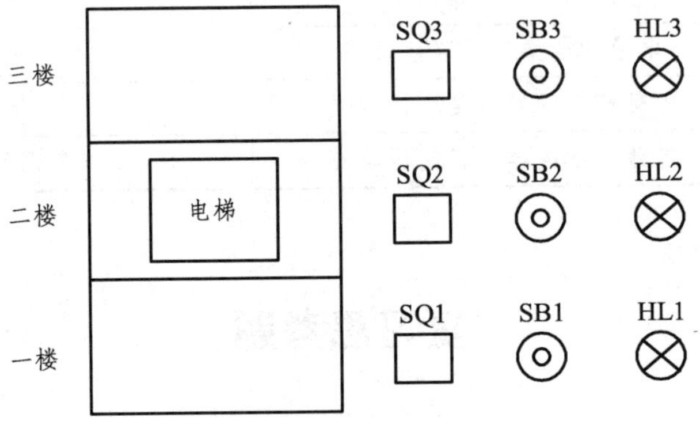

图5-80　三层电梯自动控制

控制要求：

（1）当电梯停于三楼时，按SB1，电梯轿厢下降到SQ1处停止；按SB2，电梯轿厢下降到二楼停止，此时按SB3，电梯不响应。

（2）当电梯停于二楼时，按SB1电梯桥厢下降到一楼SQ1处停止；按SB3，电梯轿厢上升到三楼SQ3处停止。

（3）当电梯停于一楼时，按SB2，电梯轿厢上升到二楼SQ2处停止；按SB3，电梯轿厢上升到三楼SQ3处停止。

（4）当电梯停于顶层（三楼）时，而下面有两个或两个以上楼层呼叫（本题看作一楼、二楼均呼叫）时，电梯依次下降到各楼层，停5 s后继续下降直到最低呼叫楼层停止。

（5）当电梯停于一楼时，二楼、三楼均有人呼叫时，电梯轿厢上升到二楼SQ2处，停5 s后继续上升到三楼SQ3处停止。

（6）电梯运行（上升或下降）过程中，任何反方向呼叫信号无效。

（7）每层楼之间的到达时间设定在10 s以内，否则电梯停止。

14. 电动机星三角（Y-△）降压启动PLC控制：利用PLC实现笼型异步电动机星三角（Y-△）降压启动，其电气控制线路如图5-81所示。当合上刀开关QS后，按下启动按钮SB2，接触器KM1线圈、KM2线圈及通电延时型时间继电器KT线圈通电，电动机接成星形启动；同时通过KM1的动合辅助触点自锁时间继电器开始定时。当电动机接近于额定转速时，即时间继电器KT延时时间已到KT的延时断开动断触点断开，切断KM2

线圈电路，KM2 断电释放，其主触点和辅助触点复位；同时，KT 的延时动合触点闭合，使 KM3 线圈通电并自锁，主触点闭合，电动机接成△运行。时间继电器 KT 线圈也因 KM3 动断触点断开而失电，时间继电器复位，为下一次启动做好准备。图中的 KM2、KM3 动断触点是互锁控制，其作用是防止 KM2、KM3 线圈同时得电而造成电源短路。

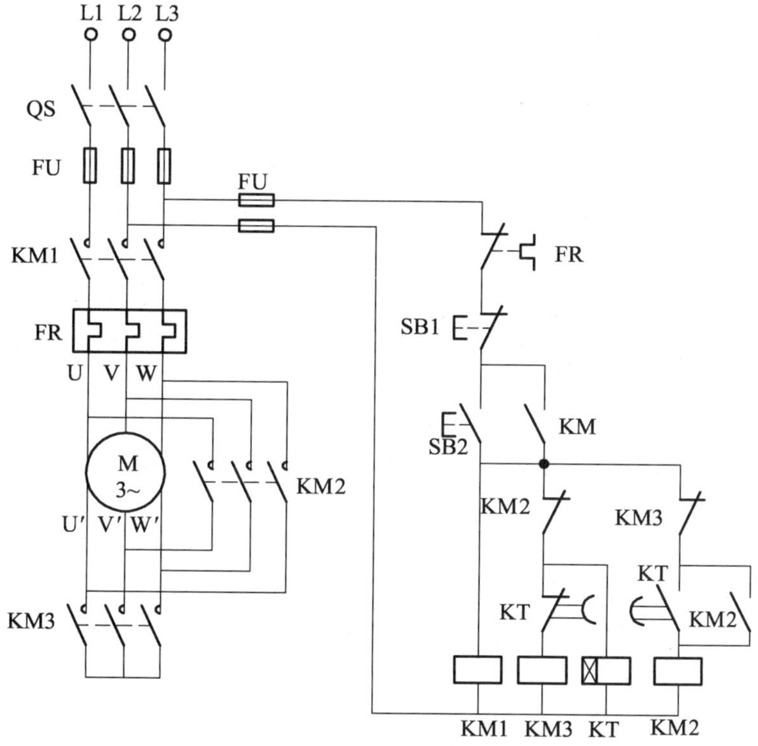

图 5-81　电动机 Y-△降压起动电气控制线路图

15. 六人组抢答器 PLC 控制：设计六人组抢答器，要求在主持人宣布抢答开始前进行的抢答无效。主持人先将数码版（a ~ g 七段 LED “8”）显示清零，抢答仅有一人成功，数码版显示成功抢答者的号码。

16. 单输入按钮/双输出信号灯 PLC 控制：设计利用一个按钮控制两盏灯显示，要求按钮第一次按下后第一盏灯点亮；第二次按下后第二盏灯点亮，同时第一盏灯熄灭；第三次按下后两盏灯同时点亮；第四次按下后两盏灯同时熄灭。以后按此规律循环执行。

17. 电机分时启动控制：启动开关闭合，则电动机 A 启动工作；启动开关断开，则电动机 B 启动工作；停止开关闭合，则电动机 A、B 同时停止工作。

18. 简述 PID 指令的使用应注意哪些方面。

19. 恒温箱 PLC 控制：恒温箱中装有一个电加热元件和一个制冷风扇，电加热元件和制冷风扇均只能工作在“ON”或“OFF”两种状态，即不能进行自动调节。要求恒温箱内温度恒定为 50 °C，且在 25 ~ 100 °C 可调。

20. 8 盏流水灯 PLC 控制：PLC 输出端口控制 8 盏指示灯 L1 ~ L8（任意时刻仅有 1 盏灯点亮）。启动开关闭合后，指示灯间隔 1 s 自 L1 到 L8 依次循环点亮；启动开关断开后，指示灯间隔 1 s 自 L8 到 L1 依次循环点亮。按下停止开关后，指示灯熄灭。

21. 几盏流水灯 PLC 控制：PLC 输出端口控制指示灯 L1 ~ L12。按下启动按钮后，指示灯间隔 1 s 自 L1 到 L12 依次循环点亮（任意时刻仅有一盏灯点亮）；按下停止按钮后，指示灯熄灭。

22. 交通灯显示 PLC 控制：在“交通灯显示 PLC 控制”基础上增加黄灯闪烁次数，要求黄灯闪烁次数由 3 次改为 5 次，其他控制要求不变。

23. 交通灯显示 PLC 控制：要求交通灯显示 PLC 控制工作在以下三种状态。

（1）自动。依照“交通灯显示 PLC 控制”执行。

（2）急行。某个方向急行，急行开关闭合，绿灯点亮（另一方向红灯点亮），待急行结束后，急行开关断开，急行方向黄灯闪烁 3 次，恢复到自动状态。

（3）夜间。夜间开关闭合，各方向黄灯持续以 1 s 为周期亮灭。

24. 密码锁 PLC 控制：密码锁 PLC 控制配有 SB1 ~ SB4 四个按键，按下 SB1 进行开锁工作；要求先重复按下 SB2 三次，再重复按下 SB3 两次，密码锁解锁成功，否则警报器报警；按下复位键 SB4，可以重新进行开锁工作，同时解除报警。

25. 实现电动机顺序启动/停止 PLC 控制：3 台电动机 M1、M2、M3，启动按钮按下后，电动机间隔一段时间顺序起动工作。停止按钮按下，已运行的电动机间隔一段时间逆序停止工作。

26. 运料小车 PLC 控制：运料小车运行控制如图 5-82 所示，小车起始在卸料位置，按下启动按钮，小车右行；碰到右限位开关停在装料位置，打开进料口；7 s 后完成装料并关闭进料口，然后小车左行；碰到左限位开关停在卸料位置，打开出料口；5 s 后完成装料并关闭出料口，完成一次运料动作。

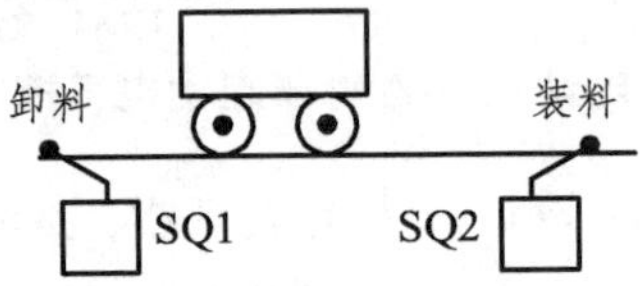

图 5-82　运料小车运行控制示意图

第六章

三菱 FX2N 系列 PLC 指令系统

第七章

西门子 S7-200 安装与检修

参考文献

[1] 黄义定. 西门子 S7-200PLC 轻松学[M]. 北京：电子工业出版社，2018.

[2] 李言武. 可编程控制技术[M]. 北京：北京邮电大学出版社，2019.

[3] 孙平. 可编程控制器原理及应用[M]. 北京：高等教育出版社，2017.

[3] 王也仿. 可编程控制器应用技术[M]. 北京：机械工业出版社，2012.

[4] 罗文，周欢喜. 电器控制与 PLC 技术[M]. 西安：西安电子科技大学出版社，2008.

[5] 徐超，宋春华. 电气控制与 PLC 技术应用[M]. 北京：清华大学出版社，2009.